U0211075

中华译学馆立馆宗旨

以中华为根　译与学并重

弘扬优秀文化　促进中外交流

拓展精神疆域　驱动思想创新

丁酉年冬月许钧撰　罗卫东书

中华译学馆·中华翻译研究文库

许　钧 ◎ 总主编

# 传播学视域下的
# 茶文化典籍英译研究

龙明慧 ◎ 著

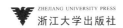

ZHEJIANG UNIVERSITY PRESS
浙江大学出版社

浙江省哲学社会科学规划课题（15NDJC206YB）研成究果

# 总　序

改革开放前后的一个时期,中国译界学人对翻译的思考大多基于对中国历史上出现的数次翻译高潮的考量与探讨。简言之,主要是对佛学译介、西学东渐与文学译介的主体、活动及结果的探索。

20世纪80年代兴起的文化转向,让我们不断拓展视野,对影响译介活动的诸要素及翻译之为有了更加深入的认识。考察一国以往翻译之活动,必与该国的文化语境、民族兴亡和社会发展等诸维度相联系。三十多年来,国内译学界对清末民初的西学东渐与"五四"前后的文学译介的研究已取得相当丰硕的成果。但进入21世纪以来,随着中国国力的增强,中国的影响力不断扩大,中西古今关系发生了变化,其态势从总体上看,可以说与"五四"前后的情形完全相反:中西古今关系之变化在一定意义上,可以说是根本性的变化。在民族复兴的语境中,新世纪的中西关系,出现了以"中国文化走向世界"诉求中的文化自觉与文化输出为特征的新态势;而古今之变,则在民族复兴的语境中对中华民族的五千年文化传统与精华有了新的认识,完全不同于"五四"前后与"旧世界"和文化传统的彻底决裂与革命。于是,就我们译学界而言,对翻译的思考语境发生了根本性的变化,我们对翻译思考的路径和维度也不可能不发生变化。

变化之一,涉及中西,便是由西学东渐转向中国文化"走出去",呈东学西传之趋势。变化之二,涉及古今,便是从与"旧世界"的根本决裂转向对中国传统文化、中华民族价值观的重新认识与发扬。这两个根本性的转变给译学界提出了新的大问题:翻译在此转变中应承担怎样的责任? 翻译在此转变中如何定位? 翻译研究者应持有怎样的翻译观念? 以研究"外译中"翻译历史与活动为基础的中国译学研究是否要与时俱进,把目光投向"中译外"的活动? 中国文化"走出去",中国要向世界展示的是什么样的"中国文化"? 当中国一改"五四"前后的"革命"与"决裂"态势,将中国传统文化推向世界,在世界各地创建孔子学院、推广中国文化之时,"翻译什么"与"如何翻译"这双重之问也是我们译学界必须思考与回答的。

综观中华文化发展史,翻译发挥了不可忽视的作用,一如季羡林先生所言,"中华文化之所以能永葆青春","翻译之为用大矣哉"。翻译的社会价值、文化价值、语言价值、创造价值和历史价值在中国文化的形成与发展中表现尤为突出。从文化角度来考察翻译,我们可以看到,翻译活动在人类历史上一直存在,其形式与内涵在不断丰富,且与社会、经济、文化发展相联系,这种联系不是被动的联系,而是一种互动的关系、一种建构性的力量。因此,从这个意义上来说,翻译是推动世界文化发展的一种重大力量,我们应站在跨文化交流的高度对翻译活动进行思考,以维护文化多样性为目标来考察翻译活动的丰富性、复杂性与创造性。

基于这样的认识,也基于对翻译的重新定位和思考,浙江大学于 2018 年正式设立了"浙江大学中华译学馆",旨在"传承文化之脉,发挥翻译之用,促进中外交流,拓展思想疆域,驱动思想创新"。中华译学馆的任务主要体现在三个层面:在译的层面,推出包括文学、历史、哲学、社会科学的系列译丛,"译入"与"译出"互动,积极参与国家战略性的出版工程;在学的层面,就翻译活动所涉及的重大问题展开思考与探索,出版系列翻译研究丛书,举办翻译学术会议;在中外文化交流层面,举办具有社会影响力的翻译家论坛,思想家、作家与翻译家对话等,以翻译与文学为核心开展系列活动。正是在这样的发展思路下,我们与浙江大学出版社合作,集合全国译学界的力量,推出具有学术性与开拓性的"中华翻译研究文库"。

积累与创新是学问之道,也将是本文库坚持的发展路径。本文库为开放性文库,不拘形式,以思想性与学术性为其衡量标准。我们对专著和论文(集)的遴选原则主要有四:一是研究的独创性,要有新意和价值,对整体翻译研究或翻译研究的某个领域有深入的思考,有自己的学术洞见;二是研究的系统性,围绕某一研究话题或领域,有强烈的问题意识、合理的研究方法、有说服力的研究结论以及较大的后续研究空间;三是研究的社会性,鼓励密切关注社会现实的选题与研究,如中国文学与文化"走出去"研究、语言服务行业与译者的职业发展研究、中国典籍对外译介与影响研究、翻译教育改革研究等;四是研究的(跨)学科性,鼓励深入系统地探索翻译学领域的任一分支领域,如元翻译理论研究、翻译史研究、翻译批评研究、翻译教学研究、翻译技术研究等,同时鼓励从跨学科视角探索翻译的规律与奥秘。

青年学者是学科发展的希望,我们特别欢迎青年翻译学者向本文库积极投稿,我们将及时遴选有价值的著作予以出版,集中展现青年学者的学术面貌。在青年学者和资深学者的共同支持下,我们有信心把"中华翻译研究文库"打造成翻译研究领域的精品丛书。

许 钧

2018 年春

# 前　言

　　中国是茶的故乡,在中国传统文化中孕育和发展起来的中国茶文化集哲学、宗教、道德、艺术等文化内容于一体,是中国最具代表性的传统文化符号之一。因此,在中国文化"走出去"的过程中,中国茶文化的对外传播是必不可少的一部分。

　　中国茶文化和当前欧美、日本的茶文化有很多不同之处。虽然其他国家有很多人在饮茶,但他们饮的不是中国茶,不是按照中国的方式在饮茶。传播中国茶文化,让世界人民真正感受中国茶饮的奥妙,有助于扩大中国茶在世界的影响力,推动中国茶叶贸易的发展。

　　中国茶文化的国际传播有多种途径,茶文化典籍对外翻译是其中一条重要途径。然而,与中国茶文化对外传播的重要价值不相匹配的是,中国茶文化典籍的对外翻译一直非常滞后,特别是英文翻译,远远落后于中国其他文化典籍。即使是茶圣陆羽所撰的《茶经》目前也只有三个英语全译本,分别为"大中华文库"版 *The Classic of Tea*(2009)、美国译者卡朋特(Francis Ross Carpenter)的 *The Classic of Tea：Origins & Rituals*(1974/1995),以及在网络杂志《国际茶亭：茶与道杂志》(*Global Tea Hut：Tea & Tao Magazine*,以下中文简称《国际茶亭》,英文简称 *Global Tea Hut*)上发表的 *The Tea Sutra*(2015)。而这三个译本在西方也并未获得足够广泛的传播。

　　我们知道,典籍翻译的主要目的是传播中国文化,让目标读者接受中国文化。然而,译作水平之高低不是外国读者是否接受中国文化的唯一标准。① 茶文化典籍英译本在西方的传播效果,也不完全由译作本身的翻译质量所决定,而是茶文化典籍翻译发生时的外部社会环境以及整个翻译传播过程中涉及的各个因素共同作用的结果,因为茶文化典籍翻译归根到底是一种跨文化传播活动,受传播过程中各个因素的影响。

1948 年,传播学者拉斯韦尔(Harold Lasswell)出版了《社会传播的结构与功能》(*The Structure and Function of Communication in Society*),提出传播研究的经典模式——5W 模式,指出整个传播活动涉及谁传播(who)、传播什么(what)、通过什么渠道(in which channel)、向谁传播(to whom)、取得什么效果(with what effect),也就是传播者、传播内容、传播媒介、传播对象、传播效果这五个紧密相关的因素。每个环节都会影响传播活动的最终效果。同理,作为跨文化传播活动的茶文化典籍翻译,其整个翻译传播过程中涉及的翻译主体对译作的推广行为、翻译内容的选择和呈现策略、翻译受众的接受心理、译作传播的媒介和渠道,以及茶文化典籍译本推出时的外部社会环境,都会对茶文化典籍翻译的传播效果产生影响。因此,本书从传播学视角,围绕拉斯韦尔的 5W 模式,以我国最著名的茶文化典籍——茶圣陆羽所著的《茶经》三个英译本为例,对中国茶文化典籍翻译进行研究,考察茶文化典籍翻译的外部社会环境以及翻译传播过程中各环节对茶文化典籍翻译传播效果的影响,归纳当前茶文化典籍翻译存在的问题,提出应在当前数字化时代顺应信息传播方式的变革和读者阅读习惯的改变,充分运用数字新媒介技术,创新茶文化典籍的翻译和出版模式,为更有效地进行茶文化典籍和其他中国文化典籍的翻译及文化传播提供借鉴。本书主要围绕以下几个方面的内容展开。

## 一、中国茶文化典籍翻译的外部社会环境

任何传播行为都发生在复杂的社会背景下,我们不能孤立地分析、静

---

① 陈刚. 归化翻译与文化认同——《鹿鼎记》英译样本研究. 外语与外语教学,2006
(12):43-47.

态地看待任何传播现象。① 因此,传播学特别注重将传播活动置于更宏观的系统和复杂的外部社会环境中进行考察。不同于其他思想文化典籍,茶文化典籍以茶为物质载体,在对茶的介绍中体现意蕴深厚的中国茶文化,茶文化典籍翻译能否获得良好的传播效果,与中国茶在西方的接受情况也有着非常密切的关系。目标受众首先要知道茶这种产品,并对其有一定兴趣,才会产生阅读中国茶文化典籍以进一步了解茶和茶文化的需求和欲望。因此,茶在西方的传播和接受情况构成了茶文化典籍英译本得以在西方传播的外部先决条件。中国茶进入西方世界,给西方社会带来了巨大影响,也引起了人们对茶叶知识的渴求。而早在茶叶进入西方之前,西方就有了一些对茶叶功能、饮用方式的零星介绍,随着茶的流行,西方社会对茶的功能、种植、类型、制造、饮用方式以及饮茶习俗的介绍也越来越多。这些由西方茶文化爱好者撰写的茶书让西方民众对茶有了基本了解,为他们理解和接受中国茶文化典籍译本奠定了一定的知识基础。此外,随着网络时代的到来,西方也出现了不少宣传推广茶饮的茶文化网站,为茶文化传播提供了新的平台。这些可以说为中国茶文化典籍的对外传播构建了良好的外部环境,但同时也为中国茶文化典籍译本的接受带来了挑战。如何把握当前环境赋予茶文化典籍翻译的机遇和挑战,应该是我们茶文化典籍译者和翻译研究者必须考虑的一个问题。

## 二、中国茶文化典籍翻译的主体

翻译主体对应于传播活动的传播者,而传播者是传播活动的第一个要素,是传播信息内容的发出者,也是对传播过程产生直接影响的重要因素。② 茶文化典籍翻译的传播主体除译者以外,还包括译作生成和出版、推广过程中涉及的其他机构和个人。翻译主体在翻译传播过程中发挥着至关重要的作用,但翻译主体的作用并不局限于译作的生成过程,还包括

① 李正良. 传播学原理. 北京:中国传媒大学出版社,2007.
② 李正良. 传播学原理. 北京:中国传媒大学出版社,2007.

译作出版后的宣传推广过程。在译作生成过程中,译者对文化、传播内容进行把关,编辑等其他翻译主体的后期编辑,译作出版后译者、出版方、评论者对译作的宣传推广,都会影响译本在目标语社会的传播效果。

以《茶经》英译为例,我们发现,在译作生成过程中,《茶经》的三个英译本里,"大中华文库"译本的中国本土译者和中国出版机构对译作的把关行为都偏向于从"我"出发,在一定程度上忽略了目标读者的阅读习惯和接受能力。美国译者卡朋特由于其母语译者身份,很好地对译作的传播进行了把关,但在对原文的理解上和大多数国外译者一样存在一些误读,其出版机构干预行为也不明显。尽管如此,该译本仍然能够获得比中国译者译本更好的传播效果,原因在于心理学中的"纽卡姆效应"(Nowcomb effect),也称"自己人效应"(acquaintance effect)。"纽卡姆效应"是指,具有同样社会文化背景、世界观、价值观的群体或个人往往较容易达成共识和接受彼此。就翻译而言,译介主体如果有目标语读者"自己人",即其本土译者或出版发行机构参与翻译出版,则译介的作品更容易为读者信赖和接受。① 而《国际茶亭》的译本,由于编辑为茶文化专家,又是英语母语人士,因此文化关、传播关都把得比较好,且其所在的国际茶亭组织,带有一定的商业性质,会对其产品进行推广,假以时日,该译本很可能会比前两个译本获得更好的传播效果。而在译作生成后的出版推广过程中,"大中华文库"译本和卡朋特译本都不同程度地存在主体缺失问题,《国际茶亭》的译本出现较晚,尚未进入出版市场,这也可能是该《茶经》译本未能在西方产生较大影响的原因之一。

### 三、中国茶文化典籍翻译的内容

合适的传播内容是传播活动得以为传播对象接受的关键。因此,对茶文化典籍翻译而言,译作中翻译内容的选择和表述程度也会影响译作

---

① 鲍晓英."中学西传"之译介模式研究——以寒山诗在美国的成功译介为例. 外国语,2014(1):65-71.

的传播效果。

在实际翻译操作中,出于信息传播目的的大多数翻译不可能是对原文所有内容的全译,而是会涉及具体内容的选择。茶文化典籍为时代久远之作,其部分信息随着社会发展,可能已失去现实意义,且其中还有一些作者出于当时写作习惯而列出的一些和典籍主题无关、不具有跨文化传播价值的信息,以及一些难以为国外读者理解的信息等。在翻译过程中,若是将这些内容都原封不动地译出来,不仅会增加读者的阅读负担,而且不利于主题信息的突显。

此外,在跨文化交流中,目标读者和原作者所要传达的思想信息之间往往存在"文化距离",翻译时若只是按原文的表述程度来翻译,对于译文读者而言,所传递的内容便很可能是不充分的,难以理解的,所传播的内容也就失去了意义。因此,茶文化典籍翻译要实现其传播效果,就需要考虑所翻译内容的必要性和充分性。而在翻译过程中,翻译内容的必要性和充分性主要靠增加、删减、显化等翻译策略来实现。

从《茶经》的三个译本来看,卡朋特译本和《国际茶亭》译本都对原文信息有比较多的删减,删掉了不少和译本主题关联性不大的信息,同时,偏本地化的表达和注释、插图的运用充分传达了原文的主要信息,有助于使译本获得良好的传播效果。而"大中华文库"译本内容最为完备,几乎传达出了原文的所有内容,但其中有些内容对普通读者而言意义不大。此外,该译本受统一体例格式规范的限制,译者未能以尾注或脚注形式对原文核心内容进行充分解释,而文内注释又在一定程度上影响了译本的流畅度。因此,该译本在翻译内容的必要性和充分性方面不是很理想,这也会在一定程度上影响该译本在西方普通读者中的传播效果。

## 四、中国茶文化典籍翻译的媒介

信息传播是否成功,很大程度上要看传播者是否充分运用了最容易为传播受众接受的传播媒介。而媒介的使用,又关系到与该媒介匹配的传播符号的使用。

从《茶经》的几个英译本来看,当前茶文化典籍翻译主要还是利用纸质媒介,"大中华文库"译本和卡朋特译本都只发行了纸质图书,但纸质图书成本高,读者可获得性低,这必然影响译本的传播范围。相较于纸质媒介,网络媒介能够快速扩展译本读者群体范围,产生较好的传播效果。因此,以电子译本形式发表的《国际茶亭》译本具有更大的传播优势。"大中华文库"译本和卡朋特译本若是能利用网络媒介重新发行电子版,也必然能够重获传播机遇。不过,借用网络媒介进行传播,译本的格式体例,以及对传播信息符号的使用,也需要进行相应的革新。当前,《茶经》三个英译本的体例格式以及对非语言视觉符号的运用还存在很多不足,在这些方面我们还有非常大的挖掘空间。

### 五、中国茶文化典籍翻译的受众

受众是产生传播效果的关键。任何传播活动只有被受众所接受,并在受众中产生一定的效果,传播过程才算完整。而作为翻译受众的读者,是社会群体的人,具有一定的心理和生理机制。翻译活动要获得成功,就要作用于读者受众的心理,特别是要满足读者的需求心理、认同心理、共鸣心理和选择性心理。同时,译作还需要为读者所理解,才能发挥良好的传播效果。而为了帮助受众理解译作,在翻译过程中采用本土化翻译策略,适当地处理信息过载问题,利用副文本构建并扩展共通意义空间,就显得尤为重要了。同时,对译作的推广也需体现受众中心原则。

从《茶经》英译来看,鉴于《茶经》原文本的特点和价值,其译本读者呈现多样性,既有研究茶和茶文化的自然科学和人文学科领域的专业学者型读者,也有饮茶或不饮茶的普通读者。而目前《茶经》的三个英译本翻译方式有着明显的差别,倒是能满足不同类型读者的需求。"大中华文库"译本完整准确,适合专业学者型读者,能够满足专业学者型读者进行深入细致的研究的需求。卡朋特译本和《国际茶亭》译本删除了原文一些与主题关系不大的信息,语言简洁明了、通俗易懂,编排布局符合英语表达规范,并为读者提供了包含大量背景知识的序言、注释等副文本,更能符合满足缺少茶文化专业知识的普通读者的接受心理,切合读者的理解能力。

## 六、中国茶文化典籍翻译的效果

获得理想的传播效果是所有传播活动的终极目标。而对译作传播效果进行多层面、多角度分析,我们才能发现更多重要的翻译问题。

就《茶经》三个英译本的传播效果而言,从译本收藏量、被引用率、读者评价等数据层面来看,《茶经》的传播效果大大弱于像《论语》《道德经》这样的其他中国典籍译本。若是仅仅在三个英译本中进行比较,卡朋特译本不管是西方图书馆收藏量,还是被引用率、读者评价,都明显优于"大中华文库"译本和《国际茶亭》译本,但这些数据并不能说明卡朋特译本就比另外两个译本好,卡朋特译本在译本收藏量、被引用率、读者评价方面的数据优于另两个译本的原因可能在于该译本是最早的译本,比另两个译本早了三十多年,且是在英语国家出版社直接出版的作品。

而从文本本身的角度对译本传播效果进行推测评估,可以根据传播活动通过信息作用于受众心理的各个层次进行评估,从浅层次、中层次、深层次看译本可能对西方读者的心理产生的影响。不管在哪个层次,卡朋特译本和《国际茶亭》译本可能获得的传播效果都比较接近,因为这两个译本的翻译内容选择、翻译策略运用,特别是副文本信息设计都非常相似。至于"大中华文库"译本,由于译者自身身份的局限,以及遵循"大中华文库"统一体例设计的限制,在三个层次对西方读者可能产生的影响都小于卡朋特译本和《国际茶亭》译本。

## 七、数字化时代中国茶文化典籍的创新翻译模式

翻译研究的一个主要目的是提升翻译的效果,而传播效果的实现离不开翻译活动发生的外部环境和时代背景。如今,我们已处在互联网数字化时代,信息传播领域已经发生了颠覆性的变革,传播者、传播媒介和传播受众的信息传播环境已经大大不同于传统的传播环境。在这样的背

景下,若仍然拘泥于传统的翻译和传播方式,我们的翻译作品将很难获得目标读者的接受,也无法实现理想的传播效果。

通过对《茶经》英译本的分析,我们发现,《茶经》的三个英译本不管在适应当前翻译外部环境方面,还是在翻译传播过程的各个环节上都存在一些不足。因此,要改善茶文化典籍翻译的传播效果,我们可以以翻译受众为中心,从翻译主体、翻译内容、翻译媒介等几个方面改进茶文化典籍的翻译模式。也就是说,依靠各翻译主体的多元合作,根据读者需求选择合适的翻译内容,并借助新媒介,构建融合文字、图片、视频和动画的多层级、多模态译本,为大众带来更生动直观、更富趣味性的阅读体验和信息获取过程,并对这种新型译本进行数字化出版,通过各种网络平台进行推广,借助各方面的力量促进茶文化典籍译本在目标世界的传播和接受。

总的说来,时代的变化、社会的发展、新技术的出现无不影响着翻译的走向,茶文化典籍以及其他文化典籍的翻译任重而道远,典籍译者和翻译研究者更需要顺应时代发展,不断创新、更新理念,才能让中国典籍、中国文化更好地走向世界。

# 目　录

# 第一章 绪 论

## 第一节 中国茶文化"走出去"的重要意义

21世纪,中国文化海外传播受到国家的高度重视。对于中华文化"走出去",中国文化院院长许嘉璐先生提出了中国文化"一体两翼"的观点。"一体"是中国文化的理念,指伦理;"两翼"中一翼是中医,一翼是茶叶。中医和茶叶从哲学到伦理都全面、系统地体现了中华文化的理念,更重要的是可以直接作用于人的身和心,是最切身的,因而其中的奥妙容易被接受。而两者当中,中医的翅膀比较硬,茶叶需要扶植。① 以茶为载体的中国茶文化,作为中国文化的重要组成部分,在跨文化传播中具有非常重要的地位。

中国茶文化是一种典型的"中介文化",以物质为载体,在物质生活中渗透着明显的精神内容②,在中国文化对外传播中具有特别的优势。有学者曾对美国、日本、俄罗斯、泰国、黎巴嫩等5个国家16所孔子学院的中国文化传播效果进行调查。调查发现,虽然受访者普遍对中国文化具有浓厚的兴趣,但比较而言,物质文化的接触度最高,其中饮食文化、文物古

---

① 许嘉璐. 中华文化"走出去"要"一体两翼". (2014-05-19)[2017-09-10]. http://theory.gmw.cn/2014/05/19/content_11356151.htm.

② 余悦. 让茶文化的恩惠洒满人间——中国茶文化典籍文献综论. 农业考古,1999(4):48-62.

迹成为他们最感兴趣的内容。一些行为文化如太极拳、中医等,由于与他们的思维习惯、行为方式不同,文化传播效果十分有限。而精神层面的文化传播效果最差。① 2017 年 3 月至 6 月,中国外文局对外传播研究中心与凯度华通明略(Kantar Millward Brown)、光速调查公司(Lightspeed Research)合作开展的第 5 次中国国家形象全球调查(2016—2017)显示,谈及中国文化的代表元素,海外受访者首选中餐(52%),其次是中医药(47%)和武术(44%),在儒家文化、文化典籍、曲艺杂技等传统文化方面认可度较低。② 而茶作为一种物质,既是中餐的一部分,也和中医养生有着密切联系,因此介绍茶的典籍比其他文化典籍更容易为海外受众所认可。

文化传播不能是一厢情愿的行为,传播让受众感兴趣的信息内容是传播活动得以成功的前提。因此,考虑到普通传播受众的兴趣,有学者建议,在中国文化"走出去"时,特别是针对非儒家文化国家,要"走出去"的首先是物质文化,比如可以加大对中餐的推广力度。除饮食文化以外,还可以对穿、住、行等与生活息息相关,又不具有政治性的文化形式加强传播,这些都将收到良好的效果。而行为层面、精神层面的文化要寻求与其他文化接近、共通的内容,尽可能以他人之言而为之言,通过寻求共鸣的方式进行传播。③ 中国茶文化是融物质文化、行为文化和精神文化于一体的文化,特别适合成为中国文化对外传播的对象。

茶文化以茶为物质载体,正如肯尼索州立大学孔子学院(Confucius Institute at Kennesaw State University)院长金克华所说,茶其实比其他中国文化元素离外国人的生活更近,因为茶是世界三大饮品之一,具有很

---

① 吴瑛. 中国文化对外传播效果研究——对 5 国 16 所孔子学院的调查. 浙江社会科学,2012(4):144-151.
② 参见:对外传播研究中心.2016—2017 中国国家形象全球调查报告.(2018-01-08) [2018-05-19]. http://www.199it.com/archives/673248.html.
③ 吴瑛. 中国文化对外传播效果研究——对 5 国 16 所孔子学院的调查. 浙江社会科学,2012(4):144-151.

高的营养及一定的药用价值。随着人们对健康的关注度的提高,世界上喝茶的人也越来越多。此外,在当今世界,随着物质的丰富、生活水平的提高,很多人已经不再满足于物质层面的需求,而是追求在物质享受过程中获得精神层面的满足。而茶,自古以来就不仅是止渴保健的饮料,还是能够让人在品饮过程中获得内心安宁、灵魂升华、感受人与自然和谐的饮品。这在如今这个喧嚣浮躁的世界中尤为重要。因此,传播茶文化,以物质文化为载体,我们便有可能以润物细无声的方式,让世界民众接受茶所蕴含的中华文化。

此外,茶文化也是特别容易为国际社会所接受的文化。从引进、翻译并在中国畅销的国外图书来看,这些图书所传递的情感、观点以及它们的表达方式,是具有普遍性的。同理,"走出去"的中国文化也是如此。① 而茶文化蕴含的生态意识,体现的天人合一的精神追求,对生态、健康生活的向往,对人与人、人与社会、人与自然和谐的追求,也是全世界人民所共同拥有的。

中国茶文化是经过数千年发展演变而成的独特的文化模式和规范,是多民族、多社会结构、多层次的文化整合系统。中国茶文化博大精深,包含着中国政治、经济、社会、人生等多方面的内容,涉及中国哲学、社会学、文艺学、宗教学等多门类的学科。② 而茶文化蕴含的这些文化密码,就深藏在中国茶文化典籍文献之中。这些典籍文献如实记载了中国茶业前进的步履,全面传递了中国古代茶文化的精神内涵,反映了时代的式微兴盛与社会的朦胧身影。研究中国茶文化的学人,将从这些著述中发掘出十分丰富的文化信息。③ 因此,要让世界深入了解细腻而深厚的中国茶文

---

① 花亮. 传播学视阈下中国文学"走出去"译介模式研究. 南通大学学报(社会科学版),2015(6):70-76.
② 余悦. 让茶文化的恩惠洒满人间——中国茶文化典籍文献综论. 农业考古,1999(4):48-62.
③ 余悦. 让茶文化的恩惠洒满人间——中国茶文化典籍文献综论. 农业考古,1999(4):48-62.

化,中国茶文化典籍的翻译便显得尤为必要。

## 第二节　中国茶文化典籍翻译的重要性

近年来,国家对中国文化的"走出去"越来越重视,中国茶文化的国际推广也取得了卓越成就。例如,浙江农林大学茶文化学院的学生到世界各地进行茶艺表演,展示茶服、茶席设计,演出茶文化话剧,拍摄茶纪录片(如纪录片《中国茶:东方神药》(*Chinese Tea:Elixir of the Orient*)就获得了第 69 届美国电视艾美奖),这些活动都获得了很好的反响,引起了人们对中国茶文化的兴趣。视觉的冲击虽然很吸引人,但单单依靠视觉呈现很难达到文字所能达到的深度。如前所述,中国茶文化典籍是破解中国茶文化密码的关键。诚如许多、许钧所指出的,中国文化所反映出的中国精神根植于中国文化典籍,海外读者若想真正了解中国文化,就会有走进中国文化源头的兴趣,去阅读中国文化典籍。① 对茶文化而言,中国茶文化典籍就是源头。因此,只有将茶文化的视觉呈现和茶文化典籍翻译的语言阐释结合起来,才能使受众真正领会中国茶文化丰富细腻的精神内涵。

此外,在当今时代,翻译中国茶文化典籍还有助于提高中国在世界茶文化领域的地位,获得茶文化话语权。虽然茶和茶文化都发源于中国,但其他国家,特别是韩国和日本对茶道的传承和发扬在很大程度上都强于中国,这往往会降低中国茶和茶文化在世界人民心中的地位。例如,日本茶人冈仓天心(**Kakuzo Okakura**)用英文撰写的向世界介绍日本茶道的《茶之书》(*The Book of Tea*)就具有非常大的影响力,远远超过中国茶圣陆羽的《茶经》英译本。以各国图书馆馆藏为例,*Tho Book of Tea* 的馆藏图书馆数量明显大于《茶经》英译本。根据世界图书馆目录检索平台

---

① 许多,许钧. 中华文化典籍的对外译介与传播——关于"大中华文库"的评价与思考. 外语教学理论与实践,2015(3):13-17.

WorldCat 的统计, *The Book of Tea* 在一些主要欧美国家的具体馆藏情况如表 1-1 所示。

**表 1-1　*The Book of Tea* 馆藏情况统计**

| 国家 | 馆藏图书馆数量 | 国家 | 馆藏图书馆数量 |
|---|---|---|---|
| 美国 | 1,907 | 瑞士 | 12 |
| 德国 | 78 | 法国 | 10 |
| 英国 | 75 | 希腊 | 8 |
| 加拿大 | 70 | 意大利 | 7 |
| 荷兰 | 23 | 瑞典 | 7 |
| 西班牙 | 13 | 丹麦 | 5 |

从表 1-1 可以看出,冈仓天心的 *The Book of Tea* 在主要欧美国家,特别是美国拥有大量的收藏,而《茶经》的英译本,国外图书馆收藏最多的卡朋特的译本 *The Classic of Tea：Origins & Rituals*,也一共只有 300 多个图书馆收藏(如表 1-2 所示)。

**表 1-2　*The Classic of Tea：Origins & Rituals* 馆藏情况统计**

| 国家 | 馆藏图书馆数量 | 国家 | 馆藏图书馆数量 |
|---|---|---|---|
| 美国 | 277 | 瑞士 | 2 |
| 加拿大 | 11 | 德国 | 2 |
| 英国 | 5 | 瑞典 | 1 |
| 荷兰 | 3 | | |

除了馆藏丰富以外,冈仓天心的 *The Book of Tea* 虽然出版于 1906 年,但现在已被很多在线数据库收录,获取这本书非常容易,《茶经》的英译本则几乎未被收录。而作品的可获取性对其传播无疑也起着非常重要的作用。根据谷歌学术搜索(Google Scholar)的统计, *The Book of Tea* 的引

用也达到了 476 条①,远远大于《茶经》英译本在主要欧美国家的引用率。

在这样的情况下,为了提升中国茶文化的地位,中国茶文化典籍的翻译,特别是在日韩茶文化形成之前的中国茶文化典籍的翻译,便非常有必要了。这些典籍有助于世界人民了解中国茶文化的源远流长,感受中国茶文化比其他茶文化更为厚重的历史底蕴。

此外,茶文化典籍翻译还有助于我们在世界上重获中国茶文化话语权,提升中国茶叶的整体国际知名度,了解世界茶叶贸易准则。② 虽然中国茶叶早已传到西方,但早期由于交流的不便,西方并未对中国茶叶形成全面的认识。从中西茶叶贸易史可以看出,早期中国茶叶进入西方,人们只是将其视为一种神奇的饮品,但中国茶叶品种的丰富性、制茶技术的精妙性以及茶所蕴含的深厚精神文化内涵,并未完全随之传入西方。加之后来其他国家生产种植的茶叶也进入西方市场,西方各国便形成了完全不同于中国的饮茶习惯和饮茶文化。例如,在西方,人们常年喝的都是印度、斯里兰卡、肯尼亚的红茶,这些茶高香但苦涩,所以才会有调饮的概念,需要加糖、奶才能喝。而将糖和奶这些高热量、高能量的物质添加到茶里去,就会让饮茶的人变得不健康。所以说,到今天西方人还是不会喝茶的!③ 而中国茶文化典籍中详细记载的正是最古老、最天然的茶叶生产、制作、加工体系和最健康的饮用方式,即使经过了一千多年,仍然具有极大的借鉴价值。因此,将中国茶文化典籍系统译介到西方,有助于国际社会更全面地认识中国茶叶,让西方受众体会到中国茶饮独特的价值。

又如,美国人喝茶时通常主要以红茶泡用或用速溶茶冲泡,强调饮茶的便利及快捷。④ 按照他们的饮茶方式,茶就仅仅是一种能够止渴、给人带来感官享受的饮品。但就中国茶文化而言,饮茶,不仅仅在于最后的感

---

① https://scholar.google.com/scholar? hl = zh-CN & as_sdt = 0%2C5 & q = The + book + of + tea & btnG. 检索日期:2019-06-11.
② 周茹. 重走茶叶之路 找回茶文化话语权. 赤子,2012(8):46-67.
③ 周茹. 重走茶叶之路 找回茶文化话语权. 赤子,2012(8):46-67.
④ 黄敏. 中美两国茶文化特点及比较. 农业考古,2013(2):307-309.

官享受,整个煮茶的过程更重要。而这个过程也就是茶人修身养性的过程,在这个过程中,我们才能获得精神的升华,感悟人生的真谛。因此,向西方译介中国茶文化典籍,呈现中国古代的煮茶、饮茶过程中体现的清静和美也具有重要意义。正如《国际茶亭》的《茶经》译本 The Tea Sutra 在序言中介绍为何要翻译陆羽《茶经》时提到的:我们可以像陆羽那样去煮茶,想象陆羽时代喝茶的情景,从而感受人与自然的和谐,体味茶中蕴含的智慧,感受"道"之精神,获得精神上的升华。① 我们可以在煮茶过程中静心冥思,让思想穿越时空,和古代茶人产生精神上的交融,进入古时未被现代喧嚣破坏的山岩崖壁、竹园森林,寻觅圣泉净水,治愈我们心灵的躁动浮华。② 由此可见,相较于茶的保健养生价值,中国茶所讲求的精神上的修炼,在当今这个喧嚣浮躁的世界具有更为重要的意义,而这也是中国茶文化典籍对外翻译的重要价值所在。

## 第三节　中国茶文化典籍英译及英译研究现状

尽管中国茶文化典籍对读者深刻了解中国茶文化具有非常重要的价值,但相较于其他文化典籍,中国茶文化典籍的对外翻译一直非常滞后,特别是英文翻译,远远落后于其他中国文化典籍,与中国茶和茶文化的国际传播价值很不匹配。据笔者收集,迄今有英文译本的中国茶文化典籍唯有茶圣陆羽所著的《茶经》、清朝陆廷灿的《续茶经》、明朝张源的《茶录》、宋徽宗赵佶的《大观茶论》,以及美国茶文化学者夏云峰(Warren Peltier)为中国主要茶典籍编译而成的《中国古代茶技艺》(The Ancient Art of Tea)。在这几部茶文化典籍中,陆羽的《茶经》有三个版本的英文全译本,分别为:入选"大中华文库"的中国学者姜欣、姜怡翻译的由湖南

---

① Lu, Y. The tea sutra. Wu, D. (ed.). *Global Tea Hut: Tea & Tao Magazine*, 2015 (44): 3.

② Lu, Y. The tea sutra. Wu, D. (ed.). *Global Tea Hut: Tea & Tao Magazine*, 2015 (44): 8.

人民出版社出版的 *The Classic of Tea* 美国译者卡朋特的译本 *The Classic of Tea：Origins & Rituals*，以及在网络杂志《国际茶亭》上发表的 *The Tea Sutra*。另有乌克斯(William Ukers)的节译本，收录于其茶学著作《茶叶全书》(*All About Tea*)。《续茶经》《茶录》《大观茶论》则都只有一个英文全译本，其中《茶录》《大观茶论》也只是在网上发表，没有纸质版本。而这些英译本在翻译方法、翻译策略、传播推广方式和渠道上都存在一些不足，导致这些茶文化典籍的英译本在英语世界并未得到广泛传播，中国茶文化典籍蕴含的深刻茶文化内涵也难以为西方普通读者所接受。要解决这些问题，全面深入地推动中国茶文化对外传播，对中国茶文化典籍英译进行深入研究就显得尤为必要了。

中国茶文化对外传播具有重要价值，因此，近年来茶文化典籍翻译的研究也日益受到关注。近几年，关于茶文化典籍翻译的国家社科基金立项两项。据笔者所收集的资料，国外除了 1976 年《美国东方学会杂志》(*Journal of the American Oriental Society*)上有一篇对卡朋特译本 *The Classic of Tea：Origins & Rituals* 的简短评介外，尚未有学者关注茶文化典籍的翻译问题，但国内学者对茶文化典籍翻译的研究则发展得非常迅速。国内对茶文化典籍翻译的研究始于 2006 年，开始几年主要是姜欣、姜怡及其带领的一批共同翻译《茶经》《续茶经》的译者根据自己的翻译体验开展的研究。从 2013 年开始，中国茶文化典籍英译开始吸引越来越多研究者的关注，从 2013 年到 2016 年，就有 70 多篇相关文章发表。研究范围也从最初对茶文化典籍基本翻译问题的讨论发展到多视角、多维度的研究。

从现有文献来看，目前学界对中国茶文化典籍翻译的研究主要从以下几个方面展开。

## 一、茶文化典籍翻译策略研究

关于中国茶文化典籍翻译研究，最多的是为解决具体翻译问题而展开的对翻译方法和策略的研究。例如，姜怡、姜欣从《茶经》章节标题的翻译着手,以社会符号学为角度,分析了如何在翻译过程中进行原文的意形整合。① 姜欣、吴琴对《茶经》中色彩用语的翻译策略进行了研究。② 姜欣、姜怡、林萌分析了异化翻译策略在保留《茶经》所蕴含的中国文化特色时的使用。③ 姜欣、刘晓雪、王冰从茶典籍所蕴含的互文性角度分析了《茶经》及《续茶经》中固定用语表达、时态人称搭配、典故传说引用、重复名称、意形整合方面的翻译。④ 姜欣、姜怡、方淼等以《茶经》翻译为例,基于树剪枝理论提出了典籍文本快速切分方法。⑤ 姜欣、姜怡、汪榕培提出了"内隐外化"的翻译策略,即采取变通方法,将隐匿的深层文化内涵"外化"到语符表层,帮助目标语读者更好地理解和欣赏译文,从而更有效地传播优秀的中国传统茶文化。⑥ 姜欣、吴琴从通感理论出发,结合大量实例,对茶文化典籍中涉及的通感现象的翻译方法进行分析。⑦ 袁媛、姜欣、姜怡⑧以及王钰⑨从美学角度提出了如何再现原文的美学意蕴。姜怡、姜欣分析了茶文化典籍翻译中如何针对原文本中所嵌入的互文异质文体及其

① 姜怡,姜欣. 从《茶经》章节的翻译谈典籍英译中的意形整合. 大连理工大学学报(社会科学版),2006(3):80-85.

② 姜欣,吴琴. 论典籍《茶经》《续茶经》中色彩用语的翻译策略. 语文学刊(高等教育版),2008(23):93-95.

③ 姜欣,姜怡,林萌. 茶典籍译文中异域特色的保留与文化增殖. 北京航空航天大学学报(社会科学版),2008(3):59-62.

④ 姜欣,刘晓雪,王冰. 茶典籍翻译障碍点的互文性解析. 农业考古,2009(5):291-296.

⑤ 姜欣,姜怡,方淼,等. 基于树剪枝的典籍文本快速切分方法研究——以《茶经》的翻译为例. 中文信息学报,2010(6):10-13,42.

⑥ 姜欣,姜怡,汪榕培. 以"外化"传译茶典籍之内隐互文主题. 辽宁师范大学学报(社会科学版),2010(3):87-90.

⑦ 姜欣,吴琴. 茶文化典籍中的通感现象及其翻译探析. 贵州民族大学学报(哲学社会科学版),2010(6):152-155.

⑧ 袁媛,姜欣,姜怡.《茶经》的美学意蕴及英译再现. 湖北经济学院学报(人文社会科学版),2011(6):123-125.

⑨ 王钰.《茶经》翻译中美学再现的可行性研究. 大连:大连理工大学硕士学位论文,2015.

思想主题调整变换译文风格。① 丛玉珠研究了《茶经》中修辞手段的翻译。② 汪艳分析了《茶经》中译语文化空白的处理策略。③

以上这些从微观层面展开的翻译策略研究,提出了各种有效的翻译策略和技巧,为茶文化典籍语言文本的转换提供了很好的借鉴,但大多数研究还是限于一般性翻译问题的探讨,未突出茶文化典籍翻译的特性。

## 二、茶文化典籍中的茶文化内涵翻译研究

在茶文化典籍翻译研究的前几年,学者们主要关注的是一些基本的翻译问题,但这些问题尚未触及茶文化典籍翻译最重要的一个问题,即茶文化典籍中所蕴含的茶文化精神内涵的传达。从 2013 年开始,一批研究者开始关注这一问题。例如,董书婷分析了《茶经》中禅宗思想的翻译。④ 姜晓杰、姜怡⑤以及张维娟⑥从语义翻译和交际翻译角度论述了儒家中庸思想在《茶经》翻译中的体现。郭光丽、黄雁鸿对《茶经》中体现的"五行"说的英文翻译进行了研究。⑦ 胡鑫、龚小萍运用语义交际理论考察了《茶经》英译中"天人合一"思想的传达。⑧ 何琼⑨以及李娜⑩考察了卡朋特译

---

① 姜怡,姜欣. 异质文体互文交叉与茶典籍译文风格调整. 大连理工大学学报(社会科学版),2012(1):133-136.

② 丛玉珠.《茶经》中修辞手段翻译研究. 大连:大连理工大学硕士学位论文,2014.

③ 汪艳. 论典籍文本译语文化空白的处理策略——以《茶经》的翻译为例. 大连:大连理工大学硕士学位论文,2014.

④ 董书婷. 论《茶经》中的禅宗思想及其英译再现. 赤峰学院学报,2013(4):44-46.

⑤ 姜晓杰,姜怡.《茶经》里的中庸思想及其翻译策略探讨. 语言教育,2014(3):61-66.

⑥ 张维娟. 中国茶文化的思想内涵及翻译策略研究——以《茶经》英译为例. 福建茶叶,2015(5):358-359.

⑦ 郭光丽,黄雁鸿.《茶经》"五行"的英文翻译. 学园,2014(35):10-11.

⑧ 胡鑫,龚小萍.《茶经》中的"天人合一"思想之英译研究——以姜欣、姜怡译本为例. 焦作大学学报, 2016(3):31-33.

⑨ 何琼.《茶经》文化内涵翻译的"得"与"失"——以 Francis Ross Carpenter 英译本为例. 北京林业大学学报(社会科学版),2015(2):62-67.

⑩ 李娜.《茶经》中的茶文化内涵及其跨文化翻译策略研究. 福建茶叶,2016(4):397-398.

本中传统儒释道思想的翻译效果。沈金星、卢涛、龙明慧从生态批评视角,围绕自然观、生态生活方式两个层面分析了《茶经》中的生态文化及其在中国译者和美国译者卡朋特两个英译本中的体现。① 蒋佳丽、龙明慧②以及易雪梅③均从接受理论视角分析了茶文化典籍翻译过程中茶文化的传达问题。龙明慧从功能语言学角度,对比分析了中美译者在传达《茶经》原文的概念意义、人际意义和语篇意义时的不同对茶文化内涵传播的影响。④ 任蓓蓓则从模因论的角度探讨了《茶经》翻译中茶文化的遗失现象。⑤

茶文化典籍翻译的一个主要目的是传播典籍中蕴含的中国茶文化,因此当前这些围绕茶文化内涵传达的翻译研究有助于突出茶文化典籍翻译自身的特性,但这些以文化为核心的研究主要还是围绕微观语言文本层面而展开分析的,尚未触及茶文化典籍翻译的传播效果问题。

### 三、茶文化典籍的对外传播和影响研究

除微观层面的具体翻译问题外,近年来也有研究者开始关注宏观层面的茶文化典籍翻译传播问题。例如,陈倩从跨文化交流的视角,详细梳理了以《茶经》为主要载体的中国茶和茶文化的海外传播与接受情况。⑥姜怡、姜欣、包纯睿等也对茶文化典籍的对外传播现状进行了概括性的介

① 沈金星,卢涛,龙明慧.《茶经》中的生态文化及其在英译中的体现. 安徽文学,2014(1):7-10.

② 蒋佳丽,龙明慧. 接受理论视角下《茶经》英译中茶文化的遗失和变形. 语文学刊(外语教育教学),2014(4):46-48,54.

③ 易雪梅. 关于接受理论视角的《茶经》英译中的茶文化分析. 福建茶叶,2016(3):387-388.

④ 龙明慧. 功能语言学视角下的《茶经》英译研究. 山东外语教学,2015(2):98-106.

⑤ 任蓓蓓. 模因论视角下《茶经》英译中茶文化的遗失现象. 福建茶叶,2016(3):328-329.

⑥ 陈倩.《茶经》的跨文化传播及其影响. 中国文化研究,2014(1):133-139.

绍,指出《茶经》异国译者翻译中国典籍时存在的一些问题。①

近年来,虽有越来越多的研究者开始关注茶文化典籍翻译研究,也取得了一定的成果,但总的来说茶文化典籍翻译的研究范围、研究视域还需进一步扩展。当前对茶文化典籍翻译的研究主要还是对常见的、一般性翻译问题的讨论,分析的重点在于译者如何运用译文语言忠实传达原文各方面的信息和文化内涵。而对茶文化典籍对外传播的研究主要是对茶文化典籍在海外传播和影响的简要描述,其中凡涉及对翻译的描述,其重点仍然是译本语言层面导致的问题。简言之,迄今的茶文化典籍翻译研究,不管是哪种视角的研究,都是围绕译文语言以及译文语言体现的社会文化等各类信息展开的研究,对茶文化典籍翻译的宏观层面关注不够,未能就整个茶文化典籍翻译传播过程及其影响下的翻译效果进行系统分析。而典籍翻译的成功与否,并不完全取决于微观语言文本层面对原文信息的忠实传达,而是文本内因素和翻译过程中诸多文本外因素共同作用的结果。茶文化典籍翻译的外部社会环境以及翻译传播过程中各种因素对茶文化典籍翻译效果产生的影响,并不亚于微观语言词句的翻译是否恰当带来的影响。

有学者在谈到非通用语言文学作品如何突破地域属性、在国际文坛赢得一席之地时指出,翻译是必由之路,但这样的翻译并不止于准确流畅、规范地道、传情达意的"好"翻译,而是能让作品在接受文学体系中"活跃"地存在下去的有效翻译。满足这一要求的前提是文学阅读必须同时以"流通"及"阅读"两种模式在接受体系中得到自我实现,两者缺一不可。② 和文学作品一样,茶文化典籍译本要在国际社会"活跃"地存在下去,除了译作准确流畅、规范地道,还需要获得有效的"流通"及"阅读"。译作翻译得再好,翻译出来之时也只是处于"休止状态",只有当它"通过

---

① 姜怡,姜欣,包纯睿,等.《茶经》与《续茶经》的模因母本效应与对外传播现状. 辽宁师范大学学报(社会科学版),2014(1):119-124.
② 刘亚猛,朱纯深. 国际译评与中国文学在域外的"活跃存在". 中国翻译,2015(1):5-12.

与语境发生联系而被激活"时,才能"从原来所处的休止状态进入活跃状态"①。而译文文本被"激活"的根本标志是它成为目标社群阅读实践及基于阅读的文化精神生活不可或缺的一部分。② 因此,译作翻译得好只是译作能够成功的一个因素。译作翻译得再好,也需要进行"流通",需要为读者所"阅读",而这些都是微观语言翻译之外的问题,涉及从翻译主体、翻译内容、翻译媒介、翻译受众到翻译效果的整个茶文化典籍信息的对外传播过程。

中国茶文化典籍翻译并不是一种纯粹的语言转换行为,而是一种跨文化跨语言信息传播活动,它的主要目的是传播茶学知识和中国茶文化。因此,本书从传播学视角,以我国最著名的茶文化典籍——茶圣陆羽所著的《茶经》的英译本为例,对中国茶文化典籍翻译进行研究,考察茶文化典籍翻译的外部社会环境以及整个翻译传播过程涉及的各个因素,估量它们对茶文化典籍翻译传播效果的影响,并根据当前茶文化典籍翻译存在的问题,提出应在新时代适应信息传播方式的变革和读者阅读习惯,对茶文化典籍进行创新翻译和出版推广,为更有效地进行中国茶文化典籍翻译和茶文化国际传播提供借鉴。

本书一共分为七章。第一章是绪论,介绍中国茶文化传播和中国茶文化典籍翻译的意义,以及中国茶文化典籍英译和英译研究现状。第二章考察茶文化典籍翻译和传播学的关系,说明为什么要以传播学为视角,将茶文化典籍翻译视为一种跨文化传播活动进行研究。第三章从宏观层面考察中国茶文化典籍翻译的外部社会环境,重点分析《茶经》不同译本出现的时代背景、中国茶在西方的接受情况,以及同主题文本环境对各译本在西方传播的影响。第四章是本书的重点,考察中国茶文化典籍翻译传播过程涉及的传播主体、翻译内容、传播媒介、传播受众这几个紧密相

---

① Widdowson, H. G. *Text*, *Context and Pretext*: *Critical Issues in Discourse Analysis*. Oxford: Blackwell Publishing, 2004: 8.

② 刘亚猛. "拿来"与"送去"——"东学西渐"有待克服的翻译鸿沟//胡庚申. 翻译与跨文化交流:整合与创新. 上海:上海外语教育出版社,2009:63-70.

连的环节对译本传播效果的影响。对传播主体的考察主要立足于《茶经》译本,对比《茶经》不同译者对译本文化、传播的把关情况,以及出版社等其他翻译主体在译本生成过程中的把关行为,同时分析包括译者、出版社、评论者在内的各翻译主体出版推广译本的行为对译本传播效果的影响。对于中国茶文化典籍翻译的传播内容,主要围绕茶文化典籍翻译内容的必要性和充分性,分析《茶经》不同译者对翻译内容的选择,以及具体翻译策略的使用对译本传播效果的影响。对于传播媒介,则运用《茶经》译本语料库,考察不同译本语言运用和译本字体,以及版面设计、插图等非语言符号的使用对翻译传播效果的影响。对于传播受众,则主要从读者的接受心理考察茶文化典籍的翻译受众对译本的接受,以及翻译策略的使用对读者理解译本的影响。第五章是对中国茶文化典籍翻译传播效果的研究,主要从《茶经》译本销售、馆藏及读者评价三个方面客观描述《茶经》不同译本的传播现状,并立足于《茶经》译本,结合前面的分析,从信息层次、情感态度层次、行为层次对《茶经》不同译本的传播效果进行综合评估。第六章基于前面的分析,针对现有茶文化典籍翻译的问题,探讨在新时期如何对茶文化典籍的翻译和出版进行创新。最后一章是本书的结语。

# 第二章 传播学与茶文化典籍翻译研究

　　跨学科性是翻译学的典型特征,对翻译现象进行跨学科阐释一直都是翻译研究的重要途径。而在人文学科中,传播学和翻译学相对来说是非常接近的学科,翻译研究和传播研究虽然有着各自不同的关注点,但二者也有一些共同的研究问题,特别是两个学科都关注真正的行为者与他们在特定文化和历史条件下的复杂符号行为。[①] 虽然传播学研究较少关注翻译问题,但由于翻译活动的传播本质,我们在进行翻译研究时往往能从传播学研究中获得有益借鉴,扩展我们对翻译的认识,使我们对翻译问题的认知更为全面。而茶文化典籍翻译的主要目的是传播中国茶学知识和茶文化,其信息传播本质也特别明显,不管是翻译实践行为还是理论研究,都能够从传播学中获得有益指导。

## 第一节　翻译的传播本质

　　传播,英语是"communication",源于拉丁语"commonis",表示"共同""共享"之意。对于"communication",威廉斯(Frederick Williams)归纳出了五个基本特征:

　　(1)Communication is the exchange of meaningful symbols. (传播是

---

① Gambier,Y. & van Doorslaer,L. *Border Crossings:Translation Studies and Other Disciplines*. Amsterdam:John Benjamins Publishing Company,2016:98.

意义符号的互换。)

(2)Communication is a process. (传播是一个过程。)

(3)Communication requires a medium. (传播需要一个中介。)

(4)Communication can be transactional. (传播是一种相互作用。)

(5)We communicate to satisfy our human needs. (人类的传播是为了满足其需求。)①

而我国传播学者将传播定义为"社会信息的传递和社会信息系统的运行",也给出了传播的五个特点:

(1)传播是一种信息共享活动。

(2)传播是在一定社会关系中进行的,又是一定社会关系的体现。

(3)从传播的社会关系而言,它又是一种双向的社会互动行为。

(4)传播成立的重要前提之一,是传受双方必须要有共通意义空间。

(5)传播是一种行为,是一种过程,也是一种系统。②

从传播的这些特点来看,翻译同样具有这些特点,只不过翻译是在跨文化环境中进行的信息共享活动。翻译是为了满足不同民族间交流的需求,将一种文化的意义符号转化成另一种文化的意义符号,从而在不同文化中实现信息共享的行为。翻译也是一个过程,是将信息从源语文化传到译语文化的过程,在这个过程中各种因素相互作用,共同影响着信息的传播效果。翻译总是在一定社会环境中进行的,翻译产品的生成和接受也离不开各翻译主体的共同作用,而由于翻译是在不同文化间进行的,因此其所涉及的社会关系更为复杂。翻译也需要中介,早期的翻译主要以语言符号为中介,而随着传播领域内传播中介的变革,翻译的中介也相应发生变化,非语言符号的使用逐渐从边缘走向中心。此外,和传播活动一样,译文要能够为目标受众所理解,也需要目标受众的意义空间和译文呈

---

① Williams, F. *The New Communications*. 3rd ed. Belmont: Wadsworth Publishing Company, 1992: 11.

② 郭庆光. 传播学教程. 北京:中国人民大学出版社,1999:11.

现的意义空间有共通之处,因此译者在翻译过程中会通过各种策略来构建或扩大译文读者意义空间和文本意义空间的共通部分。只不过不同于一般的传播活动,翻译的传受双方属于不同的文化群体,其共通意义空间比同一文化群体传受双方的共通意义空间要狭小,因此翻译活动也比其他传播活动更为复杂,但这并未改变其传播本质。

其实,翻译是一项传播活动的说法,中西方学者也早有论述。在西方学者的理论论述当中,我们往往能够找到大量"translation as communication"或是"translation as intercultural communication"这样的表述。早在 20 世纪 60 年代,奈达(Eugene Nida)和卡特福德(John Catford)都提出了"communicative theory of translation",特别是奈达提出的动态对等,强调翻译要注重读者的反应。他提出,作为传播活动的翻译应包含八大要素:信源、信息、信宿、信息背景、信码、感觉信道、工具信道和噪音。这八大要素的表述直接借用了传播学术语,他对八大要素的分析也充分体现了传播学对他的影响。①

20 世纪 80 年代,威尔斯(Wolfram Wilss)在《翻译学:问题与方法》(*The Science of Translation:Problems and Methods*)中提出,"翻译是与语言行为和抉择密切相关的一种语际信息传播的特殊方式"②。哈蒂姆(Basil Hatim)和梅森(Ian Mason)在其代表作《作为交际者的译者》(*The Translator as Communicator*)中提出,翻译是一个动态的传播过程,翻译者也就是跨语言、跨文化传播者,他们在两种不同文化中为原文作者与译文读者协调意义。③ 豪斯(Juliane House)指出,翻译和传播活动都可以被

---

① 谢柯,廖雪汝."翻译传播学"的名与实.上海翻译,2016(1):14-18.
② Wilss,W. *The Science of Translation:Problems and Methods*. Shanghai:Shanghai Foreign Language Education Press,2001:14.
③ Hatim,B. & Mason,I. *The Translator as Communicator*. London:Routledge,1997.

视为一种语境重构①,这充分说明了翻译和传播的共同之处。

在中国,唐朝学者贾公彦对翻译的定义"译者,易也,谓换易言语使相解也"中的"相解"就说明翻译的目的是促进人们之间相互了解,而这也是传播的目的。当代哲学大师贺麟先生从"哲学的意义"上揭示了翻译的实质。他说,"翻译乃译者(interpreter)与原本(text)之间的一种交往活动(communication)",首次明确提出了翻译是传播的观点,并从哲学的高度更深入地从意与言、道与文、一与多等哲学关系上阐述了翻译与传播的内在联系。②

吕俊于 1997 年在《外国语》上发表了《翻译学——传播学的一个特殊领域》一文,他指出:

> 翻译是一种跨文化的信息交流与交换的活动,其本质是传播,无论口译、笔译、机器翻译,也无论是文学作品的翻译,抑或是科技文体的翻译,它们所要完成的任务都可以归结为信息的传播……翻译同样具有传播的一般性质,即是一种社会信息的传递,表现为传播者、传播渠道、受信者之间的一系列关系;是一个由传播关系组成的动态的有结构的信息传递过程;是一种社会活动,其关系反映社会关系的特点。与普通传播过程不同的是,翻译是在文化间进行的,操纵者所选择的符号也不再是原来的符号系统,而是产生了文化换码,但其原理却是与普通传播相同的。③

从以上论述可以看出,尽管翻译有其自身的特点,但翻译和传播在本质上相似这一点是非常明显的④,因此从传播学视角研究翻译是十分可行

---

① Gambier, Y. & van Doorslaer, L. *Border Crossings*: *Translation Studies and Other Disciplines*. Amsterdam: John Benjamins Publishing Company, 2016: 101.

② 杨雪莲. 传播学视角下的外宣翻译. 上海:上海外国语大学博士学位论文,2010: 4-5.

③ 吕俊. 翻译学——传播学的一个特殊领域. 外国语,1997(2):39-40.

④ 郑友奇,黄彧盈. 传播学视域中的文学翻译研究. 现代传播,2016(10):165-166.

的,也是很有必要的。

## 第二节　传播学视角研究翻译的优势

不管何种视角的翻译研究都不会否认翻译是一种传播活动,只不过不同于普通传播活动,翻译是一种跨文化传播活动。从这个意义上来说,翻译具有两重本质:一是和普通传播活动共有的传播本质,二是跨语言跨文化的本质。这就注定了传播研究的理论和方法可以应用于翻译研究,而传播学视角的翻译研究具有一些不同于其他视角翻译研究的特点。这些特点也体现出传播学视角研究翻译对于整个翻译学长足发展的重要价值。

### 一、传播学视角下翻译研究的特点

翻译除了有其独特的跨语言跨文化特性,还具备传播的基本特性,忽略对其基本传播特性的研究必然导致对翻译认识的局限性。而从传播学视角看翻译,我们可以对翻译活动有更全面的认识,因为在传播学的结构模式中,"人们可以看到一个开放的动态系统"①。把翻译研究置于传播学结构框架中,"会使我们的眼界大为开阔,使我们对信源、信道、信息、信宿、信源与信宿的关系、效果和目的与场合等一系列要素做系统的、动态的研究"②。选择传播学的结构框架作为翻译学的机体结构模式,翻译研究可以呈现出整体性、动态性、开放性、综合性、实用性等特点。

从传播学视角看翻译,我们会更倾向于将翻译视为一个具有整体连贯性的活动进行考察。从翻译传播的外部环境、译作选择到译作生成,再到译作出版、发行推广整个翻译传播过程涉及的各个要素,都会成为我们

---

① 吕俊,侯向群.翻译学——一个建构主义的视角.上海:上海外语教育出版社,2006:33.

② 吕俊,侯向群.翻译学——一个建构主义的视角.上海:上海外语教育出版社,2006:34.

关注的对象。

同时,在传播学框架下,翻译过程中涉及的各个要素也不会被视为静止的、各自孤立的存在,而是相互联系又相互制约的,共存于一个动态发展的系统。在这个系统中,牵一发而动全身,一个要素的变化,必然引起其他要素的变化。例如,我们如今已经处在一个数字新媒体时代,信息传播媒介和渠道发生了很大变化,相应地,翻译传播的主体、翻译受众的阅读习惯、翻译内容、翻译策略的选择也都会受其影响。那么对译本进行评价时,就需要同时将这些因素纳入考虑之中,才能保证对译本翻译传播效果的评价是客观公允的。而在翻译实践中,充分考虑到可能影响译本传播和接受的各种因素,我们才能保证翻译的有效性,真正实现翻译的跨文化交流目的。

在翻译研究过程中关注各种要素的影响,也有助于突出翻译研究的开放性,"使凡是与之有关的各学科的知识、方法,都能渗透进这个系统中来"①,而翻译研究只有结合自身的特点,再综合各个学科的知识和方法,才能获得长足的发展。

最后,传播学视角的翻译研究会特别注重翻译的传播效果,而传播效果并不等于简单的翻译质量,也不是由译作是否忠实传达了原文的各种信息,或者简单地让译文读者获得和原文读者同样的感受来决定的。正如谢天振在讨论中国文学"走出去"问题时所指出的:

> 我们相当忠实地、准确地实现了两种语言文字之间的转换,或者说交出了一份份"合格的译文",然而如果这些行为和译文并不能促成两种文化之间的有效交际,并不能让翻译成外文的中国文学作品、中国文化典籍在译入语环境中被接受、被传播,并产生影响,那么这样的转换(翻译行为)及其成果(译文)恐怕就很难说是成功的……②

① 吕俊,侯向群. 翻译学——一个建构主义的视角.上海:上海外语教育出版社,2006:36.
② 谢天振. 中国文学走出去:问题与实质. 中国比较文学,2014(1):6.

的确,很多时候好的译文未必能获得好的传播效果。翻译过程中各种要素都可能影响译本的传播效果,而译本的翻译质量只是其中的一个要素而已。因此,从传播学视角出发对翻译传播效果的各种影响因素进行整体性研究,对我们的翻译实践也具有很大的实用性。翻译并不仅仅是翻译出好的作品就算成功了,而是要让译本真正进入目标社会。研究影响翻译传播效果的各种要素有助于我们在每个翻译环节都把好关,发挥最佳的主观能动性,使翻译活动真正发挥跨文化交流沟通的作用。

总的说来,虽然其对象都是信息传播活动,但传播研究和翻译研究对信息传播活动的关注是有着不同侧重的。正如有学者指出的,一直以来的翻译研究,"虽然承认翻译是一种传播活动,但其理论构建关注的重点更多是在个体语言以及语言所构建的世界意象的不同之处,也正是这一点将翻译研究和传播研究区别开来,因为传播研究更关注的是'一致''共识''合作''共有的背景知识'"①。

翻译研究与传播研究的另一个不同之处在于"翻译研究对跨语言的关注,对语言使用的正确性和得体性的敏感,以及对语言差异导致的文化差异的重视"②,传播学关注更多的是"传播过程的成功和效度"③。而在翻译研究领域,体现翻译过程的成功和效度的"译作的传播与接受等问题,长期以来遭到我们的忽视甚至无视,需要我们认真对待"④。

此外,传播活动特别关注信息传播过程,而对翻译过程的研究目前还十分有限。翻译领域虽然也有对翻译过程的研究,但从翻译研究中的各种过程模式可以看出,翻译研究领域内对翻译过程的研究一般只是对微观翻译过程的研究,特别是翻译过程的认知心理研究,其研究始于译者也

---

① Gambier,Y. & van Doorslaer,L. *Border Crossings:Translation Studies and Other Disciplines*. Amsterdam:John Benjamins Publishing Company,2016:101.

② Gambier,Y. & van Doorslaer,L. *Border Crossings:Translation Studies and Other Disciplines*. Amsterdam:John Benjamins Publishing Company,2016:107.

③ Gambier,Y. & van Doorslaer,L. *Border Crossings:Translation Studies and Other Disciplines*. Amsterdam:John Benjamins Publishing Company,2016:109.

④ 谢天振. 中国文学"走出去":问题与实质. 中国比较文学,2014(1):3.

止于译者,较少关注宏观的翻译过程,即从发起翻译活动到完成翻译产品,再到宣传推广翻译产品,最后到读者理解和接受翻译产品的整个过程。而实际上,在整个翻译过程中涉及的各个因素对翻译最后传播效果的影响丝毫不亚于微观的翻译活动本身的影响。

当然,在翻译研究领域,除关注语言转换的微观研究外,也有不少翻译的研究考察翻译与社会、政治、文化、意识形态、赞助人等外部因素之间的关系,考察翻译产品的传播和接受,分析目标读者对译作的反应,考察译者的主体性等,但很少有研究像传播学研究一样将这些系统要素整合到一起进行整体性考察,剖析这些系统要素之间的互动关系。而在传播学视角下,运用传播学框架,结合现有翻译学研究方法,我们可以同时分析翻译行为的宏观过程和翻译活动的微观过程,以发现更多影响译作传播和接受的问题,进而多角度优化翻译,提升翻译活动的传播效果。

## 二、拉斯韦尔传播模式与翻译研究

如前所述,从传播学视角进行的翻译研究,更关注的是整个翻译过程,而传播学的过程研究所考察的对象范围往往大于翻译领域的过程研究。因此,将传播学的传播过程模式用于翻译研究,应该能够为翻译研究带来有益借鉴和补充。

在传播学视角下,任何传播行为都发生在复杂的社会背景下,我们不能孤立地分析、静态地看待任何传播现象。正如李正良所提出的:

> 对人类传播过程的研究可以从至少两个层面进行。首先是宏观层面。任何传播过程都是发生在宏观的系统中的,即都具有他组织性。因而我们就需要研究传播活动过程与社会、政治、经济、文化等系统要素的互动关系……其次是微观层面。人类传播活动过程有其运动的自身轨迹,具有自组织特征。因此我们可以细分传播活动过程……①

---

① 李正良.传播学原理.北京:中国传媒大学出版社,2007:3.

从传播学视角进行的翻译研究,也可以从宏观和微观两个层面展开。宏观层面的研究关注翻译发生的社会环境,考察翻译活动与社会、政治、经济、文化等系统要素的互动关系。而微观层面的研究所考察的,也不是像翻译微观过程一样只是语言文本生成的过程,而是更为全面的信息传播过程。对于具体的传播过程,1948 年,传播学者拉斯韦尔发表了《社会传播的结构与功能》,提出了传播研究的经典模式——5W 模式。该模式认为,传播过程包含五大要素:谁传播、传播什么、通过什么渠道、向谁传播、取得什么效果。具体说来,"谁传播"就是传播者,在传播过程中担负着信息收集、加工和传递的任务,传播者既可以是个人,也可以是集体或专门机构;"传播什么"是指传播内容,是由有意义的符号组成的信息组合,符号包括语言符号和非语言符号;"通过什么渠道"的"渠道"是信息传递所必须经过的中介或借助的物质载体,可以是诸如信件、电话等人与人之间的媒介,也可以是报纸、广播、电视等大众传播媒介;"向谁传播"的"谁"指传播受传者或受众,是所有受传者如读者、听众、观众等的总称,是传播的最终对象和目的地;"取得什么效果"是指信息到达受众后在其认知、情感、行为各层面所引起的反应,即受众对信息的接受情况,是检验传播活动是否成功的重要尺度。①

简而言之,拉斯韦尔的传播模式明确了信息传播活动的传播主体、传播内容、传播媒介、传播对象及传播效果这五个紧密相关的要素。这五个要素相互依存,相互制约,构成一个完整的信息传播系统。这一模式还奠定了传播学研究的五大基本内容:"控制分析""内容分析""媒介分析""受众分析"和"效果分析"。拉斯韦尔的这一模式如图 2-1 所示。

学界认为,所有的传播学研究都仿佛是对拉斯韦尔提出的传播模式的注释。当然也有评论称拉斯韦尔的模式漏掉了"为什么传播"(why)和"受众反馈"(feedback)等,不过,其实这些漏掉的方面也都可以包含在拉斯韦尔的五个要素中。拉斯韦尔的 5W 模式中谁通过什么渠道给谁说什

---

① 　郭建斌,吴飞.中外传播学名著导读.杭州:浙江大学出版社,2005:116-125.

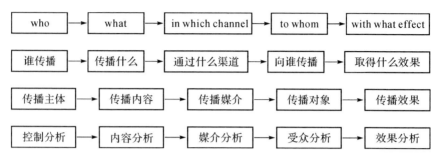

**图 2-1　拉斯韦尔的 5W 传播模式**

么,都和传播的动机和意图有着不可分割的关系。而对受众和传播效果的分析,自然也离不开对受众反馈的考察。因此,拉斯韦尔的 5W 模式可以覆盖从传播活动的发起到接受的整个传播过程。而 5W 模式也可以对应翻译活动的五大要素:"谁传播"对应翻译活动的主体,即翻译过程中涉及的所有机构和个人;"传播什么"对应翻译的内容,即在翻译过程中译者选择传达的信息;"通过什么渠道"对应翻译媒介,即翻译产品是通过什么媒介呈现给目标读者的,以及译者使用了什么媒介符号;"向谁传播"对应译本的目标读者,即译本针对什么样的目标读者,其翻译和推广策略是否能够为目标读者所接受和理解;"取得什么效果"则对应翻译作品的传播效果,即译本在目标语社会的传播和接受,是否对目标语读者的认知、情感、行为方面产生影响。而围绕这几个要素对整个翻译过程进行分析,也有助于我们了解翻译活动的全貌。

## 第三节　茶文化典籍翻译研究的传播学视角

和其他翻译活动一样,茶文化典籍翻译本质上也是一种传播活动,是一种向其他国家传播茶学知识和茶文化的活动,因此从传播学视角研究茶文化典籍翻译也非常合适。而当前对茶文化典籍翻译的研究,如本书第一章所指出的,主要还是对茶文化典籍翻译策略、翻译方法、翻译困难等语言文本层面的零散分析,即使有对茶文化典籍翻译传播和接受的研究，也只是对当前茶文化典籍在国外的传播现状进行简单描述，缺少对茶文化典籍翻译整个传播过程所涉及各个环节的整体性、互动性研究，特别缺少对当前茶文化典籍翻译的外部环境、翻译行为主体、具体翻译内容、传播媒介、目标读者受众、翻译传播效果的系统分析。

茶文化典籍翻译，其目的是引起目标受众对茶、对中国茶文化的兴趣。而茶和茶文化并非中国所独有，特别是日本、韩国都有和中国茶文化非常接近的茶文化，且在欧美国家的认可度甚至比中国茶文化更高。此外，有些欧美国家也有自己独特的茶文化，并伴随着其独特的饮茶习惯，如英国的下午茶文化。在这样的情况下，中国茶文化要进入欧美国家，要获得欧美国家的认同和接受，就特别需要考虑外部环境，考虑在这样的环境下，欧美普通受众是否还会对中国茶文化产生兴趣，进而产生阅读中国茶文化典籍英译本的欲望。

在欧美国家，对于英文版茶书，各大图书搜索平台最容易搜到的是日本茶文化学者冈仓天心的 *The Book of Tea*。除此以外，还有不少欧美茶文化爱好者用英文撰写的茶学书籍，对茶和茶文化的方方面面进行非常详细的介绍，其中不乏对中国茶和茶文化的介绍。中国的茶文化典籍是对茶和茶文化知识的介绍，在欧美国家已有大量类似文本的情况下，中国茶文化典籍的英译本是否还有在英语世界生存的空间，是否还能引起欧美受众阅读的兴趣，也是研究茶文化典籍翻译传播效果所需要考虑的问题。因此，从传播学视角考察茶文化典籍翻译的外部环境是十分有必要的。

如上所述，欧美虽有不少茶爱好者，但茶并非中国所独有，欧美读者在日韩茶文化、欧美茶文化的影响下是否还会接受中国茶文化，是否有阅读中国茶文化典籍英译本的需求，当前的茶文化典籍译本能否引起欧美读者的兴趣、能否满足欧美读者对中国茶文化的接受心理、能否真正为目标读者所理解，是中国茶文化典籍翻译传播能否成功的关键。因此，从传播学视角对受众进行研究，考虑目标受众对中国茶文化典籍译本的接受可能性以及对译本可能产生的反应就特别有必要。此外，茶文化典籍，由于其主题融专业性与大众性于一体，其目标读者相较于其他典籍的读者具有更大的多样性,因此从传播学视角对翻译受众进行分析,应该能获得一些新的发现。

不同于其他典籍,茶文化典籍有茶作为其物质基础,茶也已经成为世界上最受欢迎的饮品之一。相较于当前欧美国家流行的茶,中国茶还是有其自身特点的,更重要的是,中国茶除了其物质属性外,还有深厚的精神文化内涵。因此,介绍中国茶的各种特点功能及其体现的中国茶文化精神内涵的茶典籍对欧美读者而言有其独特价值。从传播学视角考察如何选择茶文化典籍的具体翻译内容以突出中国茶文化典籍的独特价值,如何保证传播内容的充分必要性,在很大程度上会有助于提升茶文化典籍译本的传播效果。

从当前对茶文化典籍翻译的研究来看,大多数的研究考察译者如何传达原文的茶叶知识和茶文化内涵,或者客观描述茶文化典籍在国外的传播情况,几乎没有研究关注茶文化典籍翻译传播的主体。而传播主体对信息传播的效果具有非常重要的作用,因此传播主体也应该成为传播学研究的重要对象,需要有系统全面的分析模式。从拉斯韦尔的传播学模式来看,对传播主体的研究属于控制研究,而茶文化典籍的翻译主体,不管是在译本生成过程中,还是在译本产生之后的宣传推广过程中,都会有不同程度的控制行为。从传播主体的控制这个角度对茶文化典籍翻译传播过程中的各翻译主体进行研究,会让我们发现很多以前未关注的问题,有助于对译本的传播效果进行更为客观全面的评价,为提升茶文化典籍翻译传播的有效性提供有益借鉴。

大多数典籍翻译研究几乎不考虑翻译媒介和渠道,因为一直以来的翻译,其默认的传播媒介就是以语言符号为载体的纸质媒介。而在传播学领域,传播学者们普遍认为媒介和渠道对信息传播起着非常重要的作用,相应地,译本的传播也必然受到传播媒介的影响。特别是在当今数字化时代,传播媒介和渠道已经发生了革命性的变化,对信息传播产生了非常重要的影响。翻译若仍然拘泥于传统的模式,不考虑与时俱进,不更新其翻译方式以适应数字化时代新的信息传播媒介的需求,将很难获得现代读者的认同。而传播学视角的研究以发展的眼光来看待和分析研究对象,关注传播内容、传播媒介、传播技术和传播形式的变化与发展①,因此,从传播学视角对茶文化典籍翻译媒介和渠道进行分析,考察当前茶文化典籍对媒介符号和传播渠道的使用情况,则有机会给茶文化典籍翻译寻找到新的契机。

翻译领域内的典籍翻译研究较少考虑翻译的传播效果。涉及翻译效果的研究虽然有各种各样的翻译批评和读者接受调查,但大多数翻译批评的出发点和立足点主要是译本是否忠实于原文,是否传达出原文的信息,以及译文表达是否流畅自然方面,读者接受调查也主要是看译本的销量和图书馆藏情况,而仅依据这两个方面很难充分说明翻译的传播效果。翻译领域的翻译效果研究缺乏客观科学的分析视点和方法,而传播学对传播效果的研究,无疑可以给我们研究典籍翻译效果提供很好的借鉴。

典籍翻译研究的一个主要目的是促进典籍翻译的传播效果。而茶文化典籍翻译研究的主要目的也在于为提升茶文化国际传播效果提供借鉴。有学者指出,译本的接受效果是传播和翻译过程不可分割乃至最为重要的环节,只有达到预期的接受效果,传播和翻译过程才算完成,文本价值才能实现,文学和文化输出也才有意义。②而传播效果又取决于整个传播过程,因此,考察茶文化典籍的传播效果,就必须考察整个翻译传播过程。只有研究过程,才能知道如何改善结果。总而言之,借用传播学的研究框架,我们可以对茶文化典籍翻译过程进行整体化、动态化的全程观照和立体透视,为更有效地开展茶文化典籍和其他类似文化典籍的翻译提供借鉴。

---

① 李正良. 传播学原理. 北京:中国传媒大学出版社,2007.
② 夏天. 走出中国文学外译的单向瓶颈. (2016-07-18)[2017-11-02]. http://www.cssn.cn/sf/201607/t20160718_3125526_2.shtml.

# 第三章　茶文化典籍翻译的外部社会环境

　　任何传播行为都发生在复杂的社会背景下,我们不能孤立地分析、静态地看待任何传播现象。[①] 茶文化典籍翻译,作为一种跨文化传播活动,所处的外部社会环境更为复杂。而茶文化典籍翻译所处的外部社会环境可以说是茶文化典籍翻译能否成功的前提。缺少合适的环境,再好的译本也很难获得关注和流通。

　　《茶经》是中国乃至世界现存最早、最完整、最全面介绍茶的专著,被誉为"茶叶百科全书"。此书是一部关于茶叶生产历史、源流、现状、生产技术、饮茶技艺及茶道原理的综合性论著,是一部划时代的茶学专著。它不仅是一部精辟的农学著作,还是一本阐述茶文化的书。因此,本书主要以《茶经》为例进行分析。《茶经》英文全译本目前只有三个:最早的是美国译者卡朋特翻译的,由艾柯出版社(The Ecco Press)出版的译本 *The Classic of Tea*：*Origins & Rituals*；其次是"大中华文库"版中国学者姜欣、姜怡翻译的由湖南人民出版社出版的 *The Classic of Tea*；最近的译本是网络杂志《国际茶亭》在网上发表的 *The Tea Sutra*。本章考察这三个译本产生的外部环境,分析这三个译本所处的外部环境对其在西方传播和接受的影响。

---

① 李正良. 传播学原理. 北京:中国传媒大学出版社,2007:3.

## 第一节　中国茶在西方的传播

不同于其他思想文化典籍，茶文化典籍以茶为物质载体，在对茶的介绍中体现意蕴深厚的中国茶文化。《茶经》就是一部关于茶和茶文化的学术著作，这样一部作品的翻译要想获得良好的接受传播效果，必然离不开茶和茶文化在目标社会的接受和传播情况。

### 一、中国茶在西方的传播

目前，全球有 50 多个国家和地区种植茶叶。但不论直接还是间接，种茶和喝茶的经验都是从中国传播到世界各地的。[①] 茶起源于中国，这是毋庸置疑的。中国茶叶传播到国外已有 2000 多年的历史，但直到 15 世纪初，葡萄牙商船到中国进行通商贸易，茶叶才开始传到西方。荷兰人在公元 1610 年左右将茶叶带到西欧，1650 年后传至东欧，再传至俄、法等国。到了 17 世纪中期，茶叶通过各种途径进入英国。

茶最初进入英国后，是在咖啡馆销售的。当时的茶叶非常昂贵，咖啡馆也只是销售泡好的茶，不出售茶叶，人们要喝茶，只能到咖啡馆喝。而当时咖啡馆对茶叶的宣传则竭力突出茶的神奇保健医药功效。因此，当时不论在什么地方进行茶叶交易，大家都认为茶叶是不可思议的保健品，而且饮茶可以达到服用许多药物的功效。正是这种心态，极大地推动了茶产业的发展。[②] 不过，当时到咖啡馆喝茶的主要是贵族绅士。后来咖啡馆老板逐渐扩展经营方式，开始断断续续零售一些散装干茶叶，这样顾客可以将茶叶买回家。至此，少量茶叶开始进入一些英国贵族家庭。

1662 年，葡萄牙公主凯瑟琳嫁给了英国国王查理二世。凯瑟琳是英国第一位喜好饮茶的王后，她使饮茶成为英国宫廷生活的一部分。也正

① 张丽霞，朱法荣. 茶文化学英语. 西安:世界图书出版西安有限公司,2015:24.
② 乌克斯. 茶叶全书. 侬佳,刘涛,姜海蒂,译. 北京:东方出版社,2011:42.

是在凯瑟琳的倡导下,英国女子开始以饮茶为时尚,茶成为流行于英国上流社会的高雅饮品。饮茶之风快速风靡英国。

茶在开始进入英国社会之时,先是作为一种神奇的药用饮品,然后成为一种上流社会的奢侈饮品。到了18世纪中期,由于英国东印度公司的强大势力和影响以及茶叶走私商的作用,茶叶价格降低,茶才成为普通劳动工人家庭的普通饮料。① 茶叶从此由奢侈品转变为大众饮品,进入了寻常百姓之家。饮茶成了英国人的日常习惯,英国因此成为"饮茶王国"。19世纪中期,饮用下午茶的风尚在英国蔓延,最终发展成英国人生活习俗与文化传统的组成部分。

随着英国在北美建立殖民地,大批英国移民涌入北美,不仅将饮茶习惯带入北美,而且开始进行茶叶贸易,使茶叶逐渐成为北美殖民地居民的日用消费品,饮茶习惯开始遍及北美殖民地社会各阶层。现在,美国已经成为世界上进口茶叶第二多的国家,仅次于俄罗斯。

如今,茶已经成为世界三大饮品之一,全球有160多个国家与地区近30亿人喜欢饮茶。② 虽然各个国家喝的茶并非都来自中国,且各国也有不同的饮茶习惯,但各国人民对茶的喜爱和认同,至少可以构成其愿意了解、接受中国茶文化典籍译本的先决条件。

## 二、西方早期对茶的记载

中国茶叶在16世纪进入西方,但在此之前,西方就出现了一些对茶的记载,也正是这些记载让西方人对中国茶产生了兴趣。比如早在1556年,葡萄牙籍多明我会(Dominican Order)传教士克陆兹(Gaspar da Cruz)到达东方,进入中国广东沿海一带传教,随后将其在中国的见闻辑录成书,名为《中国志》(*Tractado emque se cōtam muito pol estéco as cous da*

---

① 马晓俐. 多维视角下的英国茶文化研究. 杭州:浙江大学出版社,2010:49.
② 陈秋心,李婷. "后金砖时代"提升福建茶产业在国际重大活动中影响力的现实思考与策略研究. 福建茶叶,2018(1):2-5.

China),公开出版发行,在西方产生了很大影响。同时,该书还被欧洲其他国家翻译成多种语言。克陆兹在书中非常清晰地记载了中国人以茶待客之道:

> 如有宾客造访,体面人家习常做法为敬现一种称为茶(cha)的热水,装在瓷质杯中,置于精致盘上(有多少人便有多少杯),热水带有红色,药味很重,他们时常饮用,这是用略带苦涩味道的草制成的。主人常用来招待尊贵的宾客,不管是否熟识均是如此,他们也数次请我饮用。①

克陆兹的记载虽然文字比较简单,但内容丰富具体,清楚地说明了茶的颜色、味道、饮用器具,也说明了茶的社交功能,即以茶待客。这段记载可以说是茶进入西方的最早介绍。

而茶的药用价值为西方人所知,则可能来自意大利人莱姆奇欧(G. B. Ramusio)1559 年在其《航海与旅行》(*Navigationi et Viaggi*)中的记载:

> 大秦国有一种植物,其叶片供饮用,众人称之曰中国茶,视为贵重食品。此茶生长于中国四川嘉州府(今四川乐山县)。其鲜叶或干叶,用水煎服,空腹饮用,煎汁一二杯,可以去身热、头痛、胃痛、腰痛或关节痛。此外尚有种种疾病,以茶治疗亦很有效。如饮食过度,胃中感受不快,饮此汁少许,不久即可消化。故茶为一般人所珍视,为旅行家所必备之物品。②

可以说,莱姆奇欧比较详细地记载了茶的神奇功效,也自然会引起西方人对茶这一神奇饮品的兴趣。

此后,饮茶信息借传教士这一渠道继续传入西欧。西班牙传教士门

---

① 刘章才. 基督宗教对茶文化向西方传播的影响. (2017-07-02)[2017-09-15]. http://www.sohu.com/a/153958320_169363.
② 陈椽. 茶叶通史.北京:中国农业出版社,1984:166.

多萨(Juan González de Mendoza)应教皇乔治十三之命,广泛搜集前人(很多为传教士)留下的访华报告、信札、著述等多种重要资料,最终编撰成著名的《中华大帝国史》(*Historia del Gran Reino de la China*),于1585年正式印行。书中也对茶进行了描述:

> 中国人盛情款待宾客,旋即摆上饮品(bever)、茶食、蜜饯、果品以及美酒,此外,还有一种在全国各地均被饮用,用草药制作而成的饮料,有益于身心健康,饮时须加热。[①]

这一介绍同时说明了茶的社交功能和保健功能。但对茶具体有什么样的保健功能,并不像莱姆奇欧的介绍那么详细。而据现有记载,最早对茶进行详尽介绍的是意大利籍传教士利玛窦(Matteo Ricci)。受耶稣会的派遣,利玛窦于1582年来到中国澳门,然后进入内地,开始了漫长的在华传教历程。利玛窦精通汉语,熟稔中国文化,对茶文化的了解也远胜于早期的传教士,其对茶的介绍也详细很多:

> ……中国人饮茶为期不会太久,因为古籍中并无书写该著名饮料的古字……的确如此,同样的植物抑或能在我们的土地上被发现。在中国,人们在春季到来时采集这种叶子,置于阴凉处阴干,继而用阴干的叶片调制饮料,可供用餐时饮用或者宾朋造访时待客。待客之时,只要宾主在谈话,主人会不断献茶。该著名饮料需小口品啜而非牛饮,需趁热喝掉,其味道难称可口,略呈苦涩,但即便时常饮用也被视为有助于健康。
>
> 这种叶片可分为不同等级,按其质量差异,可售价一个、两个甚至三个金锭一磅。在日本,最好的叶子一磅可售十个乃至十二个金锭。日本调制饮料的方法异于中国:日本人将干叶磨为粉末,取两三汤匙投于滚开的热水壶中,品饮冲出的饮料。中国人把干叶放于滚

---

① 刘章才.基督宗教对茶文化向西方传播的影响.(2017-07-02)[2017-09-15].http://www.sohu.com/a/153958320_169363.

开的壶水中,待精华泡出后滤出叶片,只饮剩下的水。①

利玛窦在这段文字中对当时中国人饮茶的叙述比较详细,不仅介绍了茶的采制方法、当时的饮茶风俗,而且比较了中日饮茶方法,也对茶的商品价值进行了说明。利玛窦未曾到过日本传教,却对中日茶法的差异进行了比较,说明其对日本饮茶方式并不陌生,这多少说明此时有关日本的饮茶信息也已传入欧洲,甚至比中国茶更为欧洲社会所知,因此通过将中国茶和日本茶进行比较,可以让欧洲人对中国茶有更具体的认知。

1613 年,葡萄牙籍传教士曾德昭(Alvaro Semedo)抵达南京,开始其在中国的传教历程。曾德昭撰有《大中国志》(*Histoire universelle du grand royaume de la Chine*),其中对茶文化的记述如下:

> 主人给宾客安排的座位适合其身份地位,……(宾主)落座之后,即刻端来茶这种饮品,按先后次序逐个递送。在某些省份,频频上茶为表示敬意,但在杭州省则不同,如果上第三次茶,则为暗示客人须告辞了。②

曾德昭对中国茶的介绍不再像前人那样局限于饮茶方法、味道等内容,而是更进一步点出了饮茶的礼仪内涵,即客人需按照社会规范入座,主人按先后次序敬茶。曾德昭的《大中国志》出版于 1638 年,1642 年西班牙语摘译版问世,1643 年又有意大利语版出版,1645 年后两种法语译本问世,1655 年出现了英语版本。曾德昭的《大中国志》在西方广为流传,其中对饮茶的记述也有助于西方深入了解中国的饮茶习俗。

对于茶的功能,17 世纪中期一家卖茶的咖啡馆的广告则进行了更为明确的说明。而由于是面向普通大众的咖啡馆的广告,这则说明的影响应该远远大于莱姆奇欧对茶叶功能的记载。1657 年,英国伦敦一家咖啡

---

① 刘章才. 基督宗教对茶文化向西方传播的影响.(2017-07-02)[2017-09-15].
   http://www.sohu.com/a/153958320_169363.
② 刘章才. 基督宗教对茶文化向西方传播的影响.(2017-07-02)[2017-09-15].
   http://www.sohu.com/a/153958320_169363.

馆打出的招牌称中国茶叶"有益健康、老少皆宜",并列出了茶叶的 10 多项功效,包括"提神明目、健肝养胃、益肾利尿、增强记忆、促进消化、治疗头痛、预防疟疾"等。而后,伦敦还有一家咖啡馆于 1658 年 9 月 30 日在报纸上刊登广告时,强调茶叶是"所有医生推崇的美妙饮料"①。

不过在西方,对茶介绍得最详细、最全面的则是刊印于 1699 年,对茶怀有极大兴趣的宫廷牧师奥文顿(J. O. Ovington)撰写的小册子《论茶性与茶品》(*Essay upon the Nature and Quality of Tea*)。他根据自己获得的信息对茶进行了全面介绍,全书共五个部分,分别为:茶树生长区的土壤类型与气候概况;茶叶的不同种类;选择茶叶的基本原则;保存茶叶的基本方法;茶叶的重要特性。奥文顿认为,饮茶几乎能治愈世界上所有的病症,包括尿砂和眩晕,并且能减肥消脂,消解导致胃部不适的酸水,可以帮助消化、预防痛风、增强食欲,可能更为重要的是饮茶还能提神益思。②

总的说来,茶叶贸易的发展使茶作为一种饮品得以在西方广为流行,而西方也有一些对中国茶的功能、特性和部分饮茶习俗的记载和宣传。不过这都只是一些零星的记载,不够全面系统。而且,早期西方对中国茶的介绍主要还是针对其物质属性,很少有关于蕴含于茶这一物质产品的精神文化内涵的表述,这使得茶在西方仅仅是作为一种日常保健饮品,作为一种物质产品而非文化产品为西方民众所接受。因此可以说,中国的茶虽然早已进入西方,但精神层面的中国茶文化并未随之进入西方社会,反而是西方各国结合自身的生活方式和风俗习惯发展出了自己独特的茶文化。

不过尽管如此,中国茶在西方的流行、西方零散的对茶的介绍,在一定程度上也构成了中国茶文化典籍在西方传播的基础。

---

① 周莉萍.茶叶的全球传播. (2013-08-13)[2017-09-15]. http://news. hexun. com/ 2013-08-13/157022602.html.

② 刘章才.基督宗教对茶文化向西方传播的影响. (2017-07-02)[2017-09-15]. http://www. sohu. com/a/153958320_169363.

## 第二节 《茶经》各译本出现的时代背景

从中国茶在西方的传播来看,早在 17 世纪和 18 世纪茶便成为西方非常流行的饮品。此外,西方也出现了一些对茶的功能、种植、类型、制造、饮用方式以及饮茶习俗的介绍。这些介绍虽然只是零散的记述,但也让西方民众对茶有了基本了解,可以在一定程度上减轻其对中国茶文化典籍翻译作品的陌生感,使其更好地理解和接受茶文化典籍译本。可以说,17 世纪和 18 世纪西方掀起的中国热和饮茶热潮为中国茶文化典籍的对外传播提供了非常好的契机。所谓趁热打铁,如果当时有人及时将系统介绍中国茶叶知识和茶文化内涵的中国茶文化典籍译介出去,必然能够获得广泛接受和传播,也可以奠定中国茶文化在世界上的至高地位。然而,遗憾的是,茶文化典籍的翻译在当时并未引起汉学家的注意。相较于《论语》《道德经》这样的思想文化典籍,茶文化典籍并未受到重视。即使是《茶经》,也是直到 1935 年才有了乌克斯的节译本。乌克斯在其茶学著作《茶叶全书》中加入了《茶经》的节译片段,但只是非常简单地介绍了《茶经》各章节的梗概。

《茶经》的第一个英语全译本直到 1974 年才由美国译者卡朋特翻译出来。当时茶已进入西方两三百年,成为西方社会的日常饮品,人们对茶虽然已褪去了 17 世纪和 18 世纪时的新奇感,但由于茶和人们生活的密切联系,这时一本来自茶的起源国度的茶叶著作也比较能够获得受众的接受,特别是茶爱好者和茶研究者。

此外,在 20 世纪 70 年代之前,虽然茶在西方已经非常流行,但也仅限于作为一种日常生活饮品,一种能够带来经济价值的物质商品。虽然西方已经发展出自己的茶文化,但西方各国不同的茶文化主要还是体现在饮茶习惯和饮茶方式的物质层面,并未达到个人修养和精神寄托这一层次。对饮茶中涉及的礼仪的认知也是来自 1906 年日本茶人冈仓天心用英文撰写的《茶之书》中向西方介绍的日本茶道。① 而《茶之书》自 1906 年在美国出版以来,一百多年来一版再版,数十个出版社出版了该书,直至今天,其出版数量还在明显增加,由此可见该书在西方的受欢迎程度。《茶之书》在追溯茶的起源演变过程时,曾详细介绍了陆羽的《茶经》,高度肯定了陆羽在茶的发展历史上的地位。② 这在一定程度上应该会引起其读者对陆羽、对中国茶文化的兴趣。因此,1974 年卡朋特《茶经》全译本在美国出版之时,作为第一本《茶经》英文翻译,且不论其翻译准确性如何,在当时的环境下,它应该是能够为西方读者所接受的。后来西方关于中国茶和茶文化的介绍也有对卡朋特译本的引用,如斯科特(Wilson William Scott)的《一尝真理、禅宗和饮茶艺术》(*The One Taste of Truth*, *Zen and the Art of Drinking Tea*),无为海(Aaron Fisher)的《喝茶是修行:茶道,通往内观世界的方便之门》(*The Way of Tea*: *Reflections on a Life with Tea*)等英文茶书。

卡朋特译本于 1974 年出版,刚好在尼克松访华的两年之后。这一时期,中美关系开始走向正常化,在此影响下,西方各国纷纷和中国建立外交关系。经过几十年的隔离,随着外交关系的正常化,西方民众产生了了解中国的兴趣,这也为《茶经》译本在西方的接受创建了比较好的环境。不过总体而言,出于政治历史的原因,当时西方国家对中国的兴趣还没有达到很强烈的程度,再加上其他方面的原因如宣传推广的缺失,卡朋特的译本并未在西方产生明显影响。

卡朋特的译本出版 25 年后,《茶经》中国译者的译本,作为"大中华文库"系列典籍之一,于 2009 年在中国出版,另有国外茶爱好者翻译的译本于 2015 年在《国际茶亭》上刊出。而这个时候的社会环境相较于 20 世纪 70 年代发生了很大变化。

---

① Gardella, R. P. *The Classic of Tea* by Lu Yu by Francis Ross Carpenter. *Journal of the American Oriental Society*, 1976, 96(3): 474.

② 参见:许欢,崔汭,张影,等.《茶之书》百年出版传播研究. 出版科学,2019(1): 113-120.

在 21 世纪,随着改革开放的不断推进和经济社会的持续发展,中国高度重视文化"走出去",通过对外文化交流、对外文化宣传、对外文化贸易等途径,来扩大中国文化的国际影响力,增强文化产业竞争力,塑造中国文化大国形象。这个时期,中国文化"走出去"已经具备了比较成熟的条件。一是中国经济的快速发展,使中国文化逐步消除了近代以来的弱势地位,再次有了较强的感召力;二是中国综合国力的巨大提升,使外国人产生了了解中国文化的现实需要。① 特别是 2008 年奥运会在中国举办,开幕式上中国文化的精彩呈现大大吸引了世界人民的目光,其中"中国画卷"展示的中国传统茶文化更是让人们深切感受到中国茶文化的源远流长,也使得茶文化成为中国向世界递出的一张名片。

此外,近年来,中国通过汉语教学、文艺演出、艺术展览、电影招待会、学术研讨会、文化讲座等各种形式的文化交流扩大了中国文化在世界的影响力。在这样的大环境下,作为中国传统文化重要组成部分的中国茶文化也通过各种各样的形式走出国门。例如,浙江农林大学的茶文化学院就通过茶艺表演、话剧演出、纪录片拍摄等形式来进行中国茶文化的国际推广,取得了卓越的成效。而所有这些活动,必然会让西方读者对中国茶文化产生比较浓厚的兴趣。

在 21 世纪,时代的主题是和平与发展,但在我们眼前的世界却并不和谐。人类在自然资源的争夺、国际秩序的平衡、意识形态的认知、宗教文明的信仰等许多问题上纷争不断,导致了霸权主义、强权政治、领土争端、地区冲突、恐怖主义、贫困蔓延、自杀增多、环境污染、全球变暖等问题,也就是人与自然、人与人、人与自我产生了严重的冲突,并由此引发了人类的人文危机、精神危机和生态危机。② 在这样的时期,人们在日常生活中对精神的需求便会更为强烈。而茶这样一种日常饮品,因为其精神

---

① 仲计水. 为什么实施文化"走出去"战略//辛鸣. 十七届六中全会后党政干部关注的重大理论与现实问题解读. 北京:中共中央党校出版社,2011:206-213.
② 仲计水. 为什么实施文化"走出去"战略//辛鸣. 十七届六中全会后党政干部关注的重大理论与现实问题解读. 北京:中共中央党校出版社,2011:206-213.

内涵,刚好可以作为人们生活压力的缓冲和心灵的慰藉①。这也是介绍茶的精神文化的《茶之书》在西方的出版在近十年达到了最高峰的原因。而英文读者对《茶之书》需求的急速增长也说明了西方读者对茶文化的关注度在大大提高。虽然《茶之书》介绍的是日本茶道,但日本茶道和中国古代茶文化却有着"一脉相承"的关系。中国是茶文化的源头,以儒家思想为核心,融儒、道、佛思想为一体,三者之间互为补充,和谐共存。因此,中国的茶文化内容非常丰富。日本茶道主要反映了佛家的禅宗思想,提倡空寂之中求得心物如一的清静之美②;中国茶文化既受儒家、佛家思想影响,也受道家追求清静无为的思想的影响,更崇尚自然美、随和美,这刚好契合了西方自由主义和生态环保的思想,对当今时代的西方人来说更有吸引力。因此可以说,当今世界面临的各种问题,以及日本茶道在西方的传播,引发了西方民众对茶精神层面的追求,这恰好为中国茶文化典籍翻译和茶文化传播创造了良好的外部环境。然而,遗憾的是,在这样的环境下,新的《茶经》译本却并未获得足够理想的传播效果,2009 年的译本距今已出版十年,在西方却很少为人们所知,在西方几乎找不到提及这一《茶经》英文全译本的文献。而根据 WorldCat 统计,该译本在全世界只有 20个图书馆收藏,其中美国 18 个图书馆,瑞士、加拿大各 1 个。至于 2015 年网络版的《茶经》英译本,也是如此,虽然是网络出版,但在各大搜索引擎上几乎搜不到该译本的介绍和评价,这也说明这一译本并未进入大众视野。在有利的传播环境下却未能获得理想的传播效果,原因应该是多方面的,其中最主要的原因应该就是《茶经》整个翻译传播过程涉及的各个要素的影响。

---

① 参见:许欢,崔汭,张影,等.《茶之书》百年出版传播研究. 出版科学,2019(1):113-120.
② 参见:许欢,崔汭,张影,等.《茶之书》百年出版传播研究. 出版科学,2019(1):113-120.

# 第三节 西方茶书出版和茶文化网站对《茶经》译本传播的影响

## 一、西方茶书出版情况

前面提到,早在茶进入西方之前,西方就有了一些对茶的零星记载,使人们对茶有了基本的了解。而随着茶在西方的日益流行,西方茶爱好者也开始了对茶和茶文化的研究,导致了大批茶文化作品的出现。早在《茶经》第一个英译本出现之前,西方就已经有了关于茶和茶文化的英文著作,从各个层面对茶和茶文化进行了介绍。但在 20 世纪 70 年代以前,英文版茶书还不多,主要有《茶与咖啡》(*Tea and Coffee*)、《咖啡、茶及巧克力》(*Coffee, Tea and Chocolate*)、《茶及茶贸易》(*Tea and the Tea Trade*)、《中国产茶区游记》(*A Journey to the Tea Countries of China*)、《茶:神秘及历史》(*Tea, Its Mystery and History*)、《茶的培植及生产》(*The Cultivation & Manufacture of Tea*)、《茶及饮茶》(*Tea and Tea Drinking*)、《茶:起源、培植、生产及使用》(*Tea: Its Origin, Cultivation, Manufacture and Use*)、《小茶书》(*The Little Tea Book*)、《茶之书》(*The Book of Tea*)、《茶叶全书》(*All about Tea*)这几部作品。这应该也是卡朋特译本能够获得认可和接受的原因。所谓物以稀为贵,卡朋特英译本作为第一部专门介绍中国茶和茶文化的著作,自然具有传播优势。

而到了 20 世纪 90 年代后,特别是进入 21 世纪以来,有一个特别值得关注的现象就是,出现了大量用英文撰写的茶书,其中不乏专门介绍中国茶和茶文化的著作,如表 3-1 所列在美国亚马逊网站人气较高的原版英文茶书。

表 3-1　主要英文原版茶书①

| 作者 | 书名 | 出版时间 | 读者评价数 | 亚马逊排行 | 主要内容 |
|---|---|---|---|---|---|
| 加斯科因（Kevin Gascoyne），马查特（Francois Marchand），德夏内斯（Jasmin Desharnais） | 《茶的历史、风土、品种》（*Tea：History，Terroirs，Varieties*） | 2018 | 67 | 81,681 | 配以精美插图介绍茶的种类等级，茶的历史、种植、采摘、加工、贸易，世界茶叶种植史，茶的饮用冲泡方法，茶艺，茶具推荐，茶的生物属性，茶食品等 |
| 玛丽·楼·海斯（Mary Lou Heiss），罗伯特·海斯（Robert Heiss） | 《爱茶者手册：品饮世界优茶指南》（*The Tea Enthusiast's Handbook：A Guide to Enjoying the World's Best Teas*） | 2010 | 64 | 158,458 | 介绍茶的起源，购茶的方法，六大茶类，35 种茶的品饮，茶的冲泡、储存等 |
| 玛丽·楼·海斯（Mary Lou Heiss），罗伯特·海斯（Robert Heiss） | 《茶的故事：文化历史和饮用指南》（*The Story of Tea：A Cultural History and Drinking Guide*） | 2007 | 56 | 167,765 | 不同茶产地的茶色泽、口味质量的特点，茶的种类，品饮烹煮方法，茶艺茶俗，茶的保健功能，茶贸易以及茶食制作 |
| 郝也麟（Erling Hoh），梅维恒（Victor H. Mair） | 《茶叶的真实历史》（*The True History of Tea*） | 2009 | 16 | 171,981 | 详细介绍茶在中国、日本、蒙古等国的历史发展以及东西方茶叶贸易史 |

---

① 本表数据整理自 https://www.amazon.com，检索日期更新为 2019-06-05。

| 作者 | 书名 | 出版时间 | 读者评价数 | 亚马逊排行 | 主要内容 |
|---|---|---|---|---|---|
| 夏云峰（Warren Peltier），柯比（John T. Kirby） | 《中国古代茶艺：来自中国古代茶人的智慧》（*The Ancient Art of Tea: Wisdom from the Old Chinese Tea Masters*） | 2011 | 25 | 192,447 | 从中国茶典籍中整理的涉及茶生长环境、煮茶用水、火候、茶具、泡茶技艺的知识，以及茶所蕴含的哲学思想 |
| 无为海（Aaron Fisher） | 《喝茶是修行：茶道，通往内观世界的方便之门》（*The Way of Tea: Reflections on a Life with Tea*） | 2010 | 23 | 235,444 | 介绍茶道思想，阐释如何通过饮茶获得内心平静，放松自我 |
| 贝蒂格鲁（Jane Pettigrew） | 《茶的社会历史》（*A Social History of Tea*） | 2001 | 15 | 412,694 | 茶对英国、美国政治文化的影响 |
| 冈仓天心（Kakuzo Okakura） | 《茶之书》（*The Book of Tea*） | 2016 | 435 | 460,171 | 以"茶道"为切入口，条分缕析地剖陈日本古典美学的精髓，通过茶道的产生、流传、仪式及其背后的哲学思想，来解释日本的生活艺术和审美观 |
| 普拉特（James Norwood Pratt） | 《爱茶者的新宝库：关于茶的真实而经典的故事》（*New Tea Lover's Treasury: The Classic True Story of Tea*） | 1999 | 13 | 516,073 | 世界上各种茶以及茶背后的故事 |

续　表

| 作者 | 书名 | 出版时间 | 读者评价数 | 亚马逊排行 | 主要内容 |
|---|---|---|---|---|---|
| 德尔马斯（Francois Xavier Delmas），米内特（Mathias Minet） | 《饮茶者手册》（*The Tea Drinker's Handbook*） | 2008 | 16 | 881,739 | 配以精美插图，对茶的种植过程以及世界最好的50种茶进行详细介绍 |
| 哈尼（Michael Harney） | 《哈尼和桑斯的茶叶指南》（*The Harney & Sons Guide to Tea*） | 2008 | 39 | 949,562 | 从种植栽培技艺、地理环境、历史等方面区别各种茶的色、香、味、形以及烹煮方式的差异 |
| 霍亨尼格（Beatrice Hohenegger） | 《玉液：从东方到西方的茶叶故事》（*Liquid Jade：The Story of Tea from East to West*） | 2007 | 29 | 1,589,050 | 从社会文化角度介绍中西茶叶交流、茶叶在西方社会产生的影响，通过历史照片、艺术品讲述茶的故事，以及一些不为人知的茶俗，介绍泡茶的水的重要性、茶的品饮、茶的属性、茶的贸易、不同茶的区别等 |
| 泰泽（Brother Anthony of Taize），洪庆熙（Hong Kyeong-hee） | 《韩国茶道：入门指南》（*The Korean Way of Tea：An Introductory Guide*） | 2011 | 5 | 1,856,419 | 介绍韩国茶文化实践和艺术形式 |
| 格拉哈姆（Patricia J. Graham） | 《圣人之茶：煎茶艺术》（*Tea of the Sages：The Art of Sencha*） | 1999 | 2 | 2,323,342 | 介绍日本煎茶哲学思想、人文内涵、煎茶茶艺及其历史发展 |

从表 3-1 可以看出,目前在英语国家已有大量从各个方面对茶进行介绍的作品,涉及的内容包括茶的起源、传播、影响,茶叶贸易,茶的功能、种植、制作、烹饪冲泡、类型、礼仪等各种实用信息,也有著作重点介绍茶的哲学思想和文化内涵。这些英文茶书的不断出现说明茶在西方越来越受欢迎,而且人们已经不满足于仅仅将茶当作一种普通饮品在生活中饮用,而是开始对茶进行研究,进一步探索茶的价值和精神文化内涵。

英文茶书的出现表明西方民众对茶的关注和兴趣在增加,这也为中国茶文化的传播提供了良好的环境,因为热点问题更容易进入人们的视野。但是,正如任何事物和现象都有两面性,西方英文茶书的流行一方面有助于增加西方受众对茶的了解和兴趣,从而能够使西方受众自然地接受中国茶文化典籍译本;另一方面也会影响中国茶文化典籍在西方的传播和接受,因为在已经有了如此多英文原版茶书的情况下,会出现这样的问题:我们还需要翻译中国的茶文化典籍吗? 翻译的中国茶文化典籍能够在众多英文原版作品中占得一席之地吗? 茶文化典籍是介绍性文本,不同于《论语》《道德经》这样的思想典籍,不同于《红楼梦》《西游记》这样有着浓厚情节感的文学作品,也不同于有着语言形式之美的诗歌作品,茶文化典籍可以算作一种知识性科普读物。对于这样的作品,在国外已存在对相关主题对象的众多原版介绍的情况下,还有没有必要去翻译? 这是个很实际的问题,却是我们很少去考虑的问题,或者说会刻意去回避的问题。

有的时候,我们的中国典籍外译有点一厢情愿,认为我们各个领域的典籍是中国文化的精华所在,应该要走向世界,应该要翻译出去,这从我们的"大中华文库"选材之广就可以看出。然而,我们在不遗余力地推出这些典籍的同时,却较少对目标受众国已有的同主题资源进行考察。虽然大多数典籍所揭示的思想和主题是中国所特有的,但也不排除有的典籍的主题在西方已有大量介绍,茶文化典籍就是一个典型的例子。我们知道,翻译作品要进入目标国家对应的文本系统中,若是目标受众国已经有了大量的同主题资源,翻译作品又没有读者感兴趣的新内容,没有超越现有作品的优势,我们一厢情愿地翻译,就算翻译质量再好,也不太可能获得广泛传播。诚如著名文化评论家叶匡政先生所说的,"人们对于本土产品会有一种天然的好感。比如说同样一个主题的书,有本土作者写的也有引进的,本土的肯定更容易被读者接受"①。相较于翻译的茶书,西方受众可能更偏向本土作者根据他们的需求和兴趣点而创作的原版作品,而这也有可能是即使在良好的接受环境中,《茶经》2009 年和 2015 年的译本也几乎没有获得西方读者关注的原因之一。这两个译本一出现就淹没在其他茶书中,除了茶文化典籍的翻译研究者,并没有获得西方普通受众的特别关注,更不用说获得像原文在中国所获得的经典地位。当然,这并不是说《茶经》就没有翻译的价值,毕竟其在茶学界的地位是没有哪部茶书可以与之媲美的。只不过由于茶已经是人们非常熟悉的一种物质,因此《茶经》中不少内容如茶的起源、功能、种植在现有西方原版茶书中都已经有所介绍。在这样的情况下,《茶经》译本要吸引西方读者的目光,就特别需要通过各种方式让西方读者了解《茶经》和现有茶书的不同之处,以及读者能从《茶经》中获得哪些从其他茶书中无法获得的东西。

总的说来,西方英文原版茶书的不断出现对中国茶文化典籍译本在西方的传播既带来了机遇,也带来了挑战。我们要利用这种机遇,也要正视这种挑战,在译介过程中利用西方茶书已经给读者提供的茶文化知识基础,充分挖掘中国茶文化典籍的独特价值,并以合适的方式呈现出来,而不仅仅是追求全面准确地传达出原文的内容。如此才能让茶文化典籍译本适应当今的接受环境,获得读者的认同和接受。

## 二、西方茶文化网站

除了英文茶书的出版以外,随着网络的发展,还出现了大量英语国家茶爱好者所建的介绍茶和茶文化的网站。人们通过这些网站可以非常方便、

---

① 周怀宗.好书榜:本土书籍少于翻译作品　叶匡政:创作要竞争.(2014-11-18)[2017-09-28].http://js.ifeng.com/humanity/cul/detail_2014_11/18/3166067_0.shtml.

及时地了解各种茶和茶文化信息,还可以和专业人士互动交流,参加茶艺课程,考取茶艺师资格证书。目前,主要的茶与茶文化英文网站如表 3-2 所示。

表 3-2　主要的茶与茶文化英文网站

| 网站 | 主题内容 |
| --- | --- |
| https://www.globalteahut.org | 提供关于茶的智慧、茶叶科学、茶的加工、茶的烹煮、茶的历史和茶道的文章。 |
| http://www.TeaMasters.org | 提供茶艺师线上线下培训。 |
| http://www.cargoandjames.com | 提供各种茶和草药茶信息。 |
| http://www.gomestic.com | 介绍泡茶饮茶技巧。 |
| http://www.itoen.com | 提供优质瓶装鲜茶制造商信息,实用的泡茶指南,有趣的茶叶历史介绍。 |
| http://www.liptont.com | 茶的历史和建议饮法。 |
| http://www.numitea.com | 提供各种茶叶信息。 |
| http://www.planet-tea.com | 用浅显易懂的术语介绍茶的基本信息。 |
| http://redblossomtea.com | 详细介绍各类茶叶、冲泡方法以及茶壶茶杯推荐。 |
| http://www.sfzc.org/ggf | 每周日面向公众开放,教授茶艺。 |
| http://www.teabenefits.com/ | 介绍各种有益健康的茶和草药茶。 |
| http://www.mastersoftea.org | 提供各级茶艺师认证培训。 |
| http://www.theteafaq.com | 详细介绍茶文化各方面的知识。 |
| http://www.tea.co.uk | 介绍茶的历史,各种茶和草药茶信息以及独特的茶故事。 |

在数字化时代,网络是人们获取信息最方便的渠道。这些茶文化网站一般有其特定的主题,大多以图文并茂的方式对茶进行生动形象的介绍。这样的介绍往往能够使读者获得对茶的最直观印象,丰富读者接受更深层次茶文化的"理解前结构"。此外,网站内容读者可以免费获取、分享,且网站上发布的介绍茶和茶文化的文章短小精悍,也符合数字化时代读者"碎片化轻阅读"的阅读习惯。众多茶文化英文网站可以营造浓厚的茶文化氛围,使更多西方人对茶和茶文化产生兴趣,这也为中国茶文化典籍英译本的接受创造了良好的环境。但是,如同前面茶书的出版情况一

样,既然有这么多途径可以了解茶和茶文化,而且又是如此生动形象的图文介绍,西方读者还愿意阅读"高大上"的茶文化典籍译本吗?一边是"大中华文库"版忠实严谨的《茶经》版本,一边是方便获取、简单生动、图文并茂的网络介绍,读者会选择哪一个呢?可以想象,2015年《国际茶亭》推出的网文风格的《茶经》译本很可能会成为普通读者青睐的对象。而该译本不同于传统典籍的翻译和出版推广方式,也正是我们在数字化时代进行文化典籍翻译时可以学习和借鉴的。

网络传播具有传统纸媒传播无可比拟的优势,现代人也已经习惯到网上获取各类信息。众多茶文化网站为茶文化的传播和交流提供了很好的平台。虽然茶文化网站上的文章可能会和中国茶文化典籍英译本获取英语读者资源形成竞争,但我们也可以考虑将这些茶文化网站作为宣传和推广中国茶文化典籍英译本的平台,让译本快速进入西方读者的视野。

一般来说,译本的流行和传播受多方面因素的影响,其中语言文本的翻译是一个重要因素,这也是大多数翻译研究所关注讨论的,但除去语言文本的翻译,译本出现时的社会环境,包括译本所要进入的目标社会的同主题文本系统,也会对译本的传播产生影响。其实,总体而言,在当今世界,茶文化典籍英译本具有一个良好的生存环境,但它又是一个存在竞争的环境,即会遭遇目标社会本土作品的竞争。这就如同生物界中一个物种进入新的环境,要与当地已有物种竞争资源,通过自己的差异性和适应性优势在新的环境中获得自己的生态位。茶文化典籍英译作品要在与西方原版英文茶书的竞争中脱颖而出,获得自己的读者资源,就需要在翻译过程中突出其差异性优势。除了译本传播的外部社会环境,茶文化典籍整个翻译传播过程中的翻译主体、翻译内容、翻译媒介和渠道、翻译受众等各个因素,也会对最终翻译产品的传播效果产生影响。要突显或提升中国茶文化典籍英译本的竞争优势,也需要从这几个方面优化茶文化典籍的翻译传播过程。因此,从翻译主体、翻译内容、翻译媒介和渠道、翻译受众这几个方面考察当前茶文化典籍翻译传播过程,就显得尤为必要了。

# 第四章　茶文化典籍翻译传播过程

如前所述,中国茶文化典籍翻译本质上是一种跨文化传播活动。而对传播活动的考察,离不开传播活动发生的外部社会环境和传播活动发生的整个过程,因为这两者都会对传播活动最终的传播效果产生影响。因此,要全面了解中国茶文化典籍翻译,除了考察翻译发生的外部社会环境以外,茶文化典籍的整个翻译过程也不容忽视。和任何其他传播活动一样,中国茶文化典籍翻译传播过程也涉及翻译传播主体、翻译传播内容、翻译传播媒介、翻译传播受众这几个紧密相连的环节,而每个环节也都会对译本传播效果产生影响。

## 第一节　茶文化典籍翻译传播主体

在翻译研究领域,翻译主体一直是研究的重点,不同学者对翻译主体也有不同的认识和界定。而从传播学视角看,翻译主体对应于翻译这一跨文化传播活动的传播者。传播者是传播活动的第一个要素,是传播信息内容的发出者,是对传播过程产生直接影响的重要因素。[①] 在信息传播过程中,传播者担负着信息的收集、加工任务,是运用符号,借助或不借助媒介工具,首先或主动地向对象发出信息的一方。传播者既可以是单个

---

① 李正良. 传播学原理. 北京:中国传媒大学出版社,2007.

的人,也可以是集体或专门的机构。① 因此,具体说来,翻译活动的主体是翻译的发起者和实践者,即参与翻译的译者和翻译活动的发起者、推广者。相应地,茶文化典籍翻译的传播主体便是参与茶文化典籍翻译的译者和其他涉及译本出版推广的机构和个人。

传播者对信息传播具有控制权②,因此传播主体对传播效果的影响主要体现在其对传播过程的控制。在整个茶文化典籍翻译过程中,各翻译主体对整个翻译过程的控制也是影响译本最终传播效果的关键。

翻译主体对整个翻译过程的控制可以体现在两个阶段:一个是翻译作品生成阶段,也就是将原文翻译成译文到译文出版这个过程,对这个过程的控制主要体现为各翻译主体的把关行为;另一个阶段则是翻译作品产生之后,对这个过程的控制是各翻译主体对译作的推广传播所进行的控制。

## 一、翻译主体对译本生成的把关行为

从总体上看,传播者是传播过程的导控者③,而对于传播者具体如何导控传播过程,勒温(Kurt Lewin)提出的"把关"理论则能够进行比较充分的解释。

"把关人"(gatekeeper)概念的提出者勒温认为,在信息传播网络中存在把关人,只有符合群体规范或把关人价值标准的信息内容才能进入传播渠道。④ 而把关人对信息制作、筛选和发布的控制活动被称为"把关行为"。各翻译主体对翻译过程的控制也主要体现为其作为"把关人"的把关行为。

① 董璐. 传播学核心理论与概念. 2 版. 北京:北京大学出版社,2016:48.
② 董璐. 传播学核心理论与概念. 2 版. 北京:北京大学出版社,2016:52.
③ 董璐. 传播学核心理论与概念. 2 版. 北京:北京大学出版社,2016:49.
④ 郭庆光. 传播学教程. 北京:中国人民大学出版社,1999:31.

### (一)译者的把关行为

在新闻传播领域,"把关"指的是"什么信息以什么样的序列被置于新闻报道中"①。较早研究国际新闻翻译的学者沃里宁(Erkka Vuorinen)将把关描述为"通过传播渠道控制信息流动的过程"②。而传播主体作为把关人控制信息流动,主要体现在两种操作上:一是转换(transformation),涉及传播主体改变了哪些信息(what is altered);二是转移(transfer),涉及保留了哪些信息(what is retained)。因此,"把关"最核心的体现是"选择"(selection)。赫斯蒂(Kristian Hursti)提出了两种类型的"选择",即故事选择和细节选择(story selection and detail selection)。③ 而"把关"的具体策略有删减(deletion)、增加(addition)、替换(substitution)、重组(reorganization)。这些把关行为,如沃里宁所指出的,是"任何翻译中都会涉及的正常的文本操作的一部分,特别是在新闻翻译中,其目的是因特定用途而生成功能充分的目标文本"④。

虽然翻译主体的把关行为在新闻翻译中表现最为明显,但如沃里宁所说,任何翻译都会存在译者的把关行为,只不过译者把关的方面和使用

---

① Schäffner, C. Rethinking transediting. *Meta*, 2012, 57(4): 866-883.

② Vuorinen, E. News translation as gatekeeping. In Snell-Hornby, M., Jettmarová, Z. & Kaindl, K. (eds.). *Translation as Intercultural Communication: Selected Papers from the EST Congress—Prague 1995*. Amsterdam: John Benjamins Publishing Company, 1995: 161-171.

③ Hursti, K. An insider's view on transformation and transfer in international news communication: An English-Finnish perspective. *The Electronic Journal of the Department of English at the University of Helsinki*, 2001(1): 1-8.

④ Vuorinen, E. News translation as gatekeeping. In Snell-Hornby, M., Jettmarová, Z. & Kaindl, K. (eds.). *Translation as Intercultural Communication: Selected Papers from the EST Congress—Prague 1995*. Amsterdam: John Benjamins Publishing Company, 1995: 161-171.

的策略有所不同。① 就茶文化典籍翻译而言,以《茶经》英译为例,《茶经》三个英译本的译者在翻译过程中都有把关行为。但几位译者,由于其翻译目的、文化身份、学识背景等的差异,在翻译过程中表现出了不同的把关行为,导致三个译本差别很大,传播效果也不尽相同。

对于翻译中的把关,王建荣、司显柱提出,在翻译过程中,译者要把好政治观、文化关和传播关。② 茶文化典籍很少涉及政治问题,因此译者需要把的主要是文化关和传播关。在这两个方面,三个译本的译者表现出明显差异。

"大中华文库"版《茶经》英译本的译者姜欣、姜怡是大学翻译教授,她们的翻译可以算是学者翻译,其译本力求忠实再现原文信息。在翻译过程中,译者也经常向典籍翻译专家和茶文化专家咨询考证,力求实现对原文的精准理解,并在此基础上通过各种翻译策略将原文信息,特别是原文字里行间隐蕴的茶文化内涵在译文中体现出来,如通过"内隐外化"的方法将原文隐匿的深层文化内涵"外化"到语符表层。例如,在《茶经》第一章介绍茶的功能时,陆羽提到:

> 茶之为用,味至寒,为饮最宜。**精行俭德之人**,若热渴、凝闷、脑疼、目涩、四肢烦、百节不舒,聊四五啜,与醍醐、甘露抗衡也。(一之源,pp. 1-2)③

"大中华文库"译本:

The refreshing nature of tea makes it a good choice for a beverage. It is especially suitable for people who are virtuous in nature and content

---

① Vuorinen, E. News translation as gatekeeping. In Snell-Hornby, M. Jettmarová, Z. & Kaindl, K. (eds.). *Translation as Intercultural Communication: Selected Papers from the EST Congress—Prague 1995.* Amsterdam: John Benjamins Publishing Company, 1995: 161-171.

② 王建荣,司显柱. 把关人视域下文博译者功能研究. 中国科技翻译,2015(4):50-53.

③ 本书引用的《茶经》原文,除特别注明外,皆选自:吴觉农. 茶经述评. 北京:中国农业出版社,2005.

with a simple life. Ailment symptoms such as pyrexia thirsty, anxiety, fidgets, headache, blurry eyes, weak limbs and stark joints, etc. could all be relieved with a few cups of tea, whose effectiveness and efficiency are by no means less than that of the legendary amrita or nectar. ①

在这里,有两处地方涉及茶文化的深刻内涵:一是"味至寒",二是"精行俭德"。译者并没有简单地按字面意思将"寒"翻译为"cold",也没有将"精行俭德"翻译为"frugal"或"moderate",而是采用转译方法将"寒"译为"refreshing",外化了茶使人精神焕发、令人耳目一新、使人恢复精神的本质,与"people who are virtuous in nature and content with a simple life"(精行俭德之人)相辅相成。②

此外,译者在翻译过程中也特别注意不让读者对中国茶文化产生误解。如在"之事"一章中,有这么一则逸事:

《后魏录》:"琅邪王肃,仕南朝,好茗饮、莼羹。及还北地,又好羊肉、酪浆。人或问之:'茗何如酪?'肃曰:'茗不堪与酪为奴。'"(七之事,p.201)

在这里,王肃所说的"茗不堪与酪为奴",按字面理解是"茶连给酪为奴的资格都没有",这无疑是大大贬低了茶的价值。而当时王肃这样说有多方面的原因,未必就是如字面所说的认为茶毫无价值。而译本又受"大中华文库"统一体例的限制,无法添加详细的注释进行解释。因此,为避免读者产生不必要的困惑和误解,译者将这一句处理为"For no reason should tea be depreciated as 'maid to buttermilk.'"③,丝毫不损茶的价值。

显然,"大中华文库"译本在文化把关上做得较好。而通过茶文化典

---

① 陆羽,陆廷灿. 茶经 续茶经. 姜欣,姜怡,译. 长沙:湖南人民出版社,2009:5,7. 本书中,原文和译文中的下画线皆为笔者所加。
② 姜欣,姜怡,汪榕培.以"外化"传译茶典籍之内隐互文主题.辽宁师范大学学报(社会科学版),2010(3):87-90.
③ 陆羽,陆廷灿. 茶经 续茶经. 姜欣,姜怡,译. 长沙:湖南人民出版社,2009:71.

籍翻译,可达到传播中国茶文化的主要目的,这也是"大中华文库"丛书的宗旨。但中国译者在翻译时特别注重原文信息的传达,有些顾此失彼,未能把好传播关。

把好传播关,正如王建荣、司显柱所指出的,首先需要译者有受众意识,要从对外传播的角度看问题,保证译文的正确流畅、可读可听。其次,把好传播关,需要译者对传播信息做出适当的增补,保证信息量的饱满,搭建弥补"知沟"的桥梁。再次,把好传播关,译者还应灵活删减冗赘信息,保证译文符合受众阅读习惯,提升故事的吸引力和诱导功能。一旦过度忠实于原文,一字不舍地翻译出来,读者必感茫然,译者也多会因译文冗赘、啰唆而难堪。所以为了传播的流畅性,为了符合西方读者的思路,必须敢于抉择,剔除华丽辞藻,留给西方读者清新连贯、重点突出的译文与意境。①

而"大中华文库"译本比较紧跟原文,较少对传播信息做出适当的增补,起不到保证信息量饱满、搭建弥补"知沟"的桥梁的作用。该译本除了对人名、地名等专有名词增加了简单解释外,很少有其他注释。此外,译本也很少删减原文的冗赘信息,这样的译本适合学者阅读,可做研究之用,或供中国读者做汉英翻译练习,或成为外国学生学习汉语的汉英对照教材,却不太适合西方普通读者阅读。

首先,《茶经》蕴含深厚的中国传统文化,有不少中国特有的概念,中国读者对此非常熟悉,但对西方普通读者而言,若是不加解释,是很难理解的。但该译本在翻译时并未进行详细的解释。这应该是受"大中华文库"体例限制,译文只能采用文内夹注的方式添加注释,受空间制约,无法进一步阐释。例如,在《茶经》第四章"之器"中,作者描述风炉上的刻字时提到:

> 一足云:坎上巽下离于中;一足云:体均五行去百疾;一足云:圣唐灭胡明年铸。其三足之间,设三窗,底一窗以为通飙漏烬之所。上并古文书六字,一窗之上书"伊公"二字,一窗之上书"羹陆"二字,一窗之上书"氏茶"二字,所谓"伊公羹,陆氏茶"也。(四之器,p.113)

---

① 王建荣,司显柱. 把关人视域下文博译者功能研究. 中国科技翻译,2015(4):50-53.

"大中华文库"译本：

The characters on the first leg read "Water above, wind below and fire inside"; the second one "Balancing five elements to cure all diseases"; and the third one "Cast in 764 when Tang vanquished Hu"... Three louvers are made alternately in between the legs. Two characters are incused above each louver, six of them as a whole combining to give the sign: "Chef Yin's Broth, Master Lu's Tea." At the bottom, an opening functions to ventilate as well as to poke ash. ①

这里对于几个中国特有概念"坎""巽""五行""伊公羹,陆氏茶",译者都没有进行解释。而美国译者卡朋特在正文中删除了"伊公羹"这条他觉得意义不大的信息,在文末则对"坎""巽""五行"进行了非常详细的解释。

卡朋特译本：

*77 illnesses*: *K'an*, *Sun* and *Li* are three of the eight trigrams on which the philosophy of the *I Ching* or *Book of Changes* is based. The trigrams consist of various combinations of a solid line representing the force of *yang* (the male principle) and a broken one representing the force of *yin* (the female principle). Charged with great meaning for the Chinese, the trigrams and their derivatives, the hexagrams, pictured, embodied and helped to shape the lives of the Chinese.

Lu explains *why* these particular three trigrams are on his brazier. To describe them:

$$k'an = \equiv\equiv \qquad sun = \equiv\equiv \qquad li = \equiv\equiv$$

---

① 陆羽,陆廷灿. 茶经 续茶经. 姜欣,姜怡,译. 长沙:湖南人民出版社,2009:19.

*K'an* is the Abysmal whose image is *Water*. He signifies danger, and his color is red. He is the moon, due north, midwinter and midnight.

*Sun* is the Gentle whose image is *wind*. She signifies vegetative power. Her color is white and she is the southeast and forenoon.

*Li* has a *fire* image. She occupies the south, her time is summer and midday. For more detail, see Hellmut Wilhelm, *Change—Eight Lectures on the I Ching*, New York, 1960.

77 *illness*: the five elements are fire, earth, water, wood, metal. ①

而《国际茶亭》的译本不仅在正文中传达了原文的信息,也在章末注释中对这几个核心中国文化词进行了详细解释。

《国际茶亭》译本:

The eight trigrams (*bagua*, 八卦) and the five elements (*wuxing*, 五行) are the most fundamental principles of Taoism. Trigrams are groups of three solid or broken lines, representing Yang and Yin. These trigrams each represent an element, direction, etc. Adding two trigrams together makes a hexagram. The sixty-four possible hexagrams are used as divination in the *I Ching*. The *kan* trigram corresponds to water, the *xun* trigram corresponds to wind and the *li* trigram corresponds to fire. When this metal cauldron is in use, it needs wood to make coal and the ashes inside are the earth. In other words, it is the literal actualization of a perfect Taoist microcosm because it contains all the five elements. This idea unfolds in the following sentence, as

---

① Lu, Y. *The Classic of Tea*: *Origins & Rituals*. Carpenter, F. R. (trans.). New York: The Ecco Press, 1974: 160.

Master Lu discusses the well-balanced physical body that was emblemized on his bronze vessel. ①

《国际茶亭》译本对"伊公"的解释：

> During the early Shang（商）Dynasty（17th to 11th Century BCE），Yiyin（伊尹）was one of the famous prime ministers. He was also famous for his stew. In this way，Master Lu is comparing his tea to the ancient minister's famous soup. ②

其次，《茶经》原文中有一些对西方读者而言意义不大的信息，如《茶经》原文中的很多注释只是为了遵循言之有据的写作习惯，与原文正文主题并无多大联系，对普通读者而言，可以说是没什么价值的信息，但"大中华文库"译本将这些信息都保留了下来，使译文显得有些臃肿。例如，在《茶经》第一章中有：

> 其树如瓜芦，叶如栀子，花如白蔷薇，实如栟榈，茎如丁香，根如胡桃。（瓜芦木出广州，似茶，至苦涩。栟榈，蒲葵之属，其子似茶。胡桃与茶，根皆下孕，兆至瓦砾，苗木上抽。）（一之源，p.1）

这里原文对瓜芦、栟榈、胡桃植物学特性的注释，对普通读者而言并没有多大意义，但"大中华文库"译本将这些注释都保留了下来，这种不必要的论据反而冲淡了译本的核心内容。而卡朋特译本和《国际茶亭》译本将这些原文注释几乎都删掉了，和主题相关性比较强的则放入了文末尾注，使译本正文显得非常简洁。

在文本内容布局等表达方式上，"大中华文库"译本也几乎按照中文的布局方式。原文古文简洁洗练，如果直译成英文，再加上有些地方频繁

---

① Lu，Y. The tea sutra. Wu，D.（ed.）. *Global Tea Hut*：*Tea & Tao Magazine*，2015（44）：40.

② Lu，Y. The tea sutra. Wu，D.（ed.）. *Global Tea Hut*：Tea & Tao Magazine，2015（44）：40.

出现的文内夹注,英语译文就显得比较臃肿啰唆。例如,第八章"之出"是对各地茶叶质量的比较,里面涉及大量地名。原文是用一个个简洁的陈述句介绍各地的茶叶情况,如果直译成英语的同类陈述句就显得很啰唆,加上大量的音译,以及原文注释和译者对地名现代表述的注释,让读者读起来非常头疼。现摘录其中一段:

> 淮南:以光州上,(生光山县黄头港者,与峡州同。)义阳郡、舒州次,(生义阳县钟山者,与襄州同;舒州,生太湖县潜山者,与荆州同。)寿州下,(盛唐县生霍山者,与衡山同也。)蕲州、黄州又下。(蕲州,生黄梅县山谷;黄州,生麻城县山谷,并与荆州、梁州同也。)(八之出,p.272)

"大中华文库"译本:

In Huainan District ( geographically around the present provinces of Henan, Anhui and Hubei), Guangzhou produces the best tea. [Note: Tea produced in Huangtougang, Guangshan County, is the same as the tea in Xiazhou.]. The second best tea is produced in Yiyang and Shuzhou. [Note: Tea growing on the Zhongshan Mountain in Yiyang parallels that in Xiangzhou; and tea growing on the Qianshan Mountain in Taihu County is like that in Jingzhou.] Shouzhou tea is not as good as the former two. [Note: Tea growing on the Huoshan Mountain in Shengtang (the present Liu'an County in Anhui Province) is similar in quality to the tea in Hengshan.] Qizhou and Huangzhou are rated at the bottom for their tea. [Note: Qizhou tea grows in the valleys of Huangmei (in the present Hubei Province) while Huangzhou tea is produced in the valleys of Macheng. They are akin in quality to the tea produced in Jinzhou and Liangzhou.][1]

---

① 陆羽,陆廷灿.茶经 续茶经.姜欣,姜怡,译.长沙:湖南人民出版社,2009:77,79.

在这一部分中,原文用了并列句,"……上,……下,……又下",非常简洁明了,译文用比较句式忠实传达了原文的意思,甚至为了表达多样性,使用了不同的英语表达方式,此外还在文内添加了很多对地名的注释,这样的表述虽然意思传达很准确,但在很大程度上破坏了译文的流畅性。读者要费很大力气才能弄清楚这些地方的差别。而卡朋特则对这部分信息进行了重组,以图表的形式体现出原文对各个地方产茶情况的比较,对这些地方的注释则全部放到文末,同样以图表形式清晰地呈现出来,如此译本正文显得非常简练清楚,各个地方的差别一目了然(如表 4-1所示)。

表 4-1　卡朋特译本淮南茶区介绍①

| HUAI NAN | | |
|---|---|---|
| PREFECTURE | DISTRICT | AREAS OF COMPARABLE TEAS |
| *Best Quality* | | |
| Kuang Chou | Kuang Shan | |
| *Second Quality* | | |
| Department of I Yang | Chung Shan | Hsiang Chou |
| Shu Chou | T'ai Hu | Ching Chou |
| *Lowest Quality* | | |
| Shou Chou | Shêng T'ang | Hêng Shan |
| Ch'i Chou | Huang Mei | |
| Huang Chou | Ma Ch'eng | Chiang Chou, Liang Chou |

又如,在茶事人名录部分,原文有这么一段:

三皇 炎帝神农氏。

周 鲁周公旦;齐相晏婴。

汉 仙人丹丘子,黄山君;司马文园令相如,杨执戟雄。

---

① Lu,Y. *The Classic of Tea*：*Origins & Rituals*. Carpenter,F. R.(trans.). New York：The Ecco Press,1974：144.

吴 归命侯,韦太傅弘嗣。

晋 惠帝,刘司空琨,琨兄子兖州刺史演,张黄门孟阳,傅司隶咸,江洗马统,孙参军楚,左记室太冲,陆吴兴纳,纳兄子会稽内史俶,谢冠军安石,郭弘农璞,桓扬州温,杜舍人毓,武康小山寺释法瑶,沛国夏侯恺,余姚虞洪,北地傅巽,丹阳弘君举,乐安任育长(育长,任瞻字,元本遗长字,今增之),宣城秦精,敦煌单道开,剡县陈务妻,广陵老姥,河内山谦之。(七之事,p. 197)

"大中华文库"译本:

Listed below are some prominent figures associated with tea in history:

In the remote ancient times of the Three Augusts, there was Shen Nong, also known as the Yan Emperor.

In the Zhou Dynasty, there were Zhou Gongdan as a revered duke of the Lu State and Yan Ying as the prime minister of the Qi State.

In the Han Dynasty, ...

In the Three Kingdoms Period, ... The former was ... of the Wu Kingdom, ...

In the Jin Dynasty there were the following:

The Hui Emperor (Sima Zhong); the minister of public works Liu Kun and his nephew Liu Yan as governor of Yanzhou; an official in charge of imperial court named Zhang Mengyang (Zhang Zai); a military official named Fu Xian; Prince Minhuai's high civilian Jiang Tong; a military counselor named Sun Chu; a civil official in charge of historical documents named Zuo Taichong (alias Zuo Si); a procurator of Wuxing named Lu Na and his nephew Lu Chu, a minor civil official at Kuaiji; a respected military official named Xie An (alias Anshi); a famous writer from Hongnong named Guo Pu; a governor of Yangzhou named Huan Wen; a court official named Du Yu; a renowned monk from Xiaoshan Temple at Wukang named Fa Yao; Xiahou Kai from Peiguo (in the present Anhui Province); Yu Hong from Yuyao (in the present Zhejiang Province); Fu Xun from Beidi (in the present Gansu Province); Hong Junju from Danyang (in the present Jiangsu Province); Ren Yuchang from Le'an (in the present Jiangxi Province); Qin Jing from Xuancheng (in the present Anhui Province); Shan Daokai, an accomplished Taoist monk from Dunhuang (in the present Gansu Province); Chen Wu's wife from Shanxian (in the present Zhejiang Province); a legendary granny from Guangling (in the present Jiangsu Province); and Shan Qianzhi from the north side of the Yellow River. [①]

卡朋特译本:

THE FOLLOWING HAVE HAD TO DO WITH TEA IN some important way.

1. In the Period of the Three Emperors, Shên Nung also known as the Emperor Yen.

2. In the Chou Dynasty, Tan, the Duke of Chou from the State of Lu.

3. From the State of Ch'i, Yen Ying.

4. From the Han Dynasty

a. ...

b. ...

---

① 陆羽,陆廷灿. 茶经 续茶经. 姜欣,姜怡,译. 长沙:湖南人民出版社,2009:49,51.

c. …

5. In the Wu Dynasty, the Kuei Ming Hou Period,…

6. During the Chin Dynasty there were

a. During the Hui Ti Period, Liu Kun.

b. His nephew and Governor of Yen Chou, Liu Yen.

c. …

d. …①

…

从茶事人名录的翻译形式上看,卡朋特译本不拘泥于句子形式的表达,使用了条目式的译文,使内容看上去直观、简洁,符合西方人缜密的逻辑思维习惯。

一般说来,根据西方读者的阅读期待,规范完整的段落形式所包含的应该是一个个前后衔接连贯的句子,而不是多个名词短语的堆积。"大中华文库"译本用了不少非常规范的英语句子来表达原文短语所表达的意思,但对于其他名词短语,也完全按照原文从左到右的顺序排列,再加上添加的注释,显得内容密集冗长,读者读起来会比较累,本来简单的信息却要花费大量精力才能理清楚。此外,这段译文中,大量汉语拼音的密集出现也会给读者造成阅读负担。这段话一共 228 个英文单词,其中就有81 个汉语拼音,可以想象,如此密集的汉语拼音,又是以这样的布局出现在一整段话中,会给不懂汉语的西方读者造成多大的困难,甚至读者几乎不会有读下去的兴趣。例如,一位海外网友在评价一部网络小说《何为贤妻》英译文时就直接指出:"这本书不错,但我时不时就得停下来,因为翻译者钟爱使用拼音来翻译某些词,整本书到处都是拼音。每次我在看新章节的时候我都得把那些拼音记下来,或者查词语表,这大大降低了阅读

---

① Lu, Y. *The Classic of Tea: Origins & Rituals*. Carpenter, F. R. (trans.). New York: The Ecco Press, 1974:120-122.

的乐趣(说实话,我后来都是直接跳过那些没有翻译的词)。"①

音译只是注音,并不等于意义,意义的产生有赖于读者的认知参与。这些汉语拼音,即使中国读者来看,若是不对照原文,也会看得云里雾里,对英语读者而言,更是毫无意义的符号。他们只有将这些词和其所指的对象相联系才会产生对这些词的认知,但是这段话里表述的,不管是人物还是地方,对西方读者而言都非常陌生。铁木志科(Maria Tymoczko)指出,译入语文化对于外语读音单词(foreign-sounding words)的接受程度差别显著,将名称原封不动地引入翻译,可能导致交际超载(communication overload)或者语篇信息失衡②,因此在这里,太过密集的音译词无疑会给读者带来交际超载的问题。

美国译者卡朋特是一个从事贸易的专业人士,其翻译《茶经》的目的,正如其在翻译后记中所说的,是让西方读者了解中国茶和茶文化,增进中美两国人民之间的了解。③ 而译者本身就属于目标读者群体,清楚读者的阅读习惯和理解能力,因此其译文充分运用删减、增加、重组等手段,把好了传播关,使其译文通俗易懂、简洁明了,极具可读性。但他未能把好文化关,甚至对《茶经》原文版本也未进行把关,其不准确的原文版本导致译文在有些地方传达出与中国茶文化相悖的文化信息。

例如,在第四章里,作者介绍茶器④时提到:

> 用银为之,至洁,但涉于侈丽。雅则雅矣,洁亦洁矣,若用之恒,

---

① 王青. 网络文学海外传播的四重境界. (2019-06-13)[2019-06-20]. http://www. sohu.com/a/320254665_488440.

② Tymoczko,M. *Translation in a Postcolonial Context*:*Early Irish Literature in English Translation*. Shanghai:Shanghai Foreign Language Education Press,2004.

③ Lu,Y. *The Classic of Tea*:*Origins & Rituals*. Carpenter,F. R.(trans). New York:The Ecco Press,1974.

④ 陆羽《茶经》第二章"之具"介绍古代采制茶的工具,第四章"之器"介绍古代煮茶的器皿,本书提到的茶器、茶具都是中国古代所指的概念,而不是现代意义的茶具。现代我们说的不管是茶具还是茶器,大多是饮茶器具了。

而卒归于铁也。（四之器，p. 114）

"大中华文库"译本：

Silver woks would be extremely clean, yet too extravagant and expensive. So iron, though not as clean and as nice, is the best material for making a long-lasting tea-boiling wok. ①

卡朋特译本：

For long usage, cauldrons should be made of silver, as they will yield the purest tea. Silver is somewhat extravagant, but when beauty is the standard, it is silver that is beautiful. When purity is the standard, it is silver that yields purity. For constancy and long use, one always resorts to silver. ②

这一句是对煮茶锅的介绍，两个译本体现出截然不同的观点。中国译者的译本体现出的观点是煮茶锅最好用铁器，而银器虽雅虽洁，但过于奢侈华丽。提倡用铁铸锅，刚好符合质朴天然、以茶崇俭的中国茶道精神。而卡朋特的译本却是一开始就提倡用银器来铸锅。原文最后一句"若用之恒，而卒归于铁也"，意思很清楚，不太可能理解错误，而卡朋特的译文"For constancy and long use, one always resorts to silver."明显不是根据这个原文翻译的。而在有些《茶经》版本中，的确有"卒归于银"的说法，如上海古籍出版社 2009 年出版的《茶经译注》中选用的版本：

洪州以瓷为之，莱州以石为之，瓷与石皆雅器也，性非坚实，难可持久。用银为之，至洁，但涉于侈丽。雅则雅矣，洁亦洁矣，若用之恒，而卒归于银也。③

---

① 陆羽，陆廷灿. 茶经 续茶经. 姜欣，姜怡，译. 长沙：湖南人民出版社，2009：23.
② Lu, Y. *The Classic of Tea*：*Origins & Rituals*. Carpenter, F. R.(trans.). New York：The Ecco Press，1974：82.
③ 陆羽. 茶经译注. 宋一明，译注. 上海：上海古籍出版社，2009：20.

对于"卒归于银"的说法,网上也有不少引用的,特别是一些银茶壶的宣传。至于哪个是正确的版本,如果仔细推敲,应该不难确定。这句话前面一句是"用银为之,至洁,但涉于侈丽。雅则雅矣,洁亦洁矣",其中的"但、则、亦"无疑都表示转折的意思,不可能再在最后提出"卒归于银也"这样的表述。提倡用银做茶器也有悖于陆羽所追求的质朴天然、以茶崇俭的茶道精神。因此,在这本《茶经译注》中,译注者宋一明在注释中也做了说明。他指出,从上文来看,这里的"银"应该是"铁"。卡朋特在版本选择上的失误也导致了茶文化信息的错误传递。

此外,在翻译一些具有茶文化内涵的词语时,卡朋特也未能注意到该词的引申意义,按字面翻译,导致了文化信息的错误传递。

例如,在提到茶的性质和功用时,陆羽提到:

> 茶之为用,味至寒,为饮最宜。(一之源,p.1)

卡朋特译本:

> Tea is of a cold nature and may be used in case of blockage or stoppage of the bowels. When its flavor is at its coldest nature, it is most suitable as a drink. [1]

这一句的关键词是"至寒",在这里,陆羽使用这个词要表达的意思是茶的性质极为寒凉,而这样的不带火气的寒凉之气,是淡泊、清澈、冷静、不容易被牵动的一种先天的、大自然的气息[2],体现了一种清冷宁静的道家思想。卡朋特译本将"寒"按字面直译为"cold",甚至用了最高级"coldest"来翻译"至寒"。而英语中,"cold"虽然表示寒冷的意义,但此寒非彼寒,给人的是一种不舒服的寒冷感觉,通常表示对事物性质的一种负面评价。因此,译者在这里是将原文对茶的性质的正面评价变成了负面

---

① Lu, Y. *The Classic of Tea*: *Origins & Rituals*. Carpenter, F. R. (trans.). New York: The Ecco Press, 1974: 60.
② 林瑞萱. 陆羽茶经的茶道美学. 农业考古,2005(2):179-183.

评价,而原文蕴含的清冷宁静的道家思想也随之流失。

另一个类似的情况是对《茶经》第四章"之器"中提到的漉水囊的翻译。漉水囊(梵 parisravana),指用来滤水去虫的器具,为比丘六物之一或十八物之一。《摩诃僧祇律》卷十八云:"比丘受具足已,要当畜漉水囊,应法澡盥。比丘行时应持漉水囊。"由此可知,比丘受具足戒后,应常携此物,以避免误杀水中的虫类,也合乎卫生原则。陆羽自幼在寺庙长大,对佛教徒的生活较为熟悉。而佛教的"五戒"思想,即不杀生、不偷盗、不邪淫、不妄语、不饮酒,对陆羽产生了深刻的影响。因此,他在设计煮茶器具时会想到用漉水囊来过滤煮茶用水,借以滤去水中的小生物。这也显示出茶事与佛事的关联。将漉水囊作为茶器之一,体现出人与自然界其他生物和谐共处的茶文化思想。陆羽生活的年代是我国佛教最为繁荣的年代,即使普通百姓也自然清楚何为"漉水囊",因此作者在原文中并未对其进行任何补充说明。由于英语中并没有"漉水囊"对应的文化词,卡朋特也可能并不清楚"漉水囊"源自佛家用品,因此只是将其当作一种普通茶器,便将其按字面意思直译成"the water filter"①,这样便使译文失去了原文所隐含的佛家文化关联。在这样的情况下,译者若是将漉水囊译为梵文表达"parisravana",再配上"the water filter"作为解释,便足以引起西方读者对佛家文化的联想,从而保留原文的文化内涵。

2015 年《国际茶亭》的《茶经》译本的译者几乎处于隐身状态,在该译本中找不到任何关于译者的信息。但从译者写的序言来看,这一译本应该是多人参与的合译本,因为序言所用的人称皆是"we"。这一译本的译者在翻译时明显参照了卡朋特的译本,译本中明显可以看到卡朋特译本的痕迹,而译者在序言中也明确提到了卡朋特的译本,对该译本给予了很高的评价,称卡朋特是用华丽诗意的笔触翻译了陆羽的《茶经》。因为已经有了充满诗意的译本,这个新的译本倾向于采用直译的方法进行翻译。

---

①   Lu,Y. *The Classic of Tea*:*Origins & Rituals*. Carpenter,F. R.(trans.). New York:The Ecco Press, 1974:87.

在序言中,译者特别提到陆羽原文用词简练,因此他们在翻译中也尽量注重表达的精练。此外,这一译本中还保留了大量的汉字,其目的是吸引茶爱好者去了解陆羽的原文。总的说来,译者在翻译时特别注重保留原文的风格,因此译者对译本形式的把关体现得最为明显。译文简洁明了的表达形式也会为译本的传播效果加分不少。例如,在《茶经》中有多处比较的地方,原文表达非常简洁,《国际茶亭》译本也用了和原文非常接近的简洁句式。在第五章中描述煮茶用水时,陆羽提到:

其水,用山水上,江水中,井水下。(五之煮,p. 139)

《国际茶亭》译本:

As for the water, spring water is the best, river water is second, and well water is the worst. ①

很明显,在翻译这句话时,《国际茶亭》译本所用的句式和原文非常接近,"the best" "second" "the worst"之间的关系和原文"上""中""下"的对照关系非常相似。而另外两个译本,特别是姜欣、姜怡译本,对这句的翻译明显没有那么考虑原文的形式特征。

卡朋特译本:

On the question of what water to use, I would suggest that tea made from mountain streams is the best, river water is all right, but well-water is quite inferior. ②

"大中华文库"译本:

As to the aspect of cooking water, mountain springs always provide a preference. The next option is river water. Well water is

---

① Lu, Y. The tea sutra. Wu, D. (ed.). *Global Tea Hut: Tea & Tao Magazine*, 2015 (44): 45.

② Lu, Y. *The Classic of Tea: Origins & Rituals*. Carpenter, F. R. (trans.). New York: The Ecco Press, 1974: 105.

but a less satisfactory choice.①

比较三个译本可以看出,《国际茶亭》译本句式更简洁,更贴近原著风格。卡朋特译本也很简洁,但更多的是对原文内容的自由阐述。而"大中华文库"译本可能受其白话文翻译的影响,翻译中又过于关注表达的多样性,虽然意义翻译得很准确,但比较啰唆,失去了原文的简洁对仗之美。

除了形式,《国际茶亭》译本的译者在译本中以脚注形式添加了大量注释,其中包含不少中国文化背景信息,这些信息可以帮助读者更好地理解译本内容。而在正文中,译者也会通过对原文信息的灵活处理,将一些读者无法理解的文化信息显化或者在客观事实表述时加入茶文化内涵信息。例如,在《茶经》第一章,介绍茶的功能和作用时,陆羽提到:

> 茶之为用,味至寒,为饮最宜。精行俭德之人,若热渴、凝闷、脑疼、目涩、四肢烦、百节不舒,聊四五啜,与醍醐、甘露抗衡也。
>
> 采不时,造不精,杂以卉莽,饮之成疾。(一之源,pp. 1-2)

《国际茶亭》译本:

According to Chinese medicine, the property of tea is very cold. It is a great drink for those practitioners of the Tao in their spiritual cultivation. It alleviates discomfort when one feels thirsty and hot, congestion in the chest, headaches, dry eyes, weakness in the limbs and aching joints. It also relieves constipation and other digestive issues. As little as four to five sips of tea works as fine as ambrosia, the elixir of life. Its liquor is like the sweetest dew of Heaven. However, drinking tea made with leaves that were picked at the improper time, out of harmony with Nature, leaves that were not processed well, or tea adulterated with other plants or herbs can

---

① 陆羽,陆廷灿. 茶经 续茶经. 姜欣,姜怡,译. 长沙:湖南人民出版社,2009:37.

eventually lead to illness. ①

在这一段中,原文中提到的"精行俭德之人",译者将其显化为"those practitioners of the Tao in their spiritual cultivation",明显揭示出茶和道家文化的关系,不过这里将"精行俭德之人"简单归为道家修心之人是有所局限的。此外,在翻译"采不时,造不精,杂以卉莽,饮之成疾"这一句时,译者加入了"out of harmony with Nature",突出了茶文化的自然生态观。

又如,在介绍漉水囊时,"大中华文库"译本和卡朋特译本都将其翻译成一个普通名词,也没有对其和佛家文化的关联进行解释,而《国际茶亭》译本虽然也将其翻译为普通名词"water filter",但在介绍的开头提到"Water drawn from Nature has to be purified with this filter"(lushuinang 漉水囊),这里的"Nature"和"purified"都是带有浓厚宗教文化意味的词。此外,译者还增加了一条"漉水囊"的脚注,详细介绍了这一器具和佛家的关联。该条注释如下:

《国际茶亭》译本:

> This kind of plain water filter without any decoration was a standard utensil of a monk in the Tang Dynasty. The monks at that time did not want to intake, and thereby kill, any invisible micro-organisms in the water, so they all carried these filters with them. After each use, the monk would hang the pouch to dry with a piece of string. Master Lu is asking us to sanctify our water for tea, which we do in the center through sacred stones, prayer and gratitude before drawing it. ②

---

① Lu, Y. The tea sutra. Wu, D. (ed.). *Global Tea Hut: Tea & Tao Magazine*, 2015 (44): 31.

② Lu, Y. The tea sutra. Wu, D. (ed.). *Global Tea Hut: Tea & Tao Magazine*, 2015 (44): 42.

总的说来,从译者在译本生成过程中的把关情况来看,"大中华文库"版《茶经》译本的译者特别注重对原文内容准确性的把关,把好了翻译的文化关;卡朋特译本特别注重的是译本可读性,把好了传播关;而《国际茶亭》译本的译者虽然对茶文化的理解偏重和道家文化的关联,但对文化元素的重视和形式上的把关使其译本具有比另两个译本更大的传播优势。

### (二)其他主体的把关行为

译者是翻译最重要的把关人,但译者的翻译只是翻译传播过程的一个环节,其他环节的传播主体的把关行为也会对译本的传播效果产生影响,有时其他传播主体所发挥的作用甚至会大于译者。在译本出版之前,其他翻译主体对翻译的把关行为主要体现为译作出版方或发起者对译作的后期编辑。

众所周知,译文在正式出版前,必须经过编辑的审读。编辑是译作质量的最后把关人,可以说,编辑对译作质量的提高具有很大作用。[①] 然而,翻译活动有不同的类型,有些是编辑所在的出版社发起的,有些是其他机构发起的,有些是译者的个人行为。而在不同的翻译作品出版中,编辑的话语权是不一样的。

此外,在翻译出版的不同阶段,编辑的话语权也有所不同。在语言文字转换阶段,译者无疑掌握着最大的话语权;而在编辑加工阶段,编辑则拥有更大的话语权。在翻译出版过程中,编辑的一项重要职责便在于文本的编辑加工。需要加工的文本不仅包括作品正文,还包括其副文本,如出版商的内文本、作者名、译者名、标题、插页、献词、题词、题记、序言(原序、译者序、他序等)、内部标题、提示等。此外,也包括书刊的装帧设计,如版式、拼写、字体、字号、插图、开本、扉页、护衬、封面、封套、纸张、印刷等。[②] 另外,编辑自身经验、素养的差异,也决定了其话语权大小不一。在

---

① 熊锡源. 翻译出版中编辑的角色与话语权. 编辑学刊,2011(1):82-85.
② 覃江华,梅婷. 文学翻译出版中的编辑权力话语. 编辑之友,2015(4):75-79.

不同的出版体系中,编辑的话语权也不一样。在中国出版体系中,编辑话语权显得不够;而在西方出版体系中,编辑拥有更大的话语权。①《茶经》目前的三个译本,从上面几个方面来看,编辑干预译本的程度也有所不同。

首先,《茶经》的卡朋特译本,应该是译者出于个人兴趣,抱着推介原作的目的而自己选择翻译了这一典籍,然后找了出版社出版。因此,译者本人就是翻译行为的发起者。对于这样的情况,编辑可以对译文提修改意见,并对译文内容做政治、思想、道德层面的审读,甚至可以为了出版规范的原因而要求译文“不忠实于原文”②。就文本语言内容而言,卡朋特译本的编辑具体做了什么干预,我们不得而知,但在编辑出版、文本加工阶段,卡朋特译本的编辑应该发挥了重要作用。该译本的副文本——封面、作者名、译者名、标题、插页、序言、内部标题、章节标题,以及译本的装帧设计,如版式、拼写、字体、字号、插图、开本、扉页、封面等,都设计得特别精致,非常便于读者阅读。例如,译本的版权页就特别体现了编辑的匠心。该译本的版权页采用居中对齐方式,而且对每一排字数精心设计,使整个版权页的文字组合成了一个茶杯形状,和封面的茶碗呼应,读者仅仅看封面和版权页,便可知晓译本主题。

此外,卡朋特译本有不少插图,由希茨(Demi Hitz)绘制,编辑在设计封面时不仅在封面列出了原作者、译者的名字,还列出了插图绘制者希茨的名字,这其实是在提醒读者文中插图的重要性。此外,译本中插图插入文本的位置应该也是编辑行为。卡朋特本受到读者好评,离不开译本编辑这一系列的最终把关行为。

相较于卡朋特的翻译,中国译者姜欣、姜怡的译本是“大中华文库”项目的一部分,非个人行为,其传播主体涉及国家、出版社、“大中华文库”工作委员会。“大中华文库”是这一翻译行为的发起人。据说,“大中华文

① 覃江华,梅婷. 文学翻译出版中的编辑权力话语. 编辑之友,2015(4):75-79.
② 熊锡源. 翻译出版中编辑的角色与话语权. 编辑学刊,2011(1):82-85.

库"委员会对丛书严把质量关,每一部书稿必须经过出版社三审、中英文专家四审、文库编委会总编辑五审的程序才能出版。①

"大中华文库"有明显的翻译目的和统一的体例规范要求,译本全部采用古文、白话文、英文对照形式,正文采取文内注释,封面全部采用"大中华文库"的统一封面,扉页、版权页采用统一格式,而且添加了"大中华文库"中英文总序言。在这样的情况下,出版社编辑的话语权就显得不强,没有发挥主动性的空间,几乎处于隐身状态。而在语言文字转换阶段,编辑的话语权应该也很小,因为该译本的译者本就是翻译教授,且如译者在序言中所说的,在翻译该译本的过程中,还请了典籍英译专家、茶文化专家、英语本族语人士进行指导和严格把关,面对如此庞大权威的译者团队,编辑干预得就少了。而在翻译的最后出版阶段,把关的则是作为翻译发起人的"大中华文库"工作委员会。然而,这种官方机构发起人大多是从中国文化"走出去"这个角度对译本进行把关,依据的是中国的出版规范,未必能充分考虑国外读者的阅读习惯和接受能力。统一的封面版式,也抹去了译本主题的个性化特征。因此,该译本虽获得了官方层面的认可,获得了中国读者的认可,但在西方普通读者中却并未获得广泛传播。这可以说是"大中华文库"系列的不少译本都会遭遇的情况。

2015年《国际茶亭》的《茶经》译本,也不是个人行为,而是《国际茶亭》网络杂志发起的。这一译本由《国际茶亭》网络杂志发表,该杂志有多位编辑,主编是著名茶艺大师和茶文化学者 Aaron Fisher,又名 Wu De,中文名为无为海。无为海是《国际茶亭》的创始人,出生于美国俄亥俄州,曾学习人类学和哲学,后游历世界,在印度、中国和日本生活多年,最后定居中国台湾。他喝茶、修习茶道的时间超过十年,从一些世界上最好的茶艺大师那里学习到很多不同的传统文化。不同于前两个译本可能涉及的编辑把关问题,《国际茶亭》的《茶经》译本的编辑就是茶文化专家,撰写了多

---

① 吴寿松.《红楼梦》英译本整体设计琐谈// 中国外文局五十年——书刊对外宣传的理论与实践. 北京:新星出版社,1999:608-610.

部茶文化专著,也在全世界开设茶艺课程,了解受众需求,因此无为海可以对译本各个方面的问题进行把关,包括茶叶和茶文化专业知识。此外,无为海和另外几位同样是茶文化学者的编辑还为译本撰写了多篇介绍陆羽、茶艺、茶道的序言。正如该译本译者所说,这些序言可以大大促进读者对译本的理解。此外,编辑本身就是翻译活动的发起人,拥有对译本的最大话语权。对这个译本而言,编辑可以说是参与最多的,而且编辑的个人素养,不管是语言还是专业知识方面都很权威,可以说,正是有了无为海这样的专业型编辑的把关,才使该译本在准确性和可读性两方面都具有很大优势。

总而言之,译本的生成不是译者一个人的行为,而是发起人、出版社编辑共同参与的结果。而发起人、编辑的立场、目的、身份,及其参与译本的程度,都会在很大程度上影响译本的传播和接受。

## 二、翻译主体对译本的推广

翻译研究大都关注怎么译的问题,较少关注翻译产品出来后的推广宣传问题,似乎翻译产品出来后,翻译主体的任务就完成了,剩下的就是和翻译无关的纯粹市场行为了。但实际上,所有的书都需要有人推广[1],再好的译作若是缺少宣传和推广,也很难进入目标语市场,无法在目标语社会生存发展,翻译也就无法达到理想的传播效果。以"大中华文库"为例,正如有学者所指出的:"我们清醒地知道,'文库'系列图书的翻译与出版发行,并非我们对外传播中国文化活动的全部与终结,如何避免这些双语对照的中国文化经典读本在出版之后被'束之高阁'或'无人问津'的命运,是我们必须面对的重要课题。"[2]

译作的宣传和推广不仅仅是出版发行机构的任务,各翻译主体在完

[1] 花萌. 把中国文学更好地推向英语世界. 中华读书报,2017-11-22(11).

[2] 许多,许钧. 中华文化典籍的对外译介与传播——关于"大中华文库"的评价与思考. 外语教学理论与实践,2015(3):15.

成主体翻译任务,即完成翻译和出版工作后,都可以利用各自的资源对译作进行宣传推广。

**(一)译者**

在很多时候,译者在译作出版之后似乎就功成身退了,将译作的宣传和推广完全交给出版发行机构。但实际上,由于译者是对译作最有话语权的主体,译者对翻译产品进行推广往往会达到特别好的效果。例如,"五四"时期,鲁迅便通过课堂讲授、发表演讲、刊登广告等对自己翻译的文艺理论著作《苦闷的象征》进行推广,取得了非常好的效果。[①] 霍克斯(David Hawkes)在翻译《红楼梦》后曾做过一些公开演讲,发表了数篇与译本相关的文章,还参加了访谈,这些译者推广活动都促进了该译本在西方的传播和接受。又如,"纸托邦"翻译团队的自由译员狄敏霞(Michelle Deeter)在谈及自己的翻译体验时,提到自己的译作出版后有两大憾事,第一件事就是未曾参与过己作的推广活动。[②] 莫言作品在西方能够获得较好的传播与接受,也离不开译者葛浩文(Howard Goldblatt)的推广。作为当代美国最重要的汉学家、翻译家、评论家之一,除了翻译莫言作品,葛浩文几乎不放过任何赞扬和推荐莫言的机会。[③]

从《茶经》三个译本来看,其译者在译本推广方面也存在明显不同。

《茶经》最早译本的译者卡朋特,几乎找不到任何资料显示其在译本出版后对译本进行过宣传推广。不同于其他翻译中国典籍的知名汉学家,我们很难找到有关卡朋特的介绍,可见其并非知名汉学家,也并非学术界人士,可能也没有足够的个人资源和资本来对译本进行宣传推广。我们可以设想,如果卡朋特是像罗慕士(Moss Roberts)、理雅各(James

① 任淑坤. "五四"时期外国文学翻译作品的传播模式——以鲁迅所译《苦闷的象征》为例. 山东外语教学,2017(3):85-91.

② 花萌. 把中国文学更好地推向英语世界. 中华读书报,2017-11-22(11).

③ 陈平. 中国文学"走出去"翻译出版的再思考——兼评《中国文学"走出去"译介模式研究》. 出版广角,2016(14):87-89.

Legge)、葛浩文那样的知名汉学家,译本出版后又像这些汉学家一样对译作进行积极宣传,那《茶经》在西方社会的影响必定会有很大不同。

2009 年"大中华文库"的《茶经》译本则完全是另一番景象。这一译本的译者是中国本土译者,而且还是翻译学者,是大连理工大学的翻译教授。翻译学者的身份为其提供了对译本进行宣传推广的资源和资本。在译本尚未完成之时,姜欣、姜怡及其带领的一批学生就开始撰文介绍《茶经》翻译过程中的各种问题,也参加了典籍翻译的学术会议,与同行交流《茶经》翻译问题。译者的这些学术活动对《茶经》译本的传播起到了很大的推广作用,至少在国内翻译学界,提到《茶经》翻译,大家首先想到的便是这个译本。国内研究者进行《茶经》翻译研究,也会首选这个译本。然而,姜欣、姜怡的宣传仍然存在不少局限。首先就是她们的宣传仅限于中国,因为她们的文章都用汉语写成,只在中国学术期刊上发表。导致的结果就是,《茶经》的这一译本在中国脱销,但在西方社会却鲜为人知。若是译者能够积极走出国门,利用去国外开会或交流的机会向海外读者宣传介绍自己的翻译成果,情况可能就会大不一样。不过,以撰写学术论文、参加学术交流的形式对译本进行宣传和推广,产生的影响非常有限,能够影响的人群仅限于学术圈,圈外人士几乎不会关注学术圈内的动态。而这也是翻译学者在做翻译时经常会出现的情况。翻译学者们,特别是典籍翻译的译者,往往是在自己的圈子内活动的,很少真正走出翻译圈子进入社会,进入其他社会传播领域。翻译学者会是很好的译者,却很少去做产品推广者。

2015 年网络发表的《茶经》,其译者在译本中处于隐身状态,难以找到可靠材料来证明其对译本的推广行为。但从译者序言以及该译本发表的方式来看,译者不是翻译学者,而是英语本土国家的茶文化爱好者,或者可能就是《国际茶亭》杂志的长期撰稿人和核心参与人。《国际茶亭》杂志的目的是推广茶文化,同时国际茶亭组织在各个国家开设茶艺课程,因此这一译本的译者应该会在自己的茶文化推广活动中积极宣传推广该译本,使其在该组织中获得较好的传播。

### （二）出版社及其他机构

从目前的茶文化典籍翻译来看，美国译者卡朋特的翻译主要是个人行为，除译者之外的传播主体主要是出版社及出版社编辑。卡朋特译本于1974年由艾柯出版社出版，在1995年再版，这家美国出版社出版过不少名家的作品，却找不到该出版社对《茶经》译本进行的任何推广的资料。维基百科上对这家出版社的介绍中列举了不少他们出版的代表作品，但卡朋特的《茶经》译本不在其列，这也说明该译本在这个出版社中相对而言是不那么受重视的。此外，虽然发行了两版，但该译本现在已很难获取，在亚马逊英国网站，该译本处于无货状态，亚马逊美国网站上有出售，但价格高昂，这无疑会让不少普通读者望而却步，而该译本出版社并未对此采取任何措施，这在一定程度上影响了该译本的传播。

茶文化典籍翻译和对外传播是中国文化"走出去"的一部分，因此"大中华文库"发起的《茶经》译本涉及国家层面的推广，如党和国家领导人出访时会选择"大中华文库"图书作为礼物。国家汉语国际推广领导小组办公室已将"大中华文库"（汉英对照版）列入向海外孔子学院赠书的目录。但这种作为礼物进行赠送的译本，普通读者很难获取。而赠送给孔子学院的，虽然会被作为教材使用，但读者也仅限于孔子学院的学生这一群体。此外，"大中华文库"的《茶经》译本只在中国出版发行，国外读者若是购买，将面临高昂的运费，这也会让不少感兴趣的读者望而却步。因此，"大中华文库"的《茶经》译本并未真正进入译入语市场，而该译本的出版机构也并未采取相应措施，如与国外出版机构和国外书商合作开辟新的传播渠道，或是发行电子版本等。出版社推广的缺失在很大程度上妨碍了该译本在西方的传播。

另外，《茶经》译本其实还有一个特别好的传播推广渠道，却没有充分利用。不同于其他文化典籍，《茶经》所蕴含的茶文化有物质的呈现方式。而目前，通过中国茶文化呈现进行的茶文化国际传播取得了非常好的成效。例如，浙江农林大学茶文化学院便通过"中国茶谣""国际茶席展""品饮中国、五洲茶亲"到"浙茶之美"活动,将茶艺和茶文化以视觉呈现的方式进行传播和推广。孔子学院及国际友人来访时,浙江农林大学茶文化学院也通过茶艺样式,将精行俭德的中国茶文化,将服饰、器具、茶品、茶水、茶空间、茶人、行茶等一系列环节展示出来。① 而中国出版机构若是能够与之合作,借助茶文化呈现平台,在进行茶文化呈现的过程中对中国茶文化典籍英译本稍做介绍,必然能引起国外读者的关注。如前所述,茶文化呈现可以让世界人民对茶文化产生直观印象,但对茶文化丰富内涵的深入理解和认识,还需要从茶文化典籍中获得。

不同于其他两个译本,2015 年《国际茶亭》杂志推出的《茶经》译本有最接地气的推广方式。该杂志请了多位英语国家的著名茶人为该译本撰写序言,成为对译本的一种积极推广。《国际茶亭》杂志隶属于国际茶亭茶艺组织,拥有众多爱好茶和茶文化的会员,每期杂志都会发送到会员邮箱。此外,该译本是网络发表,任何人都可以在网上免费下载、分享,在如今网络化时代,这可以说是对译本最好的宣传推广。另外,《国际茶亭》杂志还称会出版该译本的纸质版本,线上线下都可以获取。纸质版本的出版,也意味着该译本会真正进入市场流通,这将大大扩展该译本的传播范围。

## (三)评论者

一般说来,评论者对某部作品的书评能够在很大程度上促进该作品的传播,因为"一本图书能否激发大众的阅读兴趣,相关书评的评价就显得十分重要"②。对翻译作品而言也是如此。译评不仅是学者们交流阅读感受、发表个人见解的方式,还是在接受文化语境中形塑公众阅读习惯、

① 王旭烽,温晓菊. 论"一带一路"国际交流中的茶文化呈现意义——以浙江农林大学茶文化学院茶文化实践为例. 中国茶叶,2016(7):32-35.
② 吴赟. 译出之路与文本魅力——解读《解密》的英语传播//许钧,李国平. 中国文学译介与传播研究(卷二). 杭州:浙江大学出版社,2018:21.

阐释策略及价值判断的重要工具。① 评论者撰写较为详细的译作评价,往往能提高作品的知名度,影响译作的传播和接受。因此,翻译评论者也可以算是翻译整个传播过程中的重要主体。例如,罗慕士翻译的《三国演义》在西方的传播获得了极大成功,这固然离不开译者本人的实力和出版社精通英汉两种语言、两种文化的专家校对"把关",但余国藩(Anthony C. Yu)、白芝(Cyril Birch)、韩南(Patrick Hanan)、魏斐德(Frederic Evans Wakeman)几位知名汉学家对《三国演义》故事、《三国演义》在中国古典文学和中国传统文化中的地位的介绍,以及对罗译本质量的评介,也对罗译本起到了不可忽视的导读和推介作用。同时,他们又都具有"中国通"或专家学者的身份,他们撰写的序言、评论颇具权威性,进而也为罗译本赋予了"权威"的色彩,促进了罗译本在西方读者中的接受与传播。②

对于《茶经》翻译而言,要促进《茶经》在英语世界的传播,英文撰写并发表的译评是有一定推动作用的。在《茶经》的三个译本中,卡朋特译本在 1974 年出版,1976 年,密歇根大学主办的《美国东方学会杂志》刊登了加德拉(Robert P. Gardella)撰写的一篇简短述评,对该译本给予了很高的评价。不过也仅此一篇,且评论非常简单,评论者本人也不是西方知名学者,因此该译评在西方社会产生的影响有限。卡朋特的《茶经》译本缺少评论,一个原因可能是出版社对该作品不够重视,另一个原因则可能是卡朋特知名度不够,缺乏足够的社会资本来使其译本受到人们的关注。若他是西方知名汉学家和翻译家,其翻译作品引起人们关注的概率就会大很多,更何况其原文是在中国茶文化领域拥有至高地位的《茶经》。

不同于卡朋特译本,"大中华文库"的《茶经》译本有很多翻译研究者撰写的评论文章,但这些都是发表在中国期刊上的中文文章。这些文章提高了《茶经》译本在国内翻译学界的知名度,使得研究茶文化典籍翻译

---

① 谭晓丽,吕剑兰. 安乐哲中国哲学典籍英译的国际译评反思. 南通大学学报(社会科学版),2016(6):81-87.

② 骆海辉.《三国演义》罗慕士译本副文本解读. 绵阳师范学院学报,2010(12):65-71.

的学者大多会购买并阅读该译本,将其作为案例分析的来源。然而,中国典籍英译最重要的目标读者始终是英语国家读者。因此,从《茶经》的对外传播来看,"大中华文库"译本评论者主体缺失,这也是该译本在英语国家鲜为人知的原因之一。而 2015 年《国际茶亭》网络版的《茶经》译本,因并未公开出版纸质版本,电子译本也主要是在其会员中传播,未能引起学术界人士的充分关注,尚未有人撰写评论,也存在评论者主体缺失的问题。

此外,《茶经》的三个译本都没有得到大众媒体的关注,卡朋特译本的唯一评论和"大中华文库"译本的评论都发表在学术期刊上,而普通大众读者阅读这些学术期刊的很少。普通读者的阅读兴趣一般会受主流大众媒体的影响。因此,主流媒体对翻译作品的评价最能推动作品的传播。例如,麦家的《解密》英译本在西方能够获得成功,"《纽约时报》《纽约客》《经济学人》《卫报》《每日电讯报》《芝加哥论坛报》《泰晤士报》《华尔街日报》《独立报》《观察家报》《星期日独立报》等西方重要媒体纷纷刊登长文"①,这对《解密》英译本的长篇评论就起了很大作用。而《茶经》这样的典籍本身就不是畅销书,若是没有大众媒体宣传推广,是很难在普通读者群中获得广泛传播的。

除了正式撰文对译本进行述评的评论者,对译本进行评价反馈的普通读者也可以算是译本的评论者主体。在尚未有网络时,我们很难看到普通读者对译本的评价。如今,随着网络的发展以及电子购物的流行,各个购物网站都有顾客评价平台,购买译本的普通读者只要愿意,都可以在网上留下自己对该译本的评价,而读者的评价又会成为其他顾客购买该译本的参考。从网上读者评价来看,卡朋特译本的评价较多,给的评分等级也比较高;"大中华文库"译本也有一些国外读者评价,虽然总体评分稍低于卡朋特译本,但总体而言评价还是比较高的。但《国际茶亭》译本只

---

① 吴赟. 译出之路与文本魅力——解读《解密》的英语传播// 许钧,李国平. 中国文学译介与传播研究(卷二). 杭州:浙江大学出版社,2018:22.

是网上发表,免费下载,没有进入任何网络销售平台,因此也不涉及销售和顾客评价问题,这也成为影响其传播的一个因素。

由此可见,在这个网络化时代,网络销售平台对译本的传播会产生重要影响,如果网络销售平台能够刺激吸引更多读者参与评论,必然能够在很大程度上促进其译本的传播。

总的说来,翻译过程中涉及的各个传播主体在译本生成和推广过程中的行为,都会影响译本传播效果。不过,传播主体并不是唯一的影响因素,其他如传播内容、传播媒介、传播受众等,也会对译本传播效果产生影响。

## 第二节 茶文化典籍翻译传播内容

在传播学中,内容是传播的中心环节,传播的质量很大程度上取决于传播的内容。而内容传播过程就是对大量的素材加以判断、筛选,再经过写作和编辑,最后传送给受众的过程。[①] 合适的传播内容是传播活动得以为传播对象接受的关键。选择合适的内容,以合适的方式提供给传播受众,也是传播主体首先要把关的方面。一般说来,传播的内容基本上由"说什么"和"怎么说"两部分组成。[②] 相应地,翻译传播内容就涉及具体翻译内容和具体翻译策略的选择。

对于翻译内容的选择,大多数翻译研究讨论的是翻译原材料的选择,即选择什么样的原文进行译介以及影响翻译材料选择的主流意识形态、赞助人、诗学等因素,却很少关注选择了原文之后,在文本转换过程中具体翻译内容的选择。而在翻译实际操作中,出于信息传播目的的大多数翻译都不可能是对原文所有内容的全译,都会涉及具体内容的选择,特别是对目标语读者而言存在较大认知困难的文化典籍翻译。

典籍所描述的皆是古代的人物、事物、现象,是为当时的读者而作的。

---

① 葛校琴. 国际传播与翻译策略——以中医翻译为例. 上海翻译,2009(4):26-29.
② 董璐. 传播学核心理论与概念. 2 版. 北京:北京大学出版社,2016:186.

原作者在撰写原文之时也从未想过自己的作品会被译为别国语言,为异国读者所阅读。因此,不同于当代作品翻译,典籍翻译的原文、原文读者和译文、译文读者之间不仅存在文化背景差异,还存在巨大的时代鸿沟。对茶文化典籍翻译而言,现今保留的有参考价值的茶文化典籍,皆为时代久远之作,其部分信息随着社会的发展,可能已失去现实意义,且不少典籍中还含有一些作者出于当时写作习惯而列出的一些和典籍主题无关,不具有跨文化传播价值的信息,如一些注明汉字来源的考证性信息,还有一些难以为国外读者理解的信息等。以《茶经》为例,正如我国茶文化专家王旭烽在《十年一部〈新茶经〉》一文中所言,"《茶经》中究竟有没有一些已经被实践证明不再有现实意义的所在呢?我想应该是有的。有一些知识性的内容,时过境迁,失去原有价值,积淀为历史的记录"①。在翻译过程中,若是不加选择,将这些已经不再具有现实意义,或是不具有跨文化传播价值的内容原封不动地译出来,则不仅会增加读者的阅读负担,也不利于主题重要信息的突显。

此外,原文作者和原文读者处于相同的历史文化背景之中,具有很多共同的知识结构,很多内容点到即止,无须详细说明读者便能理解。然而,一旦涉及跨文化交流,译入语读者和原作所要传达的思想信息之间便会存在"文化距离"②。典籍翻译中的"文化距离"就更大了。翻译时若不考虑这种"文化距离",只是按照原文的表述程度翻译,对于处于完全不同的历史文化背景中的译文读者而言,所传递的内容便很可能是不充分的,难以为他们所理解,所传播的内容也就失去了价值和意义。

简而言之,茶文化典籍翻译要实现其传播效果,就需要考虑所翻译内容的必要性和充分性。而在翻译过程中,翻译内容的必要性和充分性主要靠翻译策略来实现。从《茶经》翻译来看,目前《茶经》三个英译本在体

① 王旭烽. 十年一部《新茶经》. 光明日报,2015-11-17(11).
② 屠国元,李静. 文化距离与读者接受:翻译学视角. 解放军外国语学院学报,2007(2):46-50.

现翻译内容必要性和充分性这两个方面,也都表现出了明显不同。

## 一、翻译内容的必要性

翻译内容的必要性可以从两个方面来衡量,一方面指对目标读者而言,译本所传递的信息是必要的,是能够让他们感兴趣、符合他们需求的信息;另一方面指对信息传播方而言,是和信息传播目的紧密相关的信息。这些信息是必须翻译的,若是不翻译,则失去了翻译该作品的价值和意义。而非必要信息则是和主题无关,或者不具有跨文化传播价值的信息,或是和主题虽有一定相关性,但目标读者无法理解的信息。必要信息自然应该在译文中保留下来,但对于非必要信息,便可以酌情灵活处理,可以直接删减,或是进行简化、弱化。因此,翻译内容的必要性主要通过保留必要信息、删减非必要信息来实现。

从目前《茶经》的三个英译本来看,原文的核心内容都在译文中得到了保留。但在非必要信息的处理上,三个译本则存在一些差异,而这种差异有可能影响其传播效果。

相较于卡朋特译本和《国际茶亭》译本,“大中华文库”译本是对原文最忠实、最完整的翻译,几乎保留了原文的所有内容。但如前所述,《茶经》中有些内容对读者而言是没有多大意义的,这些内容不具有翻译的必要性,是可以删除的,而将这些内容全部译出,反而会影响译本的可读性。

如在“之事”一章中,有一段关于茶的记载:

> 梁刘孝绰谢晋安王饷米等启:“传诏,李孟孙宣教旨,垂赐米、酒、瓜、笋、菹、脯、酢、茗八种。气苾新城,味芳云松。江潭抽节,迈昌荇之珍;疆场擢翘,越茸精之美。羞非纯束野麕,裛似雪之鲈;鲊异陶瓶河鲤,操如琼之粲。茗同食粲,酢颜望柑。免千里宿舂,省三月粮聚。小人怀惠,大懿难忘。”(七之事,p. 201)

“大中华文库”译本:

> In the Liang Dynasty, noted literati Liu Xiaochuo wrote in his

*A Thanks-Giving Letter to the King of Jin'an for the Bestowed Provisions*：

"Mr. Li Mengsun has forwarded your highness' letter to me together with the abundant food stuff of rice, liquor, melons, bamboo shoots, pickled vegetables, dried meat, salted fish, vinegar and tea.

"The liquor is so mellow as to surpass the renowned vintage brew from Xincheng and Yunsong. The tender bamboo shoots collected along mountain creeks are more precious than the treasured dainty of sweet flag and banana-plant. The sugary melons fresh from the fertile field are beyond comparison. Venison is often sold neatly tied with cogon grass as delicacy, but it cannot be the equal of the dried meat from your highness. The salted fish are nicer than the canned carps presented by the filial Tao Kan to his mother. Every grain of the polished rice shines like pearl. Every piece of the tea glimmers as jade. The inviting pickle is as appetizing as oranges.

"Your Highest，with such a profuse supply of all the food，I'm totally relieved from worrying about the army's provisions. No matter how far away the army has to march and fight，your favors and charity shall forever and ever be appreciated." ①

《国际茶亭》译本：

Liu Xiaochuo (劉孝綽)② of the Liang Dynasty (梁) once wrote

---

① 陆羽，陆廷灿. 茶经　续茶经. 姜欣，姜怡，译. 长沙：湖南人民出版社，2009：69.

② 本书引用的《茶经》原文采用吴觉农《茶经述评》中的版本，为简体字，《国际茶亭》译本中出现的汉字皆为繁体汉字，主要原因应该是，该杂志创办人在中国台湾生活多年，《国际茶亭》总部也位于台湾，使用汉字时习惯用繁体字，翻译《茶经》时依照的《茶经》原文应该也是繁体版本。

a thank-you letter to the Duke of Jin'an（晋安王萧纲）for bestowing him rice and other produce. "Among the fresh and tasty gourds, bamboo shoots, pickled vegetables, dried meat, vinegar, fish, and liquor, the tea was the most beautiful and tasty."[1]

此段原文并不以茶为主要内容进行描述,只是稍稍提到茶(茗)而已,不具实用性,而原作者之所以列出这一段信息,应该是为了撰述的完整性,凡是唐以前有提到茶的信息都搜列其中。但对西方读者而言,这段话既不是对茶性状功用的介绍,也不是有趣的故事,更不具有任何茶文化信息,除了两处地方提到茶,其他大多是对其他食物的描述,传播价值不大。而"大中华文库"译本几乎将原文整段信息都非常忠实地翻译出来了。考虑到这段话对于理解茶和茶文化意义不大,卡朋特直接将此段省去不翻。《国际茶亭》译本虽然翻译了这一事件,但只翻译了提到茶的那部分,且进行了一定改动,突出茶优于其他食物,至于其他与茶无关的表述则全部删掉了。

又如在同一章,陆羽列出了很多名人写的茶诗,说明茶的价值和特点。

左思《娇女》诗：

"吾家有娇女,皎皎颇白皙。小字为纨素,口齿自清历。有姊字惠芳,眉目粲如画；驰骛翔园林,果下皆生摘。贪华风雨中,倏忽数百适；心为茶荈剧,吹嘘对鼎𬐚。"

张孟阳《登成都楼》诗云：

"借问扬子舍,想见长卿庐；程卓累千金,骄侈拟五侯。门有连骑客,翠带腰吴钩；鼎食随时进,百和妙且殊。披林采秋橘,临江钓春鱼；黑子过龙醢,果馔逾蟹蝑。芳茶冠六清,溢味播九区；人生苟安乐,兹土聊可娱。"

············

---

[1] Lu, Y. The tea sutra. Wu, D.(ed.). *Global Tea Hut：Tea & Tao Magazine*, 2015(44)：56.

孙楚歌：

"茱萸出芳树颠，鲤鱼出洛水泉。白盐出河东，美豉出鲁渊。姜、桂、茶荈出巴蜀，椒、橘、木兰出高山。蓼、苏出沟渠，精、稗出中田。"（七之事，p.199）

这几首诗都只有一两句提到了茶，其余部分则是对其他事物现象的描述。一首诗虽然短短数句，但信息量非常之大，且含有大量中国历史、文化、地理信息，没有中国文化背景的读者要理解这些诗句所有的意思，需要付出非常大的认知努力。然而，这些需要付出极大认知努力的信息却与主题关联并不大，也不是非常必要的信息。再者，《娇女》和《登成都楼》本身就是长诗，陆羽在文中也只是摘录了其中涉及茶的一部分，因此，《国际茶亭》译本更多考虑目标读者的需求和阅读困难，进一步对这几首诗进行了概括，只译出了直接与茶相关的内容，保证了翻译内容的必要性。"大中华文库"译本和卡朋特译本则将《茶经》中的这些诗句都译了出来，看似完整的翻译反而会增加读者理解的负担。

《国际茶亭》译本：

Zuo Si wrote in a poem about his lovely daughters that they were "so impatient for tea, they would huff and puff at the furnace when the tea was boiling."

Zhang Mengyang（張孟陽）brushed his poem on Chengdu（成都），reminiscing grand banquets held by celebrities such as Yang Xiong，Sima Xiangru，and Zhuo Wangsun（卓王孫）. At the extravagant banquets，among all the enticing dishes and drinks，tea was by far the best to all："Fragrant and beautiful，tea crowns the Six Purities. Its overflowing flavor spreads throughout the Nine Regions."

...

Sun Chu（孫楚）also wrote a poem on food，"The best part of

the dogwood is the new leaves. The best carps are from Luo River. The best white salt is from the East coast, while the best ginger, cinnamon, and tea are from Sichuan…"①

此外,在《茶经》原文中有大量注释,有些注释并不具有多大意义,因此译者在翻译中也可以删掉不译。如在第二章"之具"中,对"籯"的描述:

籯,一曰篮,一曰笼,一曰筥,以竹织之,受五升,或一斗、二斗、三斗者,茶人负以采茶也。(籯,《汉书》音盈,所谓黄金满籯,不如一经。颜师古云:籯,竹器也,容四升耳。)(二之具,p.49)

"大中华文库"译本:

*Ying*, also called *lan*, *long* or *ju*, is a basket-like container woven with thin bamboo strips. The capacity of a *ying* varies from five liters to one, two or three decaliters. Tea pickers each carry one to hold fresh tea leaves. [Note: A saying in *History of the Former Han Dynasty* (*Han Shu*) about *ying* goes like this: "Better pass down to your children a single copy of good book than leave them a full *ying* of gold." Yan Shigu (a scholar of the Tang Dynasty) also annotated *ying* as "a utensil made of bamboo with a four-liter capacity."]②

卡朋特译本:

There are several kinds of baskets, there being one called *ying* and another called *lan*. There are also the *lung* and the *chü*. All of them are made of bamboo. Pickers carry those with a capacity of one to four gallons, or of five, ten, twenty or even thirty pints, on their

① Lu, Y. The tea sutra. Wu, D. (ed.). *Global Tea Hut: Tea & Tao Magazine*, 2015 (44): 53.
② 陆羽, 陆廷灿. 茶经 续茶经. 姜欣, 姜怡, 译. 长沙:湖南人民出版社, 2009:9.

backs while harvesting the tea. ①

《国际茶亭》译本：

> *Baskets*
>
> There are many names for the baskets used in tea picking. *Ying*（籯）, *lan*（篮）, *long*（籠）and *lu*（筥）refer to the baskets made of loosely woven bamboo strips with capacities from one to five *dou*（斗）. Tea pickers carry these bamboo baskets on their back. They have relatively large gaps in the weaving to keep the leaves well ventilated while picking. ②

在这一段中,不必要的信息是原文的注释。这段话主要介绍茶具"籯",原文注释(《汉书》所谓"黄金满籯,不如一经")只是为了说明"籯"这一名称在古籍中有记载,为什么要提到这一记载,应该是和中国古人撰文喜欢引经据典有关。而这句话的意思本身在这里是没有多大意义的,"籯"对读者而言只是一个指称其所指的符号而已,这段话是对这种茶具的介绍,对读者而言只要知道这种东西叫什么,由什么制成,像什么样子,有多大,做什么用就可以了。而后一句注释(颜师古云:籯,竹器也,容四升耳。)则是冗余信息,前面正文中已经提到"籯"由竹子制成,其容积也有说明,这句话没有给读者提供任何新的信息,而其中"容四升耳",将其容积限定为四升,前面正文中又提到"或一斗、二斗、三斗者",反而会让读者感到混乱。至于原文注释的第一句"籯,音盈"更是毫无必要,因为译文翻译"籯"时本来就使用了音译,一开始在译本正文中就给出了读音,这句表示"籯"读音的注释自然显得多余。因此,"大中华文库"的译本即使将后两句注释翻译出来,"籯,《汉书》音盈"这句也是可以删掉的。而卡朋特译

---

① Lu, Y. *The Classic of Tea*: *Origins & Rituals*. Carpenter, F. R.(trans.). New York: The Ecco Press, 1974: 62.

② Lu, Y. The tea sutra. Wu, D.(ed.). *Global Tea Hut*: *Tea & Tao Magazine*, 2015(44): 33.

本和《国际茶亭》译本都是直接将整个原文注释删除不译。

在《茶经》原文中，有不少这样的注释，《国际茶亭》译本几乎全部删除了，只是在第一章介绍茶名时，有三处选取注释的部分内容放入章末尾注。原文如下：

> 其名，一曰茶，二曰槚，三曰蔎，四曰茗，五曰荈。（周公云：槚，苦茶。杨执戟云：蜀西南人谓茶曰蔎。郭弘农云：早取为茶，晚取为茗，或一曰荈耳。）（一之源，p. 1）

在原注释中，这几个茶名的来历，陆羽都做了翔实的说明，充分显示古代学者言必有据的写作习惯。茶的这些不同名称都来自古代名人的撰述，陆羽将其作为注释列出作为写作论据是非常必要的。但对于当今普通西方读者而言，他们所要了解的是实在的信息，这些信息的考证性来源对他们而言并不重要，因此《国际茶亭》译本只是在注释中保留了这几个茶名的意思，其他信息则直接删除。

《国际茶亭》译本：

> There are four other characters that have also denoted tea through history other than "*cha*（茶）". They are "*jia*（槚）"[4], "*she*（蔎）"[5], "*ming*（茗）"[6] and "*chuan*（荈）".
>
> 4. "Bitter tea".
> 5. Archaic Chinese for tea.
> 6. Tender tea leaves.
> 7. Older tea leaves.[①]

对于原文众多注释，在正文中，卡朋特只保留了 1 条注释，即在介绍煮茶用水时，陆羽选用了《荈赋》中的一句话支持自己的观点，卡朋特译本将这句引述保留了下来。

---

① Lu，Y. The tea sutra. Wu，D.（ed.）. *Global Tea Hut：Tea & Tao Magazine*，2015（44）：31.

原文如下:

　　其水,用山水上,江水中,井水下。(《荈赋》所谓:水则岷方之注,挹彼清流。)(五之煮,p.139)

卡朋特译本:

　　On the question of what water to use, I would suggest that tea made from mountain streams is best, river water is all right, but well-water tea is quite inferior. (The poem on tea says. When it comes to water, I bow before the pure-flowing channels of the Min. )①

"大中华文库"译本只删掉了原文 9 条注释,其他全部保留下来。删掉的 9 条注释主要是:

　　(1)与茶无直接关系的汉字解释,如在"之源"一章中提到茶的生长环境:其地,上者生烂石,中者生栎壤(原注:栎字当从石为砾)。这里对"栎"本来字形结构的解释是和文本主题几乎没有关系的信息,因此译者将其直接删除不译。

　　(2)关于原文汉字读音的注释,如在"之器"一章介绍鍑时,有注释为:鍑(音辅,或作釜,或作鬴),这里译者已经将鍑译为拼音 $fu$,注释也自然显得多余了。

　　(3)解释某一表达或术语意思,如在"之事"一章中提到,《世说》:"任瞻,字育长,少时有令名,自过江失志。既下饮,问人云:'此为茶?为茗?'觉人有怪色,乃自申明云:'向问饮为热为冷耳'。"[下饮为设茶也]。在翻译这一则茶事时,在正文中译者已经直接将"下饮"意译为"pay a visit",因此注释就显得毫无必要了。

　　(4)补充说明茶饼形状,如"胡人靴者,蹙缩然(京锥文也)"。在这里,"胡人靴者,蹙缩然"已经足以说明茶饼形状,因此译者删掉了进一步说明

---

① 　Lu, Y. *The Classic of Tea*: *Origins & Rituals*. Carpenter, F. R.(trans.). New York: The Ecco Press, 1974: 105.

茶饼形状的注释"京锥文也"。

至于"大中华文库"译本中的其他大量注释,则都以文内夹注的形式保留了下来,非常忠实于原文,但这些原文注释很多都是如前面[籝,音盈,《汉书》所谓"黄金满籝,不如一经。"颜师古云:"籝,竹器也,容四升耳。"]这样的非必要信息,这些信息穿插在正文中往往会消磨读者的阅读兴趣,而且由于英语比较占篇幅,超过一行以上的文内夹注就很可能会打断读者阅读的流畅性,影响译本的可读性。若是文内夹注连续密集出现,影响就更大。

由以上分析可以看出,"大中华文库"译本注重对原文内容的完整传达,对翻译内容的必要性考虑不够,而卡朋特译本和《国际茶亭》译本则比较关注翻译内容的必要性,译本可读性更高一点。

## 二、翻译内容的充分性

和翻译内容的必要性一样,翻译内容的充分性也可以从两个角度来看:一个是从翻译目的来看,另一个是从读者理解来看。就中国茶文化典籍翻译而言,翻译的目的是传播中国茶叶知识和中国茶文化,因此衡量茶文化典籍翻译内容是否充分,主要是看译文是否充分传递出了原文体现的中国茶叶知识和中国茶文化内涵,以及译文的表述方式是否能为目标读者所理解。

如前所述,不同于当代作品的翻译,典籍作品的翻译,其目标读者总是和原文作者、原文读者存在巨大的时空文化背景差距,原文对目标读者而言存在很大的意义空白。很多原文读者不言自明或是一目了然的信息,译文读者未必明白。翻译时,若是仅仅按照原文的表述程度翻译,或是蜻蜓点水式地添加一点注释,就很可能导致目标读者不能充分理解译文内容。因此,翻译典籍时,译者一方面需要注意涉及原文核心主题意义的信息不至于在翻译过程中遗失变形;另一方面还需要移情换位,将自己视为目标读者中的一员,预测读者的阅读需求以及理解能力和理解倾向,通过各种途径帮助读者更好地理解译文传递的信息,以实现充分的翻译。

而保证翻译内容的充分性主要通过增加信息、显化信息和增加注释等方式来实现。这几种方法《茶经》三个译本都有使用,只不过不同译本使用这些策略的具体场合有所不同,达到的效果也有所不同。

### (一)增加信息

增加一些原文没有表达出来的信息是译者在翻译时经常会使用的一种翻译策略,其目的是让读者更好地理解译本内容。《茶经》三个译本都不同程度地使用了增译策略,不过相对而言,《国际茶亭》译本使用增译的地方更多。

在介绍茶具时,有些原文介绍得非常简单的茶具,译者会增加一些信息进行补充说明。原文之所以简洁,是因为和陆羽同时代的读者对这些器具本就非常熟悉,无须多做说明读者也清楚,但译文读者对这些器具却是非常陌生的,所以需要增加更详细的说明。例如在介绍"承"时:

> 承,一曰台,一曰砧,以石为之,不然,以槐桑木半埋地中,遣无所摇动。(二之具,p. 49)

"大中华文库"译本:

> *Cheng*, also called *tai* (stand) or *zhen* (hammering block), functions as a worktable in tea processing. A *cheng* in most cases is made of stone. Sometimes, a section of a giant pogoda tree or mulberry trunk is half buried vertically into the ground to be used as a *cheng*. The key is to ensure that such worktable be as firm and stable as possible. ①

卡朋特译本:

---

① 陆羽,陆廷灿. 茶经　续茶经. 姜欣,姜怡,译. 长沙:湖南人民出版社,2009:9,11.

## The HOLDER

One type is called the *t'ai* or stage. Another is the *chan* or block. They are made of stone but if that is not possible, then from the wood of the pagoda or the mulberry tree. Half of the holder should be buried in the ground so that it will be completely stable during the manufacturing process. ①

《国际茶亭》译本：

*Table*

There is a table (*cheng*，承), also called "*tai*（台）" or "*zhan*（砧）" on which the steamed tea leaves are pressed into molds to make tea cakes. The tables are usually made out of stone for strength and stability against the force of pressing. However, they can also be made out of pagoda or mulberry trees. In that case, the legs of the table should be half-buried into the ground for anchor. ②

在这里，原文只是介绍了"承"的制作，卡朋特的译本几乎没有添加其他信息，但"大中华文库"译本和《国际茶亭》译本都增加了"承"的功能的介绍。而《国际茶亭》介绍得更详细一些。之所以如此，可能是因为《国际茶亭》译者本身是饮茶爱好者，会从一个茶人的角度出发，认为对读者而言，茶具最重要的信息就是其功能、材质、形状，而读者又对这些器具非常陌生，在译文中有必要进行较为详细的描述。

又如，在第一章介绍茶的功能时，原文为：

> 茶之为用，味至寒，为饮最宜。精行俭德之人，若热渴、凝闷、脑

---

① Lu，Y. *The Classic of Tea*：*Origins & Rituals*. Carpenter，F. R.（trans.）. New York：The Ecco Press，1974：65.

② Lu，Y. The tea sutra. Wu，D.（ed.）. *Global Tea Hut*：*Tea & Tao Magazine*，2015（44）：33.

疼、目涩、四肢烦、百节不舒，聊四五啜，与醍醐、甘露抗衡也。（一之源，pp. 1-2）

《国际茶亭》译本：

According to Chinese medicine，the property of tea is very cold. It is a great drink for those practitioners of the Tao in their spiritual cultivation. It alleviates discomfort when one feels thirsty and hot，congestion in the chest，headaches，dry eyes，weakness in the limbs and aching joints. It also relieves constipation and other digestive issues. As little as four to five sips of tea works as fine as ambrosia，the elixir of life. Its liquor is like the sweetest dew of Heaven. ①

在这一段中，对于茶的功能，原文的描述已经很详细，"大中华文库"译本和卡朋特译本也都没有增加其他信息，但《国际茶亭》译本仍然增加了额外信息，首先指出茶的功用是中医所认同的，是有医学依据的。此外，译者还根据自己对茶的了解，增加了原文没有列出的其他功能——缓解便秘和其他消化问题，而这也是现代人常见的问题。这样的信息添加，无疑更能增加茶对读者的吸引力。

在翻译中，一般都是在必要的情况下才会增加额外信息。然而在实际翻译中，有时会出现该增不增、不需要增反而增的情况。这种问题有时会在中国译者的译本中出现，原因可能在于中国译者对目标读者的知识背景和理解能力估量不当。如在第四章"之器"对风炉的介绍中，原文有一段是：

> 置墆㙷于其内，设三格：其一格有翟焉，翟者，火禽也，画一卦曰离；其一格有彪焉，彪者，风兽也，画一卦曰巽；其一格有鱼焉，鱼者，

---

① Lu，Y. The tea sutra. Wu，D.（ed.）. *Global Tea Hut：Tea & Tao Magazine*，2015（44）：31.

水虫也,画一卦日坎。巽主风,离主火,坎主水,风能兴火,火能熟水,故备其三卦焉。(四之器,p. 113)

"大中华文库"译本：

To support a tea wok on the stove, three grids are set inside the hearth chamber with a divining image cast on each, incorporating *Bagua*, the Eight Trigram formerly used in divination: One is a phoenix, a legendary bird of wonder renewed from ashes, symbolizing fire; the second is a tiger, a scudding beast, representing wind; the third is a fish, an aquatic creature, embodying water. Likewise, the corresponding divinary Trigram positional pictures of *Bagua* are also drawn with the above animated icons: *Li* for fire, *Xun* for wind and *Kan* for water. [1]

卡朋特译本：

Set into each window is a grid. One grid has a pheasant on it. Now the pheasant is a *fire* bird. Its trigram is *li*. On another there is a small tiger which is a *wind* beast and has the trigram *sun*. On the third there is a fish, a *water* creature of the trigram *k'an*. *Sun* rules the wind, *li* rules the fire and the *k'an* rules the water. Wind can stir up the fire and the fire can boil water. This is why the three trigrams are on it. [2]

《国际茶亭》译本：

Inside of the furnace lies a stand (*dienie*, 墆㙠) with three protruding prongs on which the cauldron is placed. The three

---

[1] 陆羽, 陆廷灿. 茶经 续茶经. 姜欣, 姜怡, 译. 长沙:湖南人民出版社,2009:19.

[2] Lu, Y. *The Classic of Tea: Origins & Rituals.* Carpenter, F. R. (trans.). New York: The Ecco Press, 1974: 78.

sections between any given two prongs are decorated with one trigram and one animal each. They are a *zhai*（翟）, the phoenix with the *li* trigram symbolizing fire, a *biao*（彪）, the winged chimaera with the *xun* trigram symbolizing the wind and a fish with the *kan*（坎）trigram symbolizing water. The wind stirs the fire, which boils the water. Therefore, these three trigrams are engraved on my brazier. ①

对于这部分的翻译,卡朋特译本和《国际茶亭》译本对于"八卦"都专门撰写了详细的注释进行说明,这是很有必要的,因为"八卦"这个概念对西方普通读者而言是比较陌生的。但"大中华文库"译本对"八卦"这一核心中国文化概念却没有专门注释,只在正文中添加了简单解释"the Eight Trigram formerly used in divination",这样的解释对于"八卦"这个十分复杂的概念是非常不充分的。此外,该译本在文中对"翟""彪"进行的解释则是不必要的。"翟""彪"对应的英文表达"phoenix"和"tiger"已经是西方读者非常熟悉的动物,因此这个译本中所添加的"a legendary bird of wonder renewed from ashes"和"a scudding beast"也是西方读者熟知的信息,没有必要再在文本中明示出来。而卡朋特译本和《国际茶亭》译本只是译出原文所表述的信息,反而显得更合适。

## (二)显化

贝克(Mona Baker)认为,显化(explicitation)是指"在翻译中将信息明白表示出来而不是隐含于字里行间的一种倾向"②,而显化带来的结果

---

① Lu, Y. The tea sutra. Wu, D. (ed.). *Global Tea Hut*: *Tea & Tao Magazine*, 2015 (44): 39.

② Baker, M. Corpus-based translation studies: The challenges that lie ahead. In Somers, H. (ed.). *Terminology*, *LSP and Translation*: *Studies in Language Engineering in Honour of Juan C. Sager*. Amsterdam: John Benjamins Publishing Company, 1996: 180.

往往会是"拓展了目标文本,令其产生了原文所没有的语义冗余(redundancy)"①。对于冗余信息,奈达曾指出,如果译文增加了一定数量的冗余从而"拉长"所翻译的信息,那么,译文中的信息会更容易理解。②因此,对于典籍翻译而言,显化是帮助译文读者理解译文的重要手段。

从《茶经》翻译来看,为保证翻译内容的充分性,避免缺少中国文化背景的读者无法了解原文所传递的深层信息,译者在翻译时经常会将原文隐含的信息显化,特别是在涉及精神层面的茶文化内涵时。例如,在第四章"之器"介绍茶碗时,有一段邢瓷和越瓷的比较:

> 若邢瓷类银,越瓷类玉,邢不如越一也;若邢瓷类雪,则越瓷类冰,邢不如越二也;邢瓷白而茶色丹,越瓷青而茶色绿,邢不如越三也。……越州瓷、岳瓷皆青,青则益茶。茶作红白之色……(四之器,p. 115)

"大中华文库"译本:

If the Xing porcelain can be compared to valuable silver, then the Yue porcelain matches invaluable jade. This constitutes the first disparity. If the Xing porcelain is described as snowy white, then the Yue porcelain can be said as icy crystal. This makes the second gap. What's more, tea soup looks reddish in the bowl of white Xing porcelain, while the soup shines like emerald in the bowl of jade Yue porcelain. ...

Chinawares from both Yuezhou in Zhejiang, and Yuezhou in Hunan bear cyan glaze, lending the tea soup a rosy and milky

---

① Blum-Kulka, S. Shift of cohesion and coherence in translation. In House, J. & Blum-Kulka, S. (eds.). *Interlingual and Intercultural Communication*. Tübingen: Gunter Narr Verlag,1986: 21.

② Nida, E. A. *Toward a Science of Translating: With Special Reference to Principles and Procedures Involved in Bible Translating*. Leiden: E. J. Brill, 1964:131.

tint ... ①

卡朋特译本:

It is proper to say that if Hsing ware is silver, then Yüeh ware is jade. Or if the bowls of Hsing Chou are snow, then those of Yüeh are ice. Hsing ware, being white, gives a cinnabar cast to the tea. Yüeh ware, having a greenish hue, enhances the true color of the tea. That is yet a third way to describe Yüeh Chou's superiority to Hsing Chou in the way of tea bowls....

...

Stoneware from both the Yüeh Chous is of a blue-green shade. Being so it intensifies and emphasizes the color of the tea. ... ②

《国际茶亭》译本:

First of all, if *Xing* ware is like silver, then *Yue* ware is like jade. If Xing ware is like the snow, then *Yue* ware is ice. The white *Xing* bowls give the tea a cinnabar hue, while the celadon *Yue* bowls bring out the natural green of the tea. ... Both *Yue*(越 and 岳)wares are celadon, which is good for tea because it will bring out the true color of a tea, whitish-red for a light red tea, for example... ③

在这一段中,原文首先用了比喻的方法对邢瓷和越瓷进行比较,所用的喻体"银""玉""雪""冰"的内涵都是中国读者非常熟悉的,而后面关于茶的颜色,茶在茶碗里呈现什么颜色才会给人带来美的视觉体验,也是中国饮茶者所熟悉的。然而,不管是对于"银""玉""雪""冰"的内涵,还是对

---

① 陆羽,陆廷灿. 茶经 续茶经. 姜欣,姜怡,译.长沙:湖南人民出版社,2009:29.

② Lu,Y. *The Classic of Tea: Origins & Rituals*. Carpenter, F. R.(trans.). New York:The Ecco Press, 1974:92.

③ Lu,Y. The tea sutra. Wu,D.(ed.). *Global Tea Hut: Tea & Tao Magazine*, 2015(44):43.

于茶的颜色,西方读者都可能存在不同于中国读者的认知。因此,在翻译这一段时,《茶经》三个译本都进行了一定程度的显化翻译,比较明确地显示了为什么邢瓷不如越瓷。"大中华文库"译本通过在"silver"和"jade"前增加形容词"valuable"和"invaluable",明显说明两者的价值差别;卡朋特译本明确指出,越瓷有助于显示茶本身真正的颜色;《国际茶亭》译本除了指出越瓷有助于显示茶本身真正的颜色,还指出越瓷能够让茶汤呈现天然的绿色,其所用的"true""natural",无疑能让读者更容易理解越瓷优于邢瓷之处。

### (三)注释

在典籍翻译中,注释举足轻重。例如,我国著名翻译家张谷若就曾明确指出了翻译中注释的重要性,他指出,"注释是翻译的必要工作,未做翻译而先要做注释。我所谓的注释,当然不是字典和词典搬家,那是人人都会做的。我所谓的注释是针对所译的地方,解决疑难问题"①。

如前所述,在跨文化交际中,目标受众和原作之间不可避免地会存在文化距离。添加注释一方面可以提供背景知识,帮助填补"语义真空",传递丰富的文化信息,展示多层文义内涵,实现"文化传真"②;另一方面可以与读者现有知识、所熟悉知识建立联系,因此非常有助于缩短跨文化交际中的文化距离,增大读者和译文呈现的"共通意义空间",让读者更好地理解译本内容。

从《茶经》三个译本对注释的使用来看,不同译者出于不同的目的,在注释的使用上存在明显区别。

从形式上看,"大中华文库"译本由于受该"文库"统一体例的限制,译本全部采用文内夹注方式,不使用文末尾注,添加的注释只能是点到为止,信息不够充分。如除原文注释外,针对目标读者的注释,该译本最长

① 荣立宇.《人间词话》英译对比研究——基于副文本的考察. 东方翻译,2015(5):66-71.
② 陆振慧. 论注释在典籍英译中的作用——兼评理雅各《尚书》译本. 扬州大学学报(人文社会科学版),2013(6):55-61.

的一条也仅有 17 个单词。

而卡朋特译本不受体例限制,以文末尾注(针对正文的有 108 条注释)的形式增加了大量的解释性信息,内容非常丰富。《国际茶亭》译本则采用页末注释的方式,既保证了注释内容的充分性,方便读者随时参照,也不影响正文的流畅性。

就注释涉及的具体内容,"大中华文库"译本、卡朋特译本和《国际茶亭》译本也存在一些差异,具体如表 4-2、表 4-3 所示。

表 4-2 《茶经》三个译本正文注释

| 译本名称 | 总计 | 专有名词注释 | | | | | | | | | 文本信息补充 | 翻译说明 | 译者观点 | 原文注释 |
| --- | --- | --- | --- | --- | --- | --- | --- | --- | --- | --- | --- | --- | --- | --- |
| | | 植物 | 人物 | 茶器/茶具 | 书籍 | 汉字 | 地名 | 年代 | 度量 | 文化词 | | | | |
| 卡朋特译本 | 108 | 14 | 21 | 4 | 6 | 0 | 17 | 9 | 4 | 10 | 13 | 2 | 5 | 3 |
| 《国际茶亭》译本 | 214 | 10 | 33 | 8 | 3 | 4 | 82 | 2 | 1 | 6 | 50 | 5 | 7 | 3 |
| "大中华文库"译本 | 98 | 1 | 9 | 7 | 0 | 1 | 26 | 12 | 1 | 1 | 1 | 0 | 0 | 39 |

表 4-3 《茶经》原文注释

| 类别 | 数量 | 类别 | 数量 |
| --- | --- | --- | --- |
| 植物 | 1 | 文本信息补充 | 33 |
| 与茶相关汉字字形 | 1 | 汉字解释 | 2 |
| 茶名来源 | 1 | 读音注释 | 3 |
| 茶器1茶具 | 3 | 词汇意义解释 | 3 |

综合考察《茶经》三个译本的注释情况,我们发现《茶经》译本中的注释主要涉及专有名词注释、文本信息补充、翻译说明、译者观点和原文注释几大类,专有名词注释又可分为植物、人物、茶器/茶具、书籍、汉字、地名、年代、度量、文化词的注释。而不同译本在对这几类注释的运用上又表现出不同的倾向。从表 4-2 可以看出,"大中华文库"译本中最多的注释是原文注释,原文注释之外较少涉及,而且受体例限制,添加的注释也是

非常简单,如人名的注释只是补充了别名,地名只是补充了其现代说法,年代只给出了具体时间。最详细的注释便是对神农氏的介绍了,但相较于另两个译本,也是非常简单,例如对神农和周公的注释。神农和周公都和茶文化有着非常密切的关系,在中国历史上也具有非常重要的地位,但"大中华文库"译本对这两个人物的介绍也是非常简单,只是短短一句话,而另外两个译本对神农和周公的介绍则非常详细。

> 茶之为饮,发乎神农氏,闻于鲁周公。(六之饮,p. 164)

"大中华文库"译本:

> As a beverage, tea originated with Shennong (one of the three founding emperors of the Chinese nation and a legendary god of farming), and was made known by Zhou Gongdan (a revered duke of the Lu State in the Spring and Autumn Period). [1]

卡朋特译本:

> 116 *tea*: Shên Nung is one of the most famous of the mythical figures. His name is commonly translated as the Divine Husbandman, and he is said to have ruled around 2737 B. C. Mayer tells us that his mother conceived under the influence of a heavenly dragon. He is supposed to have reigned under the influence of the fire element and so is called Yen Ti, the Fire Emperor. He taught people husbandry, invented the plough and discovered the curative value of plants. He is almost inevitably the choice for the discoverer of tea.

> 116 *tea*: Almost as famous as Shên Nung is the Duke of Chou, who is an only slightly more authentic historical figure. A man of

---

[1] 陆羽,陆廷灿. 茶经　续茶经. 姜欣,姜怡,译. 长沙:湖南人民出版社,2009:43.

the twelfth century B. C. , He is represented as the paragon of all those values and virtues which the Chinese hold to be good. He drew up the ordinances of the empire, says Mayer, directed its policy and purified its morals. The State of Lu, his fiefdom, was also to be the birthplace of Confucius. It is interesting that the Duke of Chou seems also to have been a familiar spirit of Confucius appearing to him in dreams from time to time. [①]

《国际茶亭》译本：

Shennon（神農）tasted hundreds of plants and herbs to identify their medicinal properties and/or poisonous effects in human beings. According to later research, a much later anthology of his understanding, *Shennong's Classic of Herbal Medicine*, (*Shennong Bencao Jing* 神農本草經) is believed to have been written during the first to the third century. We have covered the story of Shennong discovering tea in previous issues of this magazine. It is a story Wu De often tells. [②]

The Duke of Zhou was a member of the Zhou Dynasty who played a major role in consolidating the kingdom established by his elder brother King Wu. He is renowned throughout Chinese history for acting as a capable and loyal regent for his young nephew King Cheng, successfully suppressing a number of rebellions, placating the Shang nobility with titles and positions. He is also a Chinese cultural icon accredited with writing the *I Ching* （易經） and the

[①]  Lu, Y. *The Classic of Tea*: *Origins & Rituals*. Carpenter, F. R. (trans.). New York: The Ecco Press, 1974: 163.

[②]  Lu, Y. The tea sutra. Wu, D. (ed.). *Global Tea Hut*: *Tea & Tao Magazine*, 2015 (44): 50.

*Book of Poetry*（詩經），establishing the *Rites of Zhou*（周禮）and creating the *yayue*（雅樂），Chinese classical music for ritual purposes. ①

对于神农和周公，卡朋特译本和《国际茶亭》译本的详细注释突出了这两个人物在中国历史上的巨大贡献和重要地位，特别是卡朋特的注释，以讲故事的口吻突出了这两个人物的神奇之处，而茶便是为他们所发现发展的，这自然也为茶增添了色彩。

总的说来，不管是注释的总量，还是注释的类型、方式和具体内容，"大中华文库"译本的注释都是不够充分的。而卡朋特译本和《国际茶亭》译本的注释不受体例限制，内容显得丰满很多，类型也显得多样化。

### 1. 专有名词注释

从表 4-2 可以看出，在《茶经》中，注释最多的是对人物、地名的注释。例如"之事"一章是关于唐之前中国古代茶事的记述，共 48 则，涉及与饮茶有关的历史人物、传说人物、神话传说、茶叶产地、风俗掌故等。这一章出现了大量历史传说人物，大部分都是中国历史上的名人，陆羽同时代的读者基本上都是熟知的。通过阅读这一章，读者能够深刻感受到在中国古代，帝王公卿、文人雅士、修道之人、平民走卒都对茶有着特别的偏爱，喜欢在饮茶的过程中修身养性。一直以来，人们对名人生活有着天然的兴趣。一件再普通的事，放到名人身上也会不一样。因此，"之事"这一章众多中国历史名人和茶的故事对于体现茶的重要性是有特别意义的。原文针对的是中国读者，确切地说是陆羽同时代的读者，那时有阅读能力的人对书中人物应是耳熟能详的，作者不需多做解释，哪怕只是列出名字，对读者而言，信息也是充分的。然而，这些人物在中国是名人，对西方读者而言，却无法引起任何联想。他们的名字就仅仅是姓名符号而已。因此，要让读者对这部分内容感兴趣，首先要让他们了解这些人物，这就需

---

① Lu，Y. The tea sutra. Wu，D.（ed.）. *Global Tea Hut：Tea & Tao Magazine*，2015（44）：52.

要提供有关这些人物的充分信息。"大中华文库"译本几乎就只是将原文内容翻译出来,只有 9 处加了简短的文内夹注,但这样蜻蜓点水式的注释对完全不了解这些人物的西方读者而言是不充分的。而卡朋特译本和《国际茶亭》译本的译者在这方面就处理得好一些,对一些比较重要的人物都做了详细的注释,给读者提供充分的信息,例如上面提到的对神农和周公的解释。

又如,在介绍华佗和郭璞对茶的描述时,原文提到:

华佗《食论》:"苦茶久食,益意思。"

郭璞《尔雅注》云:"树小似栀子……"(七之事,pp.199-200)

"大中华文库"译本:

Hua Tuo gave his advice in the book *Monograph on Foods*(*Shi Lun*):

"Tea drinking contributes to active thinking."

Extracted from *Notes to Erya Dictionary* (*Er Ya Zhu*) compiled by Guo Pu:

"Tea plants are usually small in size, with an appearance similar to Cape Jasmine ... ①

卡朋特译本:

The *Dissertation on Foods* by Hua T'o: If bitter tea be taken over an extended period, it will quicken one's power of thought.

...

Kuo P'u in his *Commentary* on the *Erh Ya*: When the tree is young, it is like a flowering gardenia. ... ②

---

① 陆羽,陆廷灿. 茶经 续茶经. 姜欣,姜怡,译. 长沙:湖南人民出版社,2009:61.
② Lu, Y. *The Classic of Tea*: *Origins & Rituals*. Carpenter, F. R.(trans.). New York: The Ecco Press, 1974: 131-132.

对于华佗和郭璞,"大中华文库"译本几乎没有任何注释和说明,卡朋特译本则在文末对这两个人做了详细的注释,突出这两个人物的不凡之处:

卡朋特译本:

> 131 *thought*：Hua T'o was a celebrated physician，known for his legendary cures，diagnostic apparatus and for acupuncture. He died in 220 and is a sort of God of Medicine.
>
> 132 *tea*：Kuo P'u was a famous commentator. Also a Taoist，supposed to have been acquainted with all the mysteries of alchemy and sublimation，he was one of the greatest of early authorities on antiquarianism and mysticism. He lived from 276 to 324 A. D. ①

这两则注释提供的信息是比较充分的,读者即使从未听说过华佗和郭璞,看了这样的注释也能够了解他们在中国历史上各自领域的地位。特别是介绍华佗时提到了"acupuncture",介绍郭璞时提到"the mysteries of alchemy and sublimation" "authorities on antiquarianism and mysticism",这些领域正是中国古老而神秘的文化的代表,也是西方读者特别感兴趣的。因此,通过这样的注释,还可能吸引读者对中国历史人物进行进一步的了解。不过,有些难以理解的是,《国际茶亭》译本对其他历史人物都进行了比较详细的介绍,但对华佗和郭璞只是给出了其生卒年,这不能不说是译者的一大失误。

与人物注释类似的还有文中提到的古代文献的解释。在《茶经》中多次提到《尔雅》,中国知识分子知道《尔雅》是什么样的著作,西方读者却未必知道,"大中华文库"译本对《尔雅》没有进行任何的解释,而卡朋特译本则在文末注释中专门用了一段话介绍《尔雅》:

卡朋特译本:

---

① Lu，Y. *The Classic of Tea*：*Origins & Rituals*. Carpenter，F. R.(trans.). New York：The Ecco Press，1974：166-167.

132 *tea*：The *Erh Ya* is probably the first of the Chinese dictionaries about objects. It dates from a fairly early period，possibly the sixth century B. C. although attributions have been made to the Duke of Chou as its author，which would have put it in the twelfth century B. C. Kuo P'u was probably the first commentator，but during the Ch'ing dynasty many eighteenth-century scholars were attracted to it. ①

《国际茶亭》译本则是在介绍周公时标注：The *Erya* is the oldest surviving Chinese encyclopedia. ②

此外,对中国文化特色词的注释在两个国外译者的译本中也非常详细。卡朋特译本中有 10 条对中国文化特色词的解释,《国际茶亭》译本中有 6 条,而"大中华文库"译本中只有对"寒食节"的 1 条注释。《茶经》中的中国文化特色词对于传达茶文化体现的儒释道精神具有关键意义,"大中华文库"译本没有加注解释,而卡朋特译本和《国际茶亭》译本则着重对这一部分进行了尽可能详细的解释。如本章第一节提到的对"八卦"的解释。

此外,卡朋特译本对文中出现的不少植物增加了共 14 条注释,有的添加了其正式名称,有的则进行了比较详细的解释,《国际茶亭》译本也有 10 条对植物的介绍,这显示了两个译者对译本科学性的重视。而"大中华文库"译本只在全书开头对茶的学名加了注释,其他几乎没有注释。

最后值得一提的是地名和年代的注释。三个译本都有注释,而这也是"大中华文库"译本注释最多的地方。《国际茶亭》译本中地名注释最多,但年代注释很少,原因可能在于,译者觉得《茶经》本就是成书于唐朝,

---

① Lu，Y. *The Classic of Tea*：*Origins & Rituals*. Carpenter，F. R.（trans.）. New York：The Ecco Press，1974：167.
② Lu，Y. The tea sutra. Wu，D.（ed.）. *Global Tea Hut*：*Tea & Tao Magazine*，2015（44）：52.

而对唐朝之前的具体历史时期,读者很难进行具体的区分,也没有详细了解的必要。但地名的注释是必要的,因为国际茶亭组织除了发表茶文化文章,还出售各地名茶,而《茶经》几乎对整个中国各个地方的产茶情况都有介绍,通过翻译《茶经》,突出茶产地,对其推广地方名茶是有宣传价值的。

### 2. 文本信息补充

文本信息的补充也是注释中非常重要的一部分,这些补充信息包括对原文事件发生时的历史背景即事件背景的详细阐述以及译本信息的进一步解释,如陆羽时期的饮茶习俗、制茶方式、瓷器的生产及与区域的关系等,这诸多注释从方方面面反映中华茶文化的博大精深,为读者提供了全面的百科介绍,使西方读者能够尽可能以一个本土读者的角度身临其境般感受中华茶韵。

从《茶经》三个译本来看,每个译本补充的信息存在一些差异,这也从一个侧面反映出各个译者的翻译目的和对读者的关照。

"大中华文库"译本对文本信息的补充注释基本来自原文注释,而卡朋特译本和《国际茶亭》译本将这些原文注释几乎都删掉了。作为母语译者,和目标读者拥有同样的文化背景,他们删掉这些注释的行为本身就足以说明这些注释是不必要的,至少对西方读者而言是不必要的信息。从这个意义上来说,"大中华文库"译本保留这些注释对普通读者意义不大。

卡朋特译本由于其他方面的注释已经比较充分,因此文本补充信息相对较少,不过该译本有一点值得我们学习和借鉴,就是它在注释中补充了西方的一些相关信息,将中国饮茶习俗和西方茶饮相联系,为西方读者建立了一种互文关照,有助于增进读者对中国茶事的亲切感。例如,"之事"一章《桐君录》中提到在有些地区用其他植物的叶子做茶饮,卡朋特就添加了一条注释说明美国独立战争时期美国也有这样的情况。通过这样的类比,读者不仅更容易理解译本正文的意思,还容易将《茶经》这一典籍与人们现代生活相联系。

卡朋特译本:

139 *alert*：The remark suggests that even in the sixth century, the Chinese were using plants other than *Thea sinensis* as tea substitutes. The following paragraphs are suggestive of things to come when in the American War of Independence，patriotic women used raspberry leaves，camomile，loosestrife and sage rather than buy the leaf from the British. Some of the plants serving as substitutes in China and to which Lu Yü is no doubt alluding include：

1. Several kinds of crabapple and wild pear including the *Malus theifera*.

2. Several species of *Spiraea* （*S. Henryi*，*S. Blumei*，*S. chinensis*，*S. hirsuta*）.

3. Weeping willow （*Salix babylonica*）

4. *Viburnum theiferum*. ①

对于文本补充信息，《国际茶亭》译本则特别丰富，有 51 条，涉及除前面专名注释之外的多方面内容。如前面提到的对茶文化精神内涵的显化，茶和中医的关联等。例如，在介绍茶器"镄"时，译者对"镄"的"内方外圆"进行了进一步解释，突出了茶器蕴含的宇宙观：

《国际茶亭》译本：

A fu （镄） is a cast iron kettle with square handles，which is an aesthetically pleasing blend of round and square[10].

10. Earth and Heaven；this has great cosmological significance and was even the shape of the Chinese coin. ②

---

① Lu，Y. *The Classic of Tea*：*Origins & Rituals*. Carpenter，F. R.（trans.）. New York：The Ecco Press，1974：168-169.

② Lu，Y. The tea sutra. Wu，D.（ed.）. *Global Tea Hut*：*Tea & Tao Magazine*，2015（44）：39-40.

此外,《国际茶亭》译本比较注重《茶经》所描述的茶器物、饮茶习俗的现代价值,这也有助于突出典籍跨越时空的永久生命力。例如,在介绍"筥"时,译者添加了一条注释:

> If you have been dutifully reading your *Global Tea Hut* magazines, you will notice that many of these charcoal implements are still in use today. See if you can find their modern versions in your August edition![①]

### 3.翻译说明

翻译说明的注释主要分析译文所采取译法的原因,针对的主要是有理解困难的译文片段。译者在处理有理解困难的信息时,往往会为读者考虑,采取注释的方法来解释清楚译文意义。"大中华文库"译本在文中没有关于翻译的注释,但卡朋特译本有 2 条注释,《国际茶亭》译本有 4 条注释来说明其为何采用这样的方法进行翻译。如在涉及度量单位翻译时,卡朋特通过注释进行了这样的解释:

> 66 *tea*:Measures of length, capacity and weight have for the sake of convenience been translated into terms familiar to western readers. …
>
> The important units of capacity are the *ho*, ten of which make a *shêng* (roughly equivalent to a pint). Ten *shêng*＝a *tou*, translated here as a gallon.[②]

《国际茶亭》译本在对原文进行较为灵活的翻译时,也会做出解释,如翻译"之造"一章最后一句"茶之否臧,存于口诀"时用了一句谚语"Tasting

---

① Lu, Y. The tea sutra. Wu, D. (ed.). *Global Tea Hut*:*Tea & Tao Magazine*,2015(44):40.

② Lu, Y. *The Classic of Tea*:*Origins & Rituals*. Carpenter, F. R.(trans.). New York:The Ecco Press, 1974:159.

is believing",译者便在随后的注释中做了如下解释:

《国际茶亭》译本:

> "Tasting is believing" is a phrase Master Lin often uses. It works well as a translation here, so we couldn't resist adding a bit of our tradition to the translation. ①

又如,在第一章介绍茶的功能时,译者增加了原文没有提到的茶的两项功能"It also relieves constipation and other digestive issues.",然后在注释中说明为什么要增加这两项功能:

《国际茶亭》译本:

> Daoist authors often hid esoteric depth, meditative or alchemical practices in writings about the body. There could be alternative meanings to this list of cures, especially given the previous line. ②

译者对总的翻译方法的解释大多放在译本前言中,但对文中具体某个表达的翻译,通过注释进行解释有助于消除读者的疑惑,也体现出译者随时心存读者的初衷,是以一种和读者互动的姿态在进行翻译,更容易为读者的理解和接受。

### 4. 译者观点

译者观点的注释也主要出现在卡朋特译本和《国际茶亭》译本中。卡朋特译本关于译文解析的有 5 条注释,《国际茶亭》译本有 7 条,虽然不多,但其在引导读者对译文整体理解方向上发挥了一定作用。

注释中的"译者观点"是较为特殊的一类注释,即译者针对原文中的

---

① Lu, Y. The tea sutra. Wu, D. (ed.). *Global Tea Hut*: *Tea & Tao Magazine*, 2015 (44): 37.

② Lu, Y. The tea sutra. Wu, D. (ed.). *Global Tea Hut*: *Tea & Tao Magazine*, 2015 (44): 31.

特定现象专门编辑一条完整的注释来提出自己的理解看法。根据原因，可分为两类：

(1)对原文理解的不确定性，如从原文中，卡朋特不能确定制"罗盒"所用的材料，故借注释指出这一点(p. 161：86 *inches*)，避免读者理解偏差。

(2)对原文的深入分析，如卡朋特在其译本中对越州和邢州瓷器的对比进行了自己的分析理解，对原文中的描述进行因果分析(p. 162：92 *bowls*)，以避免读者产生类似的疑惑。又如，在"之事"一章提到琅琊王肃在被问及"茗何如酪"时回答"茗不堪与酪为奴"。王肃的这一回答从字面看是贬低茶的意思，如果读者不知道王肃说这句话的背景，可能就会觉得很奇怪。陆羽通篇都是对茶的赞美，为何在这里会引用这句话？"大中华文库"译本因为受体例所限，无法进行注释，直接将这句话翻译成了相反的意思："For no reason should tea be depreciated as 'maid to buttermilk.'"而卡朋特译本和《国际茶亭》译本都保留了字面的意思，卡朋特译为："Tea is unworthy to be a slave to curds."《国际茶亭》译本为："Tea does not even deserve to be the servant of yogurt！"同时对其原因进行了自己的分析和推测，这也反映出译者在翻译时并不仅仅是以一个译者的身份，更是以一个研究者的身份在解读原作。

卡朋特译本：

138 *curds*：Wang Su's preference for a "northern" drink over the "southern" tea is evidently a political one. When the southern Ch'i killed his father, he defected to the northern Wei and then fought the South. His insults to tea were very much a case of "beating the servant to hurt the concubine." The term "a slave to curds" has come to be a metaphor for tea. The "curds" may have

been koumiss，a drink of fermented mare's milk．①

《国际茶亭》译本：

> At first glance，this quote seems to disparage tea，which Master Lu would not include in his sutra．However，it implies that Wang Su is a northern barbarian，and not a gentleman．Therefore，what he says about tea cannot be taken at face value．②

### 5. 原文注释

《茶经》原文有大量注释，"大中华文库"译本除了将少数已能够在正文中体现意义，或者明显对当今读者无意义的注释删掉之外，其他注释都以夹注形式在译文正文中保留了下来。而卡朋特译本和《国际茶亭》译本只保留了少量的原文注释，大部分原文注释被删除了。这也说明，注释并非越多越好。注释有助于实现传递翻译内容的充分性，但不合适的注释又会影响翻译内容的必要性。

总的说来，除了"大中华文库"译本由于体例限制，注释不够充分，卡朋特译本和《国际茶亭》译本的丰富注释给读者理解《茶经》内容提供了充分的指导和帮助。

除了增加详细注释来保证翻译内容的充分性以外，卡朋特译本和《国际茶亭》译本还有一个不同之处就是译文添加了不少插图，使信息传达更充分、更直观。在译本中添加插图以及由此带来的其他辅助性信息表达方式，我们将在后面关于传播媒介的一节详细论述。

不管是典籍翻译实践还是翻译研究，大多数人关注的是翻译的正确性和准确性。然而，如刘重德所言，由于"经无达话"和"译无定法"，在经书翻译工作中天然存在着这两大特点，在翻译过程中，难免存在"仁者见

---

① Lu，Y. *The Classic of Tea*：*Origins & Rituals*. Carpenter，F. R.（trans.）. New York：The Ecco Press，1974：168.
② Lu，Y. The tea sutra. Wu，D.（ed.）. *Global Tea Hut*：*Tea & Tao Magazine*，2015（44）：56.

仁"和"智者见智"等现象,因而在表达上也随之而异,只要基本上符合原文精神,在翻译原则或标准上来说是完全容许的。此外,翻译一部书,特别是翻译一部古代经典,产生一些误解和误译,也是常有的事;对里雅各、刘殿爵(D. C. Lau)和韦利(Anther David Waley)三位造诣比较深的大翻译家来说,也不能完全避免。① 典籍翻译在微观细节上的一些误译,只要不是特别严重,如误译涉及对中国历史、政治事实的扭曲,对中国核心文化价值观的曲解,或是传递出错误的中国形象,是不用过于纠结的。目标读者大多不懂原文,他们阅读的只是译本,几乎不会去对照原文阅读,译本有误译并不一定会影响译本在目标读者中的传播。影响译本传播效果的往往是译本内容的充分性和必要性。因此,为保证译本的传播效果,在翻译过程中更需要考虑的是在译本中传达的翻译内容是否必要,以及对必要内容的表述对于目标读者而言是否充分。而要做到翻译内容的充分性和必要性,译者就需要在翻译过程中对原文内容进行编辑整理。这种编辑整理与语言转换无关,但又是翻译过程中必不可少的一个环节。从这个意义上说,任何翻译都是编译,特别是和目标读者存在巨大时空文化差异的文化典籍的翻译。

## 第三节　茶文化典籍翻译传播媒介

作为一种跨语言跨文化的信息传播活动,翻译要获得成功,产生理想的效果,除了前面提到的各翻译传播主体适当的把关行为和积极的译本宣传推广行为、翻译内容的必要性和表述的充分性,还必须考虑信息是通过什么渠道传播的,也就是信息的传播媒介。

传播媒介又称传媒、媒体或媒介。在传播学中,媒介是传播工具、传播渠道和传播载体,即信息传播过程中从传播者到接收者之间携带和传

---

① 刘重德. 关于"大中华文库"《论语》英译本的审读及其出版——兼答裘克安先生. 中国翻译,2001(3):62-63.

递信息的一切形式的物质工具。媒介也是各种传播工具的总称,如电影、电视、广播、印刷品(书籍、杂志、报纸)、计算机和计算机网络等。同时,传播媒介也指从事信息采集、加工制作和传播的个人或社会组织。[①]

传播媒介在信息传播中具有非常重要的作用。可以说,信息传播是否成功,很大程度上要看传播者是否充分运用了最适合、最容易为传播受众接受的传播媒介。而传播符号是传播媒介与其他普通物质实体相区别的一个重要标志,是构成传播媒介的重要因素。[②] 因此,传播媒介对传播效果的影响,首先离不开与媒介匹配的传播符号的使用。

## 一、茶文化典籍翻译传播符号的使用

传递信息的符号与信息传播媒介密切相关。可以说,传递信息的符号的使用受到传播媒介的限制,媒介的发展又为符号的使用提供更大的空间。符号是一种指代或代表其他事物的象征物。符号可以表示某物、某事等具体存在,也可以表示精神抽象的概念。符号是传播者与受众间的中介物,单独存在于其间,承载着交流双方向对方发出的信息。[③]

索绪尔(Ferdinand de Saussure)是近代最早对符号进行分类的学者,他将符号分为语言符号和非语言符号。语言符号是人类社会中最重要的符号系统,是人类的重要标志,是一切传播的核心。没有它就没有人类的今天,人类复杂的思维过程和文化之火就不可能延续到今天。[④] 而非语言符号,顾名思义,是指除语言之外的其他所有传递信息的符号。换言之,非语言符号就是指不以人工创制的自然语言(如汉语、英语)为语言符号,而以视觉、听觉等其他符号为信息载体的符号系统。[⑤] 语言是人类最重要的符号系统,但是语言符号不能代替其他符号,需要非语言符号做其补

① 董璐. 传播学核心理论与概念. 2 版. 北京:北京大学出版社,2016:81.
② 邵培仁. 传播学. 3 版. 北京:高等教育出版社,2015:217.
③ 董璐. 传播学核心理论与概念. 2 版. 北京:北京大学出版社,2016:173.
④ 邵培仁. 传播学. 3 版. 北京:高等教育出版社,2015:191.
⑤ 董璐. 传播学核心理论与概念. 2 版. 北京:北京大学出版社,2016:178.

充,来弥补语言符号在传播信息时的某些不足、损失或欠缺。①

虽然语言符号和非语言符号都能传递意义,都是意义的载体,但长期以来,学界对翻译的研究,不管是以原作者为中心,还是以文本为中心、读者为中心的研究,最终都可以归结为对译本如何使用目标语言符号再现原文各类信息或是提供目标读者需要的信息的研究。不管是历时的还是共时的翻译研究,关注的中心都只是依靠语言的翻译,考虑的只是语言维度,不管何种类型的文本,都是如此。②

然而,在翻译实践中,译者的工作并非仅针对语言材料,还包含用于信息传播、与信息传播相关的所有其他形式的符号。③ 这些符号不仅包含图像、声音、颜色、动画、视频等非语言模态符号,还包含文本的字体、排版和版面设计等。

从现有的《茶经》翻译来看,三个译本在语言符号和非语言符号的使用上都存在不少差异,这种差异也可能导致译本不同的传播效果。

### (一)语言符号的使用

对于语言符号,康德(Immanuel Kant)曾说过:"一切语言都是思想的标记,反之,思想标记的最优越的方式,就是运用语言这种最广泛的工具来了解自己和别人。"④语言是传递信息的最重要符号,特别是思想性、知识性比较强的信息。因此,就典籍翻译而言,语言符号始终是最重要的手段。如何运用目标语言传递原文信息也一直是翻译最重要的部分。虽然我们评价翻译质量的标准,不管是中国的"信""达""雅",还是西方的"对

---

① 董璐. 传播学核心理论与概念. 2 版. 北京:北京大学出版社,2016:178.
② Kaindl, K. Multimodality and translation. In Millán, C. & Bartrina, F. (eds.). *The Routledge Handbook of Translation Studies*. London: Routledge, 2013: 257-270.
③ Risku, H. & Pircher, R. Visual aspects of intercultural technical communication: A cognitive scientific and semiotic point of view. *Meta*, 2008, 53(1): 154-166.
④ 邵培仁. 传播学. 3 版. 北京:高等教育出版社,2015:191.

等",都特别注重准确理解原文的意思,但是从译本的传播和接受来看,译者对目标语言符号的运用也是非常重要的。除了在某些特殊的情况下,比如专门为了语言学习的翻译,其目标读者是既懂原文又懂译文的语言学习者或翻译学习者,大多数翻译的目标读者是不懂原文的读者,而不懂原文的普通读者阅读一部译作时,会自动将其视为原作。他们不太会去考虑译本所传递的信息和原文是否一致,他们所关注的是,译本本身传递的信息是否有意义、语言是否流畅。这也是为何网上对于翻译作品的评价,除非是翻译研究者,大多是围绕译本内容本身,或语言的使用。因此,若是从译本传播和接受的角度来看,译本的通顺流畅、译本语言的可读性,其重要性并不亚于对原文的忠实。

就中国典籍翻译而言,在语言的使用方面,英语国家母语译者有着天然的优势。这也是为什么我们大多数典籍的英文译本,尽管中国译者的译本普遍更忠实、更准确,但在目标世界的接受度远远不如目标语母语译者的译本。因此,在国际上提倡的翻译方向是顺译,也就是译者从外语翻译成自己的母语。而从《茶经》的三个英译本来看,抛开是否准确理解原文不论,就语言符号的使用上,不管是在词汇、句法还是语篇层面,各个译本都存在明显差异,"大中华文库"版中国译者的译本和英语国家本土译者的译本之间的差别尤为明显。

## 1.词汇

为考察《茶经》三个译本对目标语言词汇总的运用情况,我们将三个《茶经》译本做成语料库,使用 WordSmith 对三个译本正文(不包括前言、序言、附录与注释等副文本)进行统计分析。统计时,我们采用了 WordSmith 默认的 1000 词作为参考标准,选择了类符、形符、标准类符/形符比、平均词长、长词(10 个字母以上的单词)这 5 个参数进行比较。统计发现,《茶经》三个译本在标准类符/形符比、平均词长,以及长词的使用上都出现了比较明显的差别。三译本具体词汇使用情况如表 4-4 所示。

表 4-4　《茶经》三个译本词汇使用情况统计

| 译本参数 | "大中华文库"译本 | 卡朋特译本 | 《国际茶亭》译本 |
|---|---|---|---|
| 类符 types | 3,125 | 2,283 | 2,295 |
| 形符 tokens | 12,797 | 10,907 | 9,847 |
| 标准类符/形符比 type/token ratio（TTR） | 24.420 | 20.932 | 23.000 |
| 平均词长 mean word length | 4.442 | 4.061 | 4.000 |
| 长词（10 个字母以上单词）long words（with 10 or more letters） | 356 | 247 | 222 |

　　一般来说,译文中,标准类符/形符比越高,意味着译者所使用的词汇量越大,反之则表示译者使用的词汇量越小。[1] 长单词用得越多,则说明译本的书面语程度越高。因此,一般来说,标准类符/形符比、平均词长、长词的使用可以说明译本难度和正式度。而译本的难度和正式度在一定程度上也会影响译本的传播情况。

　　从表 4-4 可以看出,"大中华文库"译本标准化类符/形符比最高,这说明其所使用的词汇类型最多,单词变化最丰富,而卡朋特译本标准类符/形符比最低,因此译本阅读难度也最低。《国际茶亭》译本则居中。"大中华文库"译本在平均词长、长词方面都高于卡朋特译本和《国际茶亭》译本,因此可以说,"大中华文库"译本中使用的词更正式,它更注重词汇使用的多样性,书面语程度更高。出现这种情况的原因可能在于,中国译者在翻译时,对于目标语的使用非常小心谨慎,避免使用任何有错误风险的表达,在词汇的选择上非常用心。然而,过犹不及,中国译者这种过于小心谨慎的态度,反而会让译本显得不太自然。而卡朋特译本和《国际茶亭》译本,在词汇的选择上明显随意很多,没有特意用太正式的词,也没有特别突出词汇表达的多样性,因此,标准类符/形符比、平均词长都偏低,长词也较少,译本更简明易读。

　　《茶经》是一部公认的茶文化典籍,但其茶文化精神内涵并未明示出

---

① 　范敏. 基于语料库的《论语》五译本文化高频词翻译研究. 外语教学,2017(6):80-83.

来,而是隐藏于对茶的性状,茶器,茶具,茶的加工、烹煮、饮用等物质内容的客观描述中。如果单单看字面,不深入研究,我们很难从文本中看出茶文化精神层面的东西。可以说,大多数人读《茶经》,只能够领会其物质层面的信息。中国读者尚且如此,遑论西方普通读者。然而,如果《茶经》仅仅是一部介绍茶物质层面的茶叶科普典籍,那它也很难获得西方读者的青睐,特别是在西方已有大量介绍茶叶知识的原版英文图书的情况下。而要体现出《茶经》精神层面的价值,就特别需要译者灵活巧妙地运用目标语言符号,特别是有文化联想的语言符号。然而,通过对《茶经》三个译本的语言统计,我们发现"大中华文库"译本和卡朋特译本正文中有文化联想的词都特别少。不过,卡朋特译本正文后有丰富的注释,对文本内容进行了进一步解释,里面不乏与茶相关的精神层面的内容,因此,卡朋特译本也算是比较充分地实现了利用目标语言传递原文茶文化信息的目标。而《国际茶亭》译本不仅有丰富的注释,将茶的精神文化内涵直接表述出来,还在正文中通过对词汇的精心选择突显了茶的精神属性。例如,该译本在 9 个地方使用了"Daoist"(如图 4-1 所示),而原文出现的不过 3 处,这突显了茶的道家文化内涵。

此外,《国际茶亭》译本还特别注重茶的药用价值,这可能和其组织在传播茶文化时也在推广茶叶,具有一定商业性质有关。因此,译本多处使用了"medicine"一词(如图 4-2 所示),而原文并未明确提到茶是药。

另外,相较于"大中华文库"译本,《国际茶亭》译本在语言符号的使用上还有一个独特的地方,就是大量汉字的运用。译本几乎在所有首次出现音译词的地方都保留了该词的汉字,有些甚至多次出现。根据统计,仅正文中,该译本就一共用了 842 个汉字。译者在序言中对此的解释是,希望通过保留这些汉字吸引读者去阅读学习汉语原文,实际上,在汉英翻译中,音译词中保留原文汉字还是避免译文模糊性的一个很好的策略,特别是在涉及同音异义词的时候。

例如,在《茶经》第四章"之器"中对茶碗的比较:

碗,越州上,鼎州次,婺州次;岳州上,寿州、洪州次。或者以邢州

图 4-1 《国际茶亭》译本中"Daoist"的使用

处越州上,殊为不然。若邢瓷类银,越瓷类玉,邢不如越一也;若邢瓷类雪,则越瓷类冰,邢不如越二也……(四之器,p. 115)

"大中华文库"译本:

Hierarchically, the tea bowls manufactured from Yuezhou in Zhejiang are best in quality, far superior to those from Dingzhou in Shaanxi and Wuzhou in Zhejiang. Bowls made from Yuezhou in Hunan are preferred over those from Shouzhou in Anhui and Hongzhou in Jiangxi.

Some people assume that tea bowls from Xingzhou in Hebei are even better than those from Yuezhou. Actually this is not the case. If the Xing porcelain can be compared to valuable silver, then the Yue porcelain matches invaluable jade. This constitutes the first disparity. If the Xing porcelain is described as snowy white, then

图 4-2　《国际茶亭》译本中"medicine"的使用

the Yue porcelain can be said as icy crystal. This makes the second gap. ①

卡朋特译本：

Yüeh Chou ware is best. Ting Chou ware is next best. After that come the bowls of Wu Chou，Yüeh Chou，Shou Chou and Hung Chou.

There are those who argue that the bowls of Hsing Chou are superior to Yüeh ware. That is not at all the case. It is proper to say that if Hsing ware is silver，then Yüeh ware is jade. Or if the bowls of Hsing Chou are snow，then those of Yüeh are ice. ②

① 陆羽，陆廷灿. 茶经　续茶经. 姜欣，姜怡，译. 长沙：湖南人民出版社，2009：29.
② Lu，Y. *The Classic of Tea*：*Origins & Rituals*. Carpenter，F. R. (trans.). New York：The Ecco Press，1974：90-92.

《国际茶亭》译本：

*Tea Bowl*

There are many different kinds of tea bowls（*wan*，碗），each with a different provenance and style of manufacture，representing the many different kilns. In the order of superiority，they are *Youzhou*，*Dingzhou*，*Wuzhou*，*Yuezhou*，*Shouzhou* and *Hungzhou*. Some think that *Xingzhou* wares are better than *Yuezhou*（越州）wares，but I do not agree. First of all，if *Xing* ware is like silver，then *Yue* ware is like jade. If *Xing* ware is like the snow，then *Yue* ware is ice. ①

在这一段中，陆羽对中国各个地方的茶碗瓷器进行了比较。这里出现了不少地名，其中"越州"和"岳州"是不同的地方，汉字也不同，中国人很好区分，但一旦英译，不管是用汉语国际拼音还是威妥玛拼音，"越州"和"岳州"的英语表达都一样。姜欣、姜怡通过文内注释的方法增加了两者各自所属的省份，而卡朋特则是在文末注释中指出第二个"Yüeh Chou"是指不同的地方，但并未指出具体是哪个地方。添加注释不失为一个好办法，但在后面邢瓷和越瓷的比较中，两个译本却都没有进行解释。汉语原文中的越瓷自然是越州的瓷器，汉字很清楚，但只看英语译文，不管是"Yue"，还是"Yüeh"，都会给读者带来混乱，无法弄清楚后面的比较到底是指哪个地方。而这段关于瓷器的比较对于读者而言又是非常重要实用的信息，不能模糊了事。《国际茶亭》译本，只是在地名拼音后加上汉字，便可以避免这样的情况。西方读者虽然不认识汉字，但汉字明显的不同读者还是可以看出来，加上汉字读者自然明白两者虽音同，但表示不同地方。

我们在汉英翻译时总会避免在译文中出现汉字，但实际上很多时候汉字是可以在英语译文中使用的，就像大英博物馆的中国瓷器馆在介绍中国

----

① Lu，Y. The tea sutra. Wu，D.（ed.）. *Global Tea Hut：Tea & Tao Magazine*，2015（44）：43.

瓷器时,基本上所有重要的专有名词,在音译后面都添加了汉字。

总而言之,在翻译中,对语言符号的使用,我们可以有很多选择。充分考虑读者的阅读习惯和理解能力,进行灵活选择,才更有利于译本的传播和接受。

### 2.句式

除了词汇使用上的差异,在句子层面,中外译者在翻译《茶经》时也存在明显差别。"大中华文库"译本使用的句子显得特别标准、特别完整,句子普遍比卡朋特译本和《国际茶亭》译本长,而且特别注重句子表达形式的多样化,很少使用重复句式,如此反而导致译文冗长,和原文精练的文风相去甚远。例如,原文有很多排比句式,但"大中华文库"译本几乎都抛弃了这种排比句式的特点,采用多样化的句型翻译原文结构统一的排比句,失去了原文的形式简洁、对仗之美。而卡朋特译本和《国际茶亭》译本句子都比较短,刚好对应于原文简洁洗练的文风。

例如,在《茶经》原文中有很多对比,有对茶产地的对比,对茶叶质量的对比,对煮茶用水的对比。在进行这些对比时,陆羽用了非常工整、结构相同的排比句,统一用了表示比较的"上、次(或中)、下"。对于这些表示对比的排比句式,"大中华文库"译本几乎都使用了完全不同的句型,句子也比原文句式复杂很多。而卡朋特译本和《国际茶亭》译本则使用了和原文接近的简单句型。

如在第一章中,陆羽介绍了茶的种植环境导致的茶的品质不同,原文用了对仗的表达:

其地,上者生烂石,中者生栎壤,下者生黄土。(一之源,p.1)

"大中华文库"译本:

As regards the agrotypes,superior tea is usually yielded in places where the terrain is covered with eroded rocks. Gravel soil cultivates middling tea. Tea growing in clay soil is often poor in quality. ①

卡朋特译本：

Tea grows best in a soil that is slightly stony, while soil that is graveled and rich is next best. Yellow clay is the worst and shrubs that are planted there will not bear fruit. ②

《国际茶亭》译本：

Tea grows best in eroded, rocky ground, while loose and gravely soil is the second best and yellow earth is the least ideal, bearing little yield. ③

对于这一句的翻译，"大中华文库"译本分别使用了"superior" "middling""poor in quality"来翻译原文的"上""中""下"。但这三个英文表达其实并不构成对比关系。在句式上，原文使用了同样的句式，而"大中华文库"译本第一句使用了有定语从句的复合句，主语为"superior tea"，对应原文的"上者"；第二句是主谓宾结构，但主语变成了原文的宾语；第三句则是主系表结构，主语为"tea"，原文宾语变成了主语定语，原文主语变成了译文的表语。此外，三句也使用了不同的动词（yield, cultivate, grow)来表示原文"生"的意思。而卡朋特译本和《国际茶亭》译本结构差不多。首先，译文使用的"best""second best""the worst"皆为表示比较关系的词或短语，和原文更接近。其次，除第一句用了主谓宾结构以突出主题外，后面两句用了相同的主系表结构，且用了相同性质的主语，同样的系动词，以及同样表示对比关系的表语。因此，综合来看，卡朋

① 陆羽，陆廷灿. 茶经　续茶经. 姜欣，姜怡，译. 长沙：湖南人民出版社,2009：5.
② Lu，Y. *The Classic of Tea*：*Origins & Rituals*. Carpenter，F. R.（trans.）. New York：The Ecco Press，1974：60.
③ Lu，Y. The tea sutra. Wu，D.（ed.）. *Global Tea Hut*：*Tea & Tao Magazine*，2015（44）：31.

特译本和《国际茶亭》译本与原文形式更接近。

### 3.语篇

语篇层面的语言使用情况主要是看语篇的信息组织方式,也就是看人们在使用语言时怎么组织信息,以及怎么体现一条信息与另一条信息之间的关联。语篇层面的语言使用主要体现在语篇的主位—述位结构和衔接连贯策略的选择上。

(1)主位结构

语篇的主位—述位结构涉及构成语篇的小句的主位和述位的选择,主位位于小句的开头部分,是信息的起点,自然也是关注的焦点。而述位则是小句起始成分之后的部分,是话语的落脚之处。① 由于主位是信息的起点,因此不同的成分充当主位就意味着小句有不同的起点和注意点。② 作为一部严谨的茶学典籍,《茶经》句式工整、结构缜密,具有独特的主位结构。但在翻译过程中,译者采取了不同的表述方式,导致译本的主位结构发生了变化。例如,"大中华文库"译本由于过度追求句式结构的多样性,比较注重用多样化的表达来翻译原文每个句子的意思,对主位结构的选择有时相对比较随意,因此译文思路有些混乱,文章重点也不够突出。卡朋特译本和《国际茶亭》译本在对文本主位的选择上则比较注重一致性,因此译文条理也更清晰。例如,上面我们分析过的对茶的种植的比较,"大中华文库"译本主位转换比较频繁,而卡朋特译本和《国际茶亭》译本主位的选择则更注重前后的一致和连贯。

又如,在翻译茶诗时,中外译者对主位的选择也存在明显差异。

在"之事"一章中,陆羽引用了多首茶诗来说明茶在人们生活中的重要性。原诗有很严谨的主位结构。如孙楚《歌》:

---

① 司显柱. 功能语言学与翻译研究——翻译质量评估模式构建. 北京:北京大学出版社,2007:64.
② 黄国文. 翻译研究的语言学探索——古诗词英译本的语言学分析. 上海:上海外语教育出版社,2006:11.

茱萸出芳树颠,鲤鱼出洛水泉。白盐出河东,美豉出鲁渊。姜、桂、茶荈出巴蜀,椒、橘、木兰出高山。蓼、苏出沟渠,精、稗出中田。(七之事,p.199)

"大中华文库"译本:

> *Dogwoods bear berries on sweet treetops,*
> *Luoyang River is abounding in super carps.*
> *Shanxi is known for its salt snowy pure,*
> *Shandong fermented beans do allure.*
> *Sichuan fames for its ginger, tea and cassia,*
> *Highland has prickly ash, orange and Magnolia.*
> *Knot-weed and perilla breed in many a pond,*
> *Nice rice turns from fertile paddy ground.* [1]

卡朋特译本:

In the *Ballads* of Sun Ch'u we learn that the medicinal dogwood comes from the top of a fragrant tree; the carp comes from springs made by the River Lo; table salt, from the Ho Tung tributary of the Yellow River and soya, from Lu Yüan.

Ginger, cassia and tea are from Szechwan while peppers, oranges and magnolias come from Kao Shan.

Smartweed and thyme come from the ditches and darnel, from the fallow fields. [2]

---

[1]  陆羽,陆廷灿. 茶经　续茶经. 姜欣,姜怡,译. 长沙:湖南人民出版社,2009:61.

[2]  Lu, Y. *The Classic of Tea*: *Origins & Rituals*. Carpenter, F.R. (trans.). New York: The Ecco Press, 1974:131.

《国际茶亭》译本：

> Sun Chu（孙楚）also wrote a poem on food，"The best part of the dogwood is the new leaves. The best carps are from Luo River. The best white salt is from the East coast，while the best ginger，cinnamon，and tea are from Sichuan. ..."①

原诗的主位结构非常清楚,每句都用特产做主位,作为信息的出发点,产地作为述位,同时谓语动词都使用了同一个"出",这样的表述让这首诗歌的结构显得非常清楚。"大中华文库"译本为了表达的多样性,每句使用了不同的谓语动词,主位也在特产和地点之间不断转换,虽然准确传达了原文的意义,但整个语篇的重点不够突出,思路稍显混乱。而卡朋特译本和《国际茶亭》译本每一句都用特产做主位,也使用了同样的谓语动词,述位统一为地点,如此译文显得重点突出、条理清晰。

(2)语篇衔接

我们知道,语篇承载的信息内容并不是随意拼凑、堆积在一起的,而是按照一定的逻辑顺序将语篇世界（textual world）里的各种概念、事件、关系等有机组合在一起的,从而使得整个语篇表现出连贯性（coherence）。这种连贯性在语言层面的体现则是语篇的衔接。②

对于语篇的衔接手段,韩礼德和哈桑(M. A. K. Halliday & Ruqaiya Hasan)主要提出了照应、替代、省略、连接和词汇衔接五种。③ 对于词汇衔接手段的使用,《茶经》三个英译本也具有明显的差异。

以第一章"之源"为例,原文和三个英译本的衔接方式如表4-5所示(表中括号里的数字表示该词在文中出现的次数)。

---

① Lu，Y. The tea sutra. Wu，D.（ed.）. *Global Tea Hut*：*Tea & Tao Magazine*，2015（44）：53.

② 司显柱. 功能语言学与翻译研究——翻译质量评估模式构建. 北京:北京大学出版社,2007:90.

③ Halliday，M. A. K. & Hasan，R. *Cohesion in English*. London：Longman，1976.

表 4-5 《茶经》译本衔接方式

| 衔接方式 | 原文 | "大中华文库"译本 | 卡朋特译本 | 《国际茶亭》译本 |
|---|---|---|---|---|
| 照应 | 其(5)；<br>之(3)；<br>如(7)。 | it (2)；<br>its (6)；<br>they (1)；<br>their (1)；<br>that (1). | it(3)；<br>its (7)；<br>they (1)；them<br>(1)；those(2). | it (6)；<br>their (2)；<br>they (2)；<br>its (1)；<br>them (1)；<br>these (1). |
| 替代 | 者(15) | those (5)；<br>that (2)；<br>ones (3). | those(5)；<br>these (1)；<br>that (2)；<br>ones(1). | those (4)；<br>ones (2). |
| 省略 | (茶树)一尺、<br>二尺乃至数<br>十尺；<br>(茶之)为饮；<br>(茶)与醍醐、<br>甘露抗衡；<br>(茶)采不时，<br>造不精。 | | and its<br>leaves, of the<br>gardenia (1)；<br>sometimes<br>"tree" and<br>sometimes both<br>(1). | |
| 连接 | 若(1)；<br>况(1)；<br>则(1)。 | though (1)；<br>in addition (1)；<br>while (1)；<br>when (2)；<br>however (1)；<br>just as (1)；<br>if (3)；<br>Than (3)； | while (3)；<br>But (1)；<br>whether (1)；<br>than (1)；<br>when (1)；<br>if (2)；<br>which (2). | while (3)；<br>than (3)；<br>because (2)；<br>if (2)；<br>then(1)；<br>when(1). |
| 词汇衔接 | 茶（重复 5<br>次）；<br>草/木(1)；<br>树/叶/花/实/<br>茎/根(1)； | tea (25)；<br>tea-plant (2)；<br>branches/trunk/<br>leaves (1)； | Tea (15)；<br>tree(3)；<br>Tea-plant (2)；<br>herb/tree (1)； | Tea (17)；<br>tea trees (5)；<br>Trees (3)；<br>Leaves (8)； |

| 衔接方式 | 原文 | "大中华文库"译本 | 卡朋特译本 | 《国际茶亭》译本 |
|---|---|---|---|---|
| 词汇衔接 | 紫/绿/(1)；笋/芽/（1）；卷/舒(1)。 | plant/leaves/flower/seeds/root（1）；herbage/arbor/shrubbery（1）；purple/green（1）；unopened/stretched（1）. | trunk/leaves/flower/ seeds/root（1）；sunny/shady（1）；russet/green（1）；shoots/buds（1）；curled/open and unrolled（1）. | leaves/flower/seeds/root（1）；burgundy/green（1）；curly/flat（1）；sunlit/shady（1）. |

从表 4-5 可以看出,原文和译文在衔接方式上的典型差异在于省略、连接和词汇衔接方面的差异。原文出现了多处对主语的省略,而省略主语刚好是汉语特别是文言文的一个典型特点。英语对语法要求严格,主语是必不可少的成分,因此三个英译本皆不存在主语省略现象,但卡朋特译本有两处出现了动词省略,这在英语中也是一种普遍现象,而"大中华文库"译本和《国际茶亭》译本每个句子都没有使用省略形式。

对于小句间的连接,原文的连接词非常少,而三个英译本在需要体现句子间逻辑关系的地方都添加了连接词。

在词汇衔接方面,中文和英文都使用了大量的词汇衔接手段,但在具体使用上也存在一些差异。如对"茶"的重复,在原文中"茶"重复出现了 5 次,"大中华文库"译本中"茶"的英文对应语"tea"出现了 25 次,卡朋特译本中出现了 15 次,《国际茶亭》译本中 17 次。三个译本都明显多于原文,当然这从某种程度上来说是由两种语言本身的差异造成的,因此译文和原文的这种不对应是非常正常的。然而就三个英译本而言,也存在明显的差异,"tea"这个词"大中华文库"译本比卡朋特译本多出现了 10 次,比《国际茶亭》译本多了 8 次。一般来说,若非有意强调或是修辞的需要,英语总的倾向是尽量避免重复,在指称前面出现的名词时,一般会用替代、改变说法或省略的方式。① "大中华文库"译本比卡朋特译本和《国际茶亭》的译本重复都多,说明在"大中华文库"译本中很多地方的重复是不必要的。例如,在第二段:

> 其字,或从草,或从木,或草木并。……
>
> 其名,一曰茶,二曰槚,三曰蔎,四曰茗,五曰荈。(一之源,p.1)

"大中华文库"译本:

The composition of Chinese ideographs for tea implies its etymological provenance, categorizing tea as a herbage, or an arbor, or a shrubbery in between. ...

In addition to "cha," tea has also been referred to in the classics under various bynames such as *jia*, *she*, *ming*, *tu*, and *chuan*. ②

卡朋特译本:

The character for tea, which we call *ch'a*, is sometimes made with "herb" as the significant element, sometimes "tree" and sometimes both. Its common name is varied with *chia*, *shê*, *ming* or *ch'uan*. ③

《国际茶亭》译本:

There are three different ways to interpret the character tea, "*cha* (茶)" in Chinese. It could be categorized under either the "herb (艹)" radical, the "tree (木)" radical, or both "herb" and "tree" radicals. There are four other characters that have also denoted tea through history other than "*cha*(茶)". They are "*jia*(7

① 连淑能. 英译汉教程. 北京:高等教育出版社,2006:164.
② 陆羽,陆廷灿. 茶经 续茶经. 姜欣,姜怡,译. 长沙:湖南人民出版社,2009:3,5.
③ Lu, Y. *The Classic of Tea*: *Origins & Rituals*. Carpenter, F. R.(trans.). New York: The Ecco Press, 1974: 59.

槚)","*she*(蔎)","*ming*(茗)"and "*chuan*(荈)"。①

在这一段中,"大中华文库"译本中画线的两个"tea"实际上是不必要的重复,而应该根据英语的习惯用代词表示。从这一点来看,卡朋特译本和《国际茶亭》译本更符合英语语篇的成篇方式和语言表达习惯。

总体而言,从《茶经》三个译本对语言符号的使用来看,"大中华文库"译本虽然表述正确、标准,而且词汇运用上更为丰富和多样化,但中国译者对英语的使用始终不如英语母语译者对母语的运用那么大胆、自如,因此,"大中华文库"译本不管是词汇、句式的使用还是语篇结构的设计,都不如英语母语译者的译本那么自然。而这也是大多数中国译者汉译英时存在的问题。

### (二)非语言符号的使用

语言虽然是人类传播活动中最重要的符号系统,但并非唯一的信息传播符号。语言符号在传递信息时,往往需要非语言符号的补充。作为一项跨文化传播活动,翻译也离不开对非语言符号的使用。这些符号不仅包含图像、声音、颜色、动画、视频,还包含文本的字体字号、版面形式、封面设计等。从这个意义上来说,任何文本都涉及非语言符号的使用。在这些非语言符号的使用上,不同文本可能表现出很大差异。《茶经》的三个英译本也是如此,特别是在字体字号、版面形式、封面设计的使用上。

#### 1. 字体字号、版面形式、封面设计

作品的字体字号、版面形式和封面设计一方面是作品的外在包装,另一方面也体现了一定的意义,是文本不可缺少的一部分,会在很大程度上影响读者对作品的接受。而字体字号、版面形式和封面设计一般是出版社和编辑的任务,这也是除译者之外其他翻译主体对翻译作品的影响所在。

---

① Lu,Y. The tea sutra. Wu,D.(ed.). *Global Tea Hut*:*Tea & Tao Magazine*,2015(44):31.

（1）字体字号

从字体字号来看，"大中华文库"译本非常工整，除章节标题加粗、首字母大写、字号比正文大两号以外，正文的字体字号十分统一，总体给人的感觉非常正式、严谨（如图 4-3 所示）。这也是"大中华文库"所有图书的标准体例。卡朋特译本字体的使用则显得更多样化。该译本章节标题不是很显眼，只用了斜体，字号与正文一致。但正文每一章第一排第一个小句皆用了全部字母大写的形式，且该部分第一个字母用了大写黑体，占两排位置（如图 4-4 所示）。

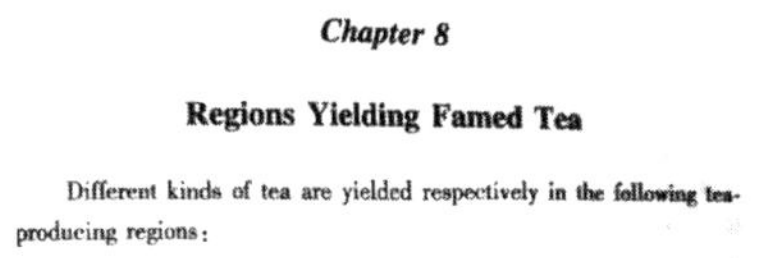

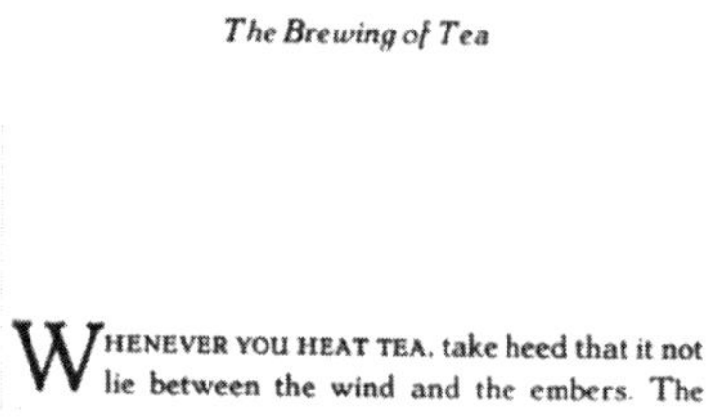

*The Brewing of Tea*

**Chapter 8**

**Regions Yielding Famed Tea**

Different kinds of tea are yielded respectively in the following tea-producing regions：

W HENEVER YOU HEAT TEA. take heed that it not lie between the wind and the embers. The

**图 4-3 "大中华文库"译本标题、正文字体字号**　　**4-4 卡朋特译本标题、正文字体字号**

卡朋特译本这种突显章节首字母和起始信息的设计是英语作品惯常采用的方式，带给读者鲜明的视觉提示，显示新的一章、新的主题即将开始。此外，在第二章"之具"和第四章"之器"，由于是对大量茶具、茶器的介绍，每一段都围绕某一茶具、茶器展开，因此译者使用了小标题形式，将每种茶具、茶器名称设计为小标题，全部字母大写并居中，下面正文第一段顶格，对该器具进行介绍（如图 4-5 所示），且正文和标题之间间隔拉大。这种方式能够突出主题，具有很好的区分每条信息的视觉效果。而"大中华文库"译本在第四章也采用了茶器名单独作为一排出现的方式，但是字体没有改变，也没有居中，与下面正文没有拉大间隔，突显茶器名的效果不明显（如图 4-6 所示）。

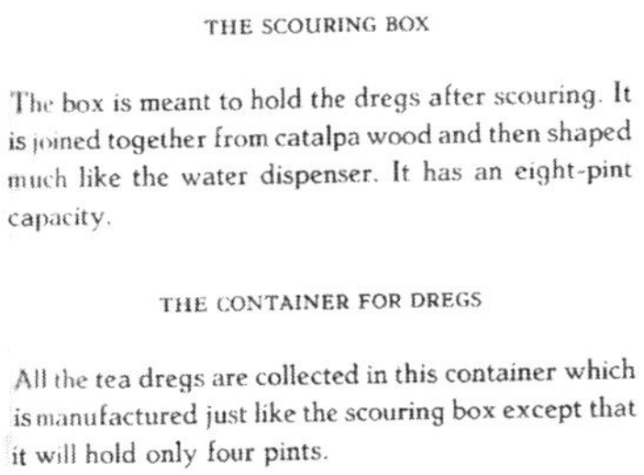

THE SCOURING BOX

The box is meant to hold the dregs after scouring. It is joined together from catalpa wood and then shaped much like the water dispenser. It has an eight-pint capacity.

THE CONTAINER FOR DREGS

All the tea dregs are collected in this container which is manufactured just like the scouring box except that it will hold only four pints.

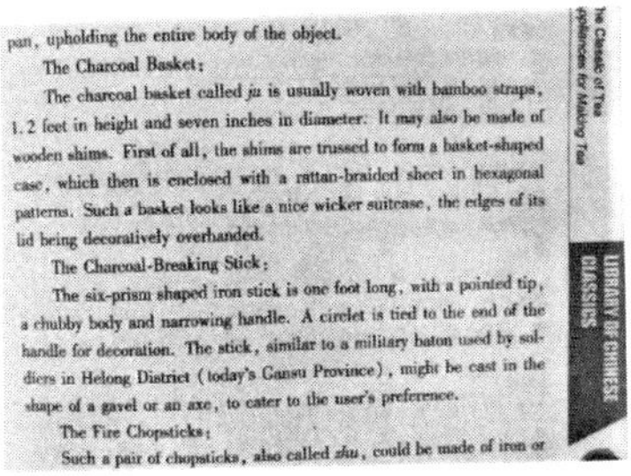

pan, upholding the entire body of the object.
The Charcoal Basket:
The charcoal basket called *ju* is usually woven with bamboo straps, 1.2 feet in height and seven inches in diameter. It may also be made of wooden shims. First of all, the shims are trussed to form a basket-shaped case, which then is enclosed with a rattan-braided sheet in hexagonal patterns. Such a basket looks like a nice wicker suitcase, the edges of its lid being decoratively overhanded.
The Charcoal-Breaking Stick:
The six-prism shaped iron stick is one foot long, with a pointed tip, a chubby body and narrowing handle. A circlet is tied to the end of the handle for decoration. The stick, similar to a military baton used by soldiers in Helong District (today's Gansu Province), might be cast in the shape of a gavel or an axe, to cater to the user's preference.
The Fire Chopsticks:
Such a pair of chopsticks, also called *zhu*, could be made of iron or

**图 4-5　卡朋特译本小标题字体字号**　　**图 4-6　"大中华文库"译本小标题字体字号**

　　和另两个译本相比,《国际茶亭》译本字体使用更为丰富。该译本章节标题字号不仅比正文大很多,而且用了类似于汉语草书的字体,以中国古色古香的汉字做打底背景,再加上译本中多处出现的汉字,因此译本虽是英文,却透出浓浓的中国味道(如图 4-7 所示)。

**图 4-7　《国际茶亭》译本标题字体字号**

　　此外,《国际茶亭》译本对于不同主题章节正文开头的字体也进行了特别设计。对于普通叙述性章节,开头使用了突显加大首字母的方式;而对于介绍大量茶具、茶器、茶产地和茶事的"之具""之器""之事""之出"这几个章节,则在开头增加了一句蓝色斜体加粗加大的总括句,后面每种器具名称用了不同于正文的蓝色斜体形式,单独一行,一种器具的介绍和另一种器具的介绍之间空一行,如此每种茶具得以区分,避免信息大量堆积,引起读者视觉疲劳。另外,每一章注释的标题"Notes"也用了和下面注释不同的字体、字号和颜色。通过这样的字体设计,读者单单凭借标题字体便可知晓该部分的主题类型,而适当的空排设计也能够缓解读者的视觉疲劳,且不至于让读者在大量密集的信息中去"搜索寻找"自己想要阅读的内容。

　　《国际茶亭》译本还有一个特别之处,就是随处可见对"茶"这一主题的突显和强调。除了大量插图,在"之事"和"之出"两章,每一段开头,也就是在介绍每一则茶事、每一条茶产地时，都在开头增加了蓝色行书字体的汉字“茶”，让读者阅读时产生为“茶”所包围之感，不知不觉受到“茶”的吸引。可以说，《国际茶亭》的这一译本将作品主题突显到了极致。《国际茶亭》译本中主要字体设计如图 4-8 所示。

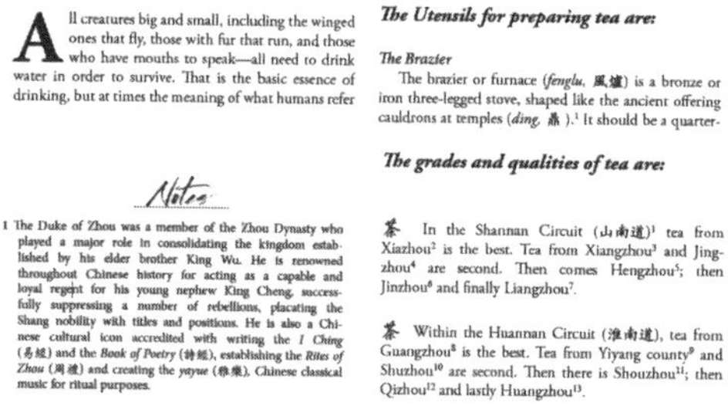

All creatures big and small, including the winged ones that fly, those with fur that run, and those who have mouths to speak—all need to drink water in order to survive. That is the basic essence of drinking, but at times the meaning of what humans refer

***The Utensils for preparing tea are:***

***The Brazier***

The brazier or furnace (*fenglu*, 風爐) is a bronze or iron three-legged stove, shaped like the ancient offering cauldrons at temples (*ding*, 鼎 ).[1] It should be a quarter-

***The grades and qualities of tea are:***

*Notes*

1 The Duke of Zhou was a member of the Zhou Dynasty who played a major role in consolidating the kingdom established by his elder brother King Wu. He is renowned throughout Chinese history for acting as a capable and loyal regent for his young nephew King Cheng, successfully suppressing a number of rebellions, placating the Shang nobility with titles and positions. He is also a Chinese cultural icon accredited with writing the *I Ching* (易經) and the *Book of Poetry* (詩經), establishing the *Rites of Zhou* (周禮) and creating the *yayue* (雅樂), Chinese classical music for ritual purposes.

茶 In the Shannan Circuit (山南道)[1] tea from Xiazhou[2] is the best. Tea from Xiangzhou[3] and Jingzhou[4] are second. Then comes Hengzhou[5]; then Jinzhou[6] and finally Liangzhou[7].

茶 Within the Huannan Circuit (淮南道), tea from Guangzhou[8] is the best. Tea from Yiyang county[9] and Shuzhou[10] are second. Then there is Shouzhou[11]; then Qizhou[12] and lastly Huangzhou[13].

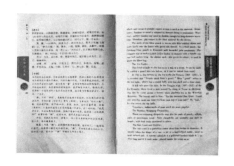

图 4-8 《国际茶亭》译本字体字号

(2)版面形式

从版面设计来看，《茶经》三个译本也存在显著差异。“大中华文库”译本遵循“大中华文库”的统一体例，采用古代汉语、白话文和英语对照形式，左边中文古文、白话文，右边英文(如图 4-9 所示)。这样的版面形式非常适合中国读者阅读，或是作为孔子学院汉语和中国文化学习教材。然而，对于不懂汉语的西方读者而言，书中所配的汉语古文和白话文是毫无意义的，只会增加译本的厚度，而且会随时提醒读者，他们阅读的是一部翻译作品，有可能引发读者对译作权威性、准确性的质疑。

图 4-9 “大中华文库”译本版面形式

不同于"大中华文库"译本的汉英对照形式,卡朋特译本和《国际茶亭》译本都是全英文形式,更适合不懂汉语的英语读者阅读。不过虽然都是全英文形式,卡朋特译本和《国际茶亭》译本在版面形式上也有显著差别。卡朋特译本正文是全英文,没有一个汉字,除了插图外,没有任何中国元素,完全按照英文图书的版式设计,给人的感觉就是一部英文茶书(如图 4-10 所示)。而《国际茶亭》译本在每一章第一页顶端都使用了中国风格的背景图案作为底色,再加上随处可见的汉字和大量插图,使译本具有浓浓的中国风,可以给西方读者带来一种异域风情和独特的阅读体验(如图 4-11 所示)。

图 4-10　卡朋特译本版面形式　　图 4-11　《国际茶亭》译本版面形式

(3)封面、封底及扉页设计

一般说来,图书的封面、封底和扉页是读者阅读一部作品时最先接触的,而封面、封底和扉页提供了什么样的信息,在很大程度上会影响读者是否购买和阅读该作品,因此封面、封底、扉页的设计对译本宣传具有重要作用。就《茶经》三个译本而言,"大中华文库"译本封面、封底和扉页是"大中华文库"丛书的统一封面(如图 4-12 所示)。封面图案用的是黄河壶口瀑布,象征着中华民族的摇篮。"大中华文库"丛书中每本的不同之处仅在于书名不同。封面最顶端印的是"大中华文库"的中英文,中间是书名中英文。可以说,这一译本无处不显示其属于"大中华文库"丛书。而"大中华文库"的组织和出版,具有明显的官方色彩,对中国译者而言,译作入选"大中华文库"是一种荣耀,但对于西方读者而言,过于突显"大中华文库",会让他们感觉到浓厚的官方宣传意味。而普通民众对官方宣传一般都会带有一种抗拒心理,在一定程度上过于明显的官方宣传反而会影响目标读者对译本的接受。

**图4-12 "大中华文库"译本封面、前勒口、扉页、封底、后勒口**

此外,"大中华文库"版《茶经》封面提供的文字信息只有"大中华文库"和书名的中英文,在"大中华文库"和书名之间加了该书的编排格式信息"汉英对照",此外便无其他内容。不过,前勒口则对原作进行了简单介绍,突出了原作的重要价值。相较于封面,该译本的扉页内容则要丰富得多,中间是醒目的中国古建筑门环,象征用其扣开中华传统文化的宝库。文字信息包含中英文对照的"大中华文库"、书名、原作者名、译者姓名、出版社。这些文字内容按不同的字体字号设计,字号最大的是中文书名,其次是英文书名,再次是"大中华文库"中英文。字号最小的是原作者姓名,且使用了不是特别醒目的楷体。译者姓名置于页面下半部分,虽然字号不大,但处在比较显眼的位置。

"大中华文库"版本中译者的姓名醒目程度高于原作者,若从宣传的角度看,这样的设计并不明智,因为陆羽毕竟具有茶圣的地位,仅"陆羽"这个名字便足以突出该书的价值。虽然译作是译者的作品,但翻译并不等同于创作,译者很多时候并不被认为是译作的所有者。翻译学界一直呼吁要提高译者的地位,然而在具体操作中,很多情况下译者是隐身的,很多译作甚至不会列出译者姓名。普通读者很少因为译者去读一部作品。读者在阅读一部译作时,首先想到的是谁的作品,而不是谁翻译的作品。除非是翻译专业人士,一般人在阅读时,会记住原作者的名字,但几乎不会记住译者的名字。毕竟,一般而言,在一个专门领域内,有名气的是原作者,而不是译者。因此,若是要吸引受众,更好的做法还是突出原作者,特别是原作者在某一领域具有权威地位的时候。

除了封面和扉页,封底其实也是译本一个很好的宣传所在。但"大中华文库"译本的封底却没有任何信息,就是一幅和封面一样的图片,而后勒口则是"大中华文库"至今出版的作品的中文名单,对目标读者而言,几乎没有什么宣传效果。

"大中华文库"译本在版面设计上的局限和译者无关,也和出版社编辑无关,应该是"大中华文库"委员会的统一行为。"大中华文库"由 16 家出版社承担编辑和出版工作,但整套书的封面、封底、扉页设计要求统一,包括套书的门环和黄河这样的中华文化符号。姑且不论这些文化符号是否能够为西方普通读者所理解,忽略图书本身的主题特色,采用整齐划一的封面、封底、扉页,也不利于快速吸引读者的注意。

不同于"大中华文库"译本,卡朋特译本的封面、扉页和封底都是针对该书主题进行的特别设计(如图 4-13 所示)。封面除了书名、原作者姓名、译者姓名和绘图者姓名以外,还印了一幅极具中国特色的茶杯的图片,以及有中国特色的上下边框装饰。而在封面文字内容的字体设计上,该译本突出了原作者陆羽的名字,将其用加粗黑体置于封面中间稍微偏下的位置,书名用了填充红色的边框进行突显。封面前勒口也是对《茶经》的简要介绍,突出《茶经》的重要价值。该译本的扉页设计也很别致,居中一个大大的"茶"字,突出原作的中国背景,相较于译者和插图绘制者,原作者陆羽的名字也是放在比较显眼的位置。此外,该译本还充分利用了封底的空间。该译本封底色彩图案和封面一致,但不像"大中华文库"译本一样,没有任何文字信息,而是直接摘选了《茶经》正文的一部分,介绍了饮茶的重要意义和价值。而饮茶的价值无疑与《茶经》这一典籍的价值是互为一体的。

**图 4-13　卡朋特译本封面、前勒口、扉页、封底**

《国际茶亭》译本,严格说来,还不能被称为一本书,只是网络杂志的一期内容,因此只有封面,没有封底、扉页和勒口。在封面设计上,该译本和前两个译本存在显著差别。译本封面更像一本杂志封面,为大幅的陆羽手拿一片茶叶的雕像,封面醒目的标题是《国际茶亭》(*Global Tea Hut：Tea & Tao Magazine*)杂志的名称,《茶经》的英文名只出现在左下角,给人的感觉是,《茶经》只是这本杂志这一期的一篇文章。而这个译本的译者,则完全处于隐身状态,不管是在正文还是副文本中,都没有出现任何译者的信息。弱化译者信息,可以给读者传达这么一种感觉,即他们阅读的就是陆羽的作品,只是用英语表述出来而已(如图 4-14 所示)。

总的说来,若从译本的字体字号、版面形式、封面设计来看,如果说"大中华文库"译本像一部严肃的学术著作,那么卡朋特译本就像一部普通的科普作品,《国际茶亭》译本则像是时下流行的大众通俗读物,而版面设计体现的这种效果自然会影响译本在普通读者中的传播和接受。不过这些并非译者的工作,而是编辑的行为。字体字号、版面形式、封面设计会影响翻译作品的传播效果,这也说明,翻译绝非译者的个人行为,翻译过程中的其他主体也发挥着非常重要的作用。

**2.插图**

如前所述,语言是信息的主要载体,但并不是唯一的载体。非语言符

图 4-14 《国际茶亭》译本封面

号同样可以承载信息。在非语言符号中,字体字号、版面形式、封面设计可以增加额外的信息,影响读者的阅读效果。但除了字体字号、版面形式、封面设计,还有一种非语言符号,几乎具有和语言符号同样强大的意义构建功能,这种符号就是图像。

在传媒界,素来有"一图抵万言"的说法。图像在构建文本意义方面有很多优势。比如,与语言传播和文字传播相比,图像传播更具直观性、生动性,能够全面、快速、准确地反映客体。[1] 有插图的文本比只有语言信息的文本更容易理解。[2] 图像可以突出文本重点,吸引读者的注意,使文本更简洁、更具体、更连贯、更易理解,有助于将陌生的文本与读者的先验知识产生联系,使文本更易于识记。而文本越难理解,图像的帮助就越

① 陈星宇. 读图时代下图像的传播动因研究. 扬州:扬州大学硕士学位论文,2011.

② Ketola, A. Towards a multimodally oriented theory of translation: A cognitive framework for the translation of illustrated technical texts. *Translation Studies*, 2016, 9 (1): 67-81.

大。① 图像可以通过对文本进行延展、扩充、完备,对文本意义进行补充和支撑。② 如在绘本中,图像有助于构建场景,界定人物,拓展情节,提供不同的视角,促进语篇连贯,强化文本内容。③

特别是对于科技类图书,图像的作用更为明显。正如有学者指出的:

> 对复杂技术实践的描绘,如果仅有图而无文字,读者只能获得表象知识,难以进行精确复原;如果仅有文字而无图,即使具备数据、形制、原理说明这些关键信息,也难以直观呈现。对技术图说而言,"图"与"说"结合,互为表里地完整记录技术实践,将设计者和工匠的知识进行融合和表达,更利于复杂技术的理解、复原和传播。④

而在跨文化传播中,图像更是具有一些语言符号无法比拟的优势,因为图像可以更有效地将意义与真实世界的事物或概念相连,成为跨越语言障碍的桥梁⑤,即使是全然陌生的事物意象,译语文化读者也可以借助图像,轻松获得感知。

文本中的插图一般被视为文本的一种副文本,然而在翻译作品中,有些插图既是副文本,又不限于"副"文本,因为这些插图是和译本正文搭配共同传递原文意义的,甚至译文语言表述会根据插图进行一定的调整。而这也是插图不同于其他副文本的地方,同时也体现了插图功能的多样性,即既可以具有其他副文本的功能,也具有和正文语言文字同样的构建原文意义的功能。

作为一部茶文化典籍,《茶经》体现了自然科学和社会科学的结合,既

① Carney,R. N. & Levin,J. R. Pictorial illustrations still improve students' learning from text. *Educational Psychology Review*,2002,14(1):5-26.

② Mateo,R. M. Contrastive multimodal analysis of two Spanish translations of a picture book. *Social and Behavioral Sciences*,2015,212:230-236.

③ Fang,Z. Illustrations,text,and the child reader:What are pictures in children's storybooks for?. *Reading Horizons*,1996(37):130-142.

④ 陈悦.《新仪象法要》的图说表达. 自然科学史研究,2016(3):254.

⑤ Finch,A. & Song,W. Speaking louder than words with pictures across languages. *Ai Magazine*,2013,34(2):31-47.

有丰富的物质层面的茶学知识的客观介绍,也有精神层面的茶文化内涵,若是仅仅凭借语言,是很难让缺乏中国古代茶叶知识的西方读者理解的。特别是文中涉及的古代茶器茶具,对西方读者而言更是全然陌生,就算语言描述得再细腻,读者也很难获得对这些事物的充分感知。而图像刚好可以解决这样的问题。

然而,"大中华文库"译本完全是依靠语言符号传递原文信息的,除了开头一幅陆羽画像,正文中没有使用任何插图。而卡朋特译本和《国际茶亭》译本除了语言符号外,还使用了大量的插图,在增加译本趣味性的同时大大降低了译本的理解难度。

(1)卡朋特译本插图

卡朋特译本使用了大量的黑白手绘插图,由希茨绘制。抛开引言、前言中的插图不算,该译本正文一共使用了34幅插图。插图的位置有的单独占一页,有的位于页面上方,有的位于页面下方,有的位于页面中间,有的是多幅插图同时出现在一个页面。这些插图的类型如表4-6所示。

表4-6 卡朋特译本插图类型

| 插图类型 | 插图数量 | 插图类型 | 插图数量 |
| --- | --- | --- | --- |
| 茶具/茶器 | 21 | 择水 | 1 |
| 茶饼形状 | 2 | 茶艺 | 5 |
| 中国文化 | 1 | 茶事 | 3 |
| 人物 | 1 | | |

在卡朋特译本中,使用插图最多的是在介绍茶器和茶具时,共有21幅。这些使用插图进行辅助介绍的茶具/茶器,一般是单凭语言无法描述清楚,或者说西方读者仅凭语言描述很难产生直观印象的古代器具,如籯、杵臼、碾、罗合等,因此,插图和语言形成了一种互补关系。

除茶具/茶器外,关于茶艺的插图共有5幅,其中1幅描绘水沸腾的状态,1幅描绘一人在山林中煮茶的情景,3幅描绘各个阶层的人煮茶饮茶的情景。不同于茶具/茶器的插图,这几幅图和语言描述的内容并不严格一致,只是提供了一种比较直观的饮茶煮茶场景,和语言内容构成了一种图文并置关系。与此类似的是"之事"一章中出现的关于茶事的 3 幅插图,描绘的也是饮茶、煮茶场景,这几幅图很难找出和正文中哪一则饮茶故事有直接联系,但能给读者营造一种古人饮茶的氛围。

另外,有 2 幅茶饼形状的插图,描绘出和不同茶饼形状相似的具体事物,和正文语言的比喻式描述形成互补。还有 1 幅是涉及中国文化词的插图,是伏羲绘制八卦的插图,正文中并未单独对伏羲八卦进行描述,因此这幅图具有类似于注释的信息增补功能,有助于读者对中国八卦形成直观的认知。另有 1 幅是周公的画像,介绍历史名人时不少作品习惯于提供画像,这也有助于读者对人物产生比较深刻的印象。最后,还有 1 幅插图是关于水的描绘,出现在"之煮"一章,描绘的是一人在山间择水的情景,整幅图突显的是不同区域水的状态,和正文对不同山水的描述形成照应关系。

丰富的插图成为卡朋特译本的一大亮点,可以在很大程度上帮助译文读者更好地理解译本描述的事物和现象。然而,该译本的插图也存在一些问题,未能充分发挥插图在文本中的效果。

首先,译本中的插图缺乏标注。在正文 34 幅插图中,只有 2 幅插图下面配有文字标注,来说明插图的内容。其他插图没有任何标注,给读者理解插图带来一定的困难,特别是有些比较抽象的插图,读者往往需要付出更多认知努力,才能将插图和文字描述联系起来进行理解。

其次,插图的位置安排比较随意。译本中很多插图并不是严格置于语言描述旁边,插图和语言描述的位置也不统一。以茶器、茶具的插图为例,有些插图置于语言描述上方,有些在语言描述中间,有些在后面,有些是对几个器具介绍过后再将几个器具的插图放在一起。加之插图缺乏文字标注,增加了读者将插图和文字介绍相关联的认知努力。

再次,译本中的插图都是黑白手绘插图,可能由于当时印刷技术的限制,这些插图印制出来并不是特别清晰。有些插图还显得非常抽象虚幻,艺术气息太过浓厚,也给读者的理解带来困难。《茶经》语言上带有文学作品的色彩和风格,但就内容而言,应该算是一部农业科技典籍。科技图书最大的特点是严谨、准确,不同于文学作品中为追求艺术效果可以运用虚实结合的夸张手法,也不同于纯艺术作品那般讲求抽象的艺术美,科技图书中的插图不能模糊不清,也不能随便臆造,更不能添枝加叶,必须表达所保持内容的科学性和真实性。① 像《茶经》这样的典籍,其读者并非艺术界人士,而非艺术爱好者或非艺术专业人士理解抽象的艺术作品比理解文字表述更难。在典籍中添加插图最主要的目的是辅助读者理解文字内容,是降低理解语言文本的难度,若是添加的插图本身很难理解,读者又达不到理解艺术作品的高度,那这种插图的意义就十分有限了,还可能增加读者的认知负担。因此,要更有效地发挥插图的作用,对于《茶经》这类典籍,所配插图,其风格最好是写实而非写意,特别是和文字内容关系紧密,和文字内容形成互补关系的插图。至于在文字内容之外,烘托整体氛围的插图则可以灵活很多。在这个方面,《国际茶亭》译本中插图的使用便处理得更好一些。

最后,卡朋特译本虽然有很多插图,但插图数量还是不够的,正如亚马逊美国网站上读者所评价的,译本中还有很多需要插图的地方没有配上插图。

另外,插图和文本应该是图文结合、相辅相成、以图释义②。对同一事物的描述,添加插图和不添加插图,表述方式应该是有所不同的。换言之,在翻译纯粹依靠文字构建文本意义的原文时,若是使用非语言符号进行辅助,那么在译文语言的使用上便应该进行相应的调整,根据所添加的插图要么删减或简化插图可以明显表示的信息,要么增加原文没有表述出来,但插图体现出来的需要进行解释的信息。然而,在卡朋特译本中,语言层面的翻译并没有针对添加的插图进行任何调整,这也在一定程度

---

① 艾买提,李胜年,布艾杰尔.地学类科技期刊插图的绘制特点.中国科技期刊研究,2003(6):710-713.

② 艾买提,李胜年,布艾杰尔.地学类科技期刊插图的绘制特点.中国科技期刊研究,2003(6):710-713.

上削弱了插图的价值。造成这种情况的原因,一方面可能是译者缺乏多模态文本构建意识,另一方面可能是译者和插图绘制者不是同一个人,而翻译的过程可能是译者先翻译好,再由绘图者绘制插图,然后由出版社编辑根据排版的方便将插图放入译本之中。在这个过程中,译者、插图绘制者、编辑三方缺乏足够的交流和沟通。

(2)《国际茶亭》译本插图

相较于卡朋特译本,《国际茶亭》译本使用了更丰富的插图,不仅有简单的黑白插图、色彩鲜艳的彩色插图、手绘图、拍摄的清晰彩色照片,还有翻印的中国古代茶画。不过,插图的位置也是有的单独占一个页面,有的位于正文上方,有的位于正文左下角或右下角,有的也是多幅插图同时出现在一个页面。总的说来,《国际茶亭》译本除去前言后记中的插图,正文中共有 43 幅,具体类型和数量如表 4-7 所示。

**表 4-7　《国际茶亭》译本插图类型**

| 插图类型 | 插图数量 | 插图类型 | 插图数量 |
| --- | --- | --- | --- |
| 茶具茶器 | 25 | 地图 | 1 |
| 人物 | 2 | 山林煮茶 | 5 |
| 风景 | 1 | 茶汤特写 | 2 |
| 饮茶煮茶 | 7 | | |

在《国际茶亭》译本中,插图出现最多的也是茶具、茶器,共有 25 幅,其中有 8 幅是从不同角度呈现的茶碗图片。这些图片有的是手绘插图,应该是从其他茶书摘选而来,有的是高清照片,应该是在茶具博物馆拍摄而来或是摘自其他茶书。每幅图都有文字标注其名称,没有标注名称的图也通过编号以注释的形式注明。因此,读者很容易将图片和文字描述对应起来进行理解。高清照片的形式也能让读者对该茶具、茶器形成更清晰的感知。

除茶具、茶器以外,另有 7 幅描述饮茶煮茶情景的图片、1 幅山林风景图、1 幅古代中国地图、2 幅人物图。2 幅人物画中,1 幅是神农的图片,1

幅是陆羽雕像。这些图都来自中国古代茶画,从画中人物装束来看,应是唐朝画作,刚好契合《茶经》原作产生的年代。这些图和译本语言描述的内容都没有直接的关系,但放在译本中可以给读者提供一些附加信息,让读者对原文所处时代的饮茶习俗有一种直观的认识,让其感受中国茶文化的古风古韵。

此外,在译本正文部分还有和封面、封底风格相同的 5 幅大幅的水墨手绘图,配有介绍插图主题的诗意汉语表达和该杂志主编的印章签名。插图描绘的都是一名古代茶人在山林中煮茶的场景,有些突显背景,有些突显人物,无一不显示出茶人和自然"天人合一"般的和谐。另外,在正文中还有 2 幅茶汤的特写,晶莹剔透的茶汤无疑能引起读者对中国天然茶饮的向往。这些图画给整个译本带来了浓郁古朴的中国风情,体现了中国茶文化的悠久历史。

《国际茶亭》译本插图还有一个特点,就是它使用了一些古代茶画。这些古代茶画并不和译本内容直接相关,不过能增强译本的古风古韵,但这些古代茶画大多不是很清晰。阅读《茶经》译本的读者不是考古学者,也不是艺术爱好者,这些茶画若是不够清晰,则不能帮助读者理解文本意义,对读者而言就显得多余。典籍译本中使用插图的最主要目的是帮助读者理解译本内容,因此插图的清晰、易懂非常重要。例如,外文出版社在出版《红楼梦》英译本时,就对古装善本书中的插图不满意,因此请了画家戴敦邦重新绘制了色彩鲜艳、形象鲜明的插图。[1]

不同于卡朋特译本,《国际茶亭》译本的译者有着比较强的多模态文本构建意识,在用目标语言传达原文内容时充分考虑了所植入的插图,通过一些策略调整,使插图和语言文字成为一个有机整体。例如,在介绍茶器/茶具时,英语译本并没有完全按照原文语言提供的信息进行翻译,而是结合插图,对语言所传达的信息进行了调整,有些地方增加了原文没有

---

[1] 陈述军."大中华文库"汉英对照版《红楼梦》副文本指误. 红楼梦学刊,2015(1):313-329.

提到的但插图显示出来，又可能给读者带来困惑的信息，有些地方又删掉了插图可以直接传达、无须语言赘述的信息，做到了图文互补，既给读者提供了更丰富全面的信息，又降低了理解的难度。

如《茶经》中对"碾"的介绍：

> 碾，以橘木为之，次以梨、桑、桐、柘为之。内圆而外方，内圆备于运行也，外方制其倾危也。内容堕而外无余木。堕，形如车轮，不辐而轴焉。长九寸，阔一寸七分。堕径三寸八分，中厚一寸，边厚半寸。轴中方而执圆。其拂末以鸟羽制之。（四之器，p. 114）

《国际茶亭》译本中搭配了"碾"的插图：

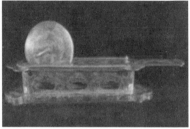

Grinders for tea.

### Grinder

A grinder called a "*nian*（碾）" is used to grind the roasted tea into powder. The best material for the bottom part of the grinder is mandarin orange timber, or pear, mulberry, paulownia, or *Tricuspid cudrania* timber. The bottom part is a rectangle on the outside for the sake of stability, and the inside is a concave oval shape to ease the gliding motion of grinding. Inside the center sits a wooden roller with a diameter of three and three-fourths inches. The roller is one inch thick at the center where there is a square hole, and only half an inch thick at the rim. The spindle that goes through the hole of the roller is nine inches long and one and seven-tenths inches thick. The ends of the spindle tend to become rounder after a long period of usage, while the central part remain square. The residual tea powder is collected with a feather brush called a "*fumo*（拂末）". ①

从插图中已经可以很清楚地看出"碾"的样子，因此在用英文翻译这一段时，《国际茶亭》译本省略了对"碾"的比喻性描述——"堕，形如车轮，不辐而轴焉"，而详细描述了"碾"的大小材质等图片看不出来的信息。

总的说来，《茶经》三个译本，《国际茶亭》译本在构建译文时，对语言符号和非语言符号的使用都是最充分的，其次是卡朋特译本，最后是"大中华文库"译本。而对非语言符号的使用，直接导致几个译本以不同的面貌出现在读者面前，虽然都是典籍译本，但《国际茶亭》译本根据内容主题进行特别的字体字号和版式设计，使用丰富的色彩，图文并茂，使其就像一部流行杂志、生活读物，让读者在获取茶文化知识的同时获得愉悦的视觉享受，因此更易为普通读者所接受。卡朋特译本则像一部科普读物，字体多样、排版清晰、插图丰富、主题突出，读者能够比较轻松地理解和获取所需要的信息。"大中华文库"译本密集的语言表述和排版则体现出典籍的严肃与厚重感，更像一部学术专著。而译本符号资源的使用方式呈现出的译本面貌也会在很大程度上影响译本在目标受众中的传播效果。

和单纯的语言符号相比，图像等非语言符号信息的呈现更直观，特别是在传递具体可感物件的时候，图画无疑能够帮助读者快速理解语言文本的意义。卡朋特译本和《国际茶亭》译本使用了插图这一非语言符号来辅助表达原文信息，丰富了典籍翻译方法。不过总体而言，两个译本对非语言符号的使用还是非常有限的。两个译本对图片的使用带有一定的随意性，以茶具、茶器为例，《茶经》中一共介绍了41件茶器具，但有插图的不到一半，其他没有配插图的器具同样会给读者的认知带来一定困难。此外，其他还有很多地方，如第一章中的茶树形状，第五章中煮茶过程中

---

① Lu, Y. The tea sutra. Wu, D. (ed.). *Global Tea Hut: Tea & Tao Magazine*, 2015 (44): 41.

的水、茶汤在不同阶段呈现的不同状态等,也可以通过插图来减轻读者理解文本的困难。

除针对具体实物的插图外,其他并不对应正文内容的插图意义不够明显,插图下面没有明确的语言进行解释,这些插图虽然能够烘托文本氛围,但阅读《茶经》的读者未必都能欣赏抽象的绘画艺术,领悟这些画作的内涵。这就如同在美术馆,对于艺术家的作品,若是没有语言文字的解释,又有多少普通人能够真正看懂呢?典籍译本毕竟不是纯粹的视觉艺术作品,特别是像《茶经》这样的偏科技类典籍,配图的目的是让读者更好地理解原文内容,因此,清晰明了的图画和语言内容的契合应该是使用非语言符号的最主要目的。

## 二、茶文化典籍翻译传播媒介类型

传播媒介对于译本的传播和接受具有非常重要的影响。然而,这一问题却一直为翻译学界所忽视。翻译研究关注的大多是译本产生的过程,似乎一旦译本翻译出来,翻译工作就算完成了。然而,现实的情况却是,译本的产生只是翻译传播整个过程的一个环节,翻译作品生成后,还有一个流通的环节,而翻译作品的流通所依靠的便是传播媒介。

传播媒介也就是传播的渠道,包括三层含义:一指传播者发送信息、受传者接受信息的途径和方法,如口头传播、文字传播、图片传播、画面传播、声音传播等;二指完成这些传播形式的传播媒介,如报刊、广播、电视等;三指受众获取信息的途径和方法,如一级传播、二级传播、多级传播等。①

对于《茶经》的翻译与传播,三个英译本在传播媒介的三个层面都存在一定的差异,且各自都有改进的空间。

首先,从传播者发送信息、受传者接受信息的途径和方法来看,《茶经》三个译本用的都是文字传播,不过"大中华文库"译本是纯粹的文字传

① 刘建明,张明根. 应用写作大百科. 北京:中央民族大学出版社,1994:788.

播,而卡朋特译本和《国际茶亭》译本在使用文字传播的同时也使用了图片传播,但两个译本使用图片的效果存在差异,《国际茶亭》译本图片更丰富,更清楚,在整个译本中占了很大篇幅。

其次,从完成这些传播形式的传播媒介来看,"大中华文库"译本和卡朋特译本纯粹依靠纸质图书媒介进行传播,传播面窄,《国际茶亭》译本是靠网络传播,而网络传播具有受众面广、传播速度快、互动及时等特点。[①]因此,从这一点来说,《国际茶亭》译本更具有传播优势。

"大中华文库"译本和卡朋特译本都是以纸质图书形式出版发行的,即使是在目前电子书盛行的时代,这两个译本也没有任何电子版本,连最普通的电子扫描本也没有,读者要阅读只能购买纸质图书。然而,即使是纸质图书,这两个译本现在也已经很难买到,出版社似乎已将其遗忘,没有对译本进行再版,译本的可获取性大大影响了这两个译本的传播。就如《国际茶亭》的编辑在撰写《茶经》翻译前言时特别提到的,如今卡朋特译本很难获取。这两个译本若是发行电子版本,必然能够在很大程度上改善这样的境地。正如有学者建议的,为扩大"大中华文库"的传播范围,丛书可以推出 Kindle 电子版[②],这样可以促进译本在西方的流通,毕竟对西方读者而言,购买 Kindle 电子版图书比购买纸质图书方便多了。

在数字化时代,随着电子阅读的日益流行,将纸质版本改为电子版本已是大势所趋,各个领域的很多图书都有了非常方便下载的电子版本,大大促进了知识的传播和流通。但若是发行电子版本,我们还需要考虑译本的版式体例设计是否适合电子阅读。若是译本本身体例不适合制作电子版本,那就需要对体例进行调整。这也反映出另一个我们在一开始设计译本时便需要考虑的问题,也就是译本的传播媒介,即译本是以纸质版本还是电子版本发行。有些版式设计适合纸质出版,但未必适合电子出

---

[①] 孙建成,李听亚. 传播学视角下的网页汉英翻译——兼评故宫博物院英语网页. 中国科技翻译,2009(3):28-31,4.

[②] 许多,许钧. 中华文化典籍的对外译介与传播——关于"大中华文库"的评价与思考. 外语教学理论与实践,2015(3):13-17.

版,如卡朋特译本,若是制成电子版本,其版式体例就存在问题。该译本文末尾注的形式就不太适合电子阅读。添加注释是典籍翻译最常采用的翻译策略。很多典籍译本都有大量的注释。而且由于注释较多,大多采用了文末注释的形式。注释是对译本正文的解释,一般而言最好和正文实现同步阅读。纸质图书前后翻页比较方便,但普通 PDF 格式的电子书翻页查找注释就非常麻烦。此外,卡朋特译本还使用了很多插图,辅助说明文本意义。但在设计插图位置时,编辑可能出于排版方便的考虑,并没有将所有插图置于文字表述旁边。例如,译本中有不少茶器、茶具的插图,大多不是和该插图的文字描述放在同一个页面。有些地方还是多幅茶具的插图放在一起,单独占半页空间,和插图的文字描述间隔好几页。对于纸版图书,从阅读的方便来看,这样的设计也不会有多大问题,但若是电子图书,读者就需要不断前后翻页核对,造成阅读不便。因此,在文本生成过程中,是非常有必要将译本的传播媒介纳入考虑范围之内的。

不同于"大中华文库"译本和卡朋特译本,《国际茶亭》译本目前还没有纸质版本,只有电子版,在网上发行,可免费下载,这保证了译本的可获取性和传播的便捷性。在人们越来越倾向于网络阅读的时代,电子译本无疑更有助于译本的传播。不过该译本也只是最普通的 PDF 文件格式,需要一页一页翻动阅读。该译本中插入了很多图片,有些也是为了排版方便,将多幅插图集中放到同一个页面,因此有些插图和与之对应的文字介绍间隔了好几页。此外,该译本占据整个页面的插图很多,出现频繁,且这些占据大量篇幅的图片都不是和文字描述直接相关的。若是纸质杂志,这种类似画报式的体例会大大增加译本的趣味性和吸引力,但电子格式反而会影响读者阅读的流畅性。这也是我们在设计多模态文本时特别需要考虑的问题。

最后,从受众获取信息的途径和方法来看,对于"大中华文库"译本和卡朋特译本,读者只有通过购买或从图书馆借阅纸质图书才能获得。因此,这两个译本只能处于一级传播阶段,且随着纸质版本售完,在没有再版的情况下,译本的传播便会几近终止,即使再版,也仍然会停留在传播受众直接购买的一级传播阶段。若要突破这一阶段,必然需要改变其传播载体。而《国际茶亭》译本刊发在"国际茶亭"网站上,其最初的对象为国际茶亭组织的会员,读者可以直接下载或在线阅读。这也属于一级传播,但该译本简短精练,又是电子版本形式,因此有可能转贴分享到其他网络社区论坛,针对更大的群体进行传播,实现二级传播,进而进入其他媒介平台,形成多级传播,实现传播范围、效果的"几何状扩大"①。由此可见,要实现更好的传播效果,传播媒介的选择至关重要。

随着数字新媒体技术的发展,网络媒介成为跨文化传播的主流,在这样的情况下,茶文化典籍翻译还可以进一步借助新媒体的优势,考虑传播受众的阅读需求和阅读习惯,创新其翻译模式和出版体例,提升传播的广度和效果。

## 第四节　茶文化典籍翻译传播受众

受众是传播活动存在的基础,在传播过程中,受众既是传播的对象、出发点,又是传播的目标、归宿点。② 也就是说,任何一个传播媒介都是以受众为传播对象并以实现对受众的有效传播为目的。③ 可见,受众是产生传播效果的关键。传播活动只有被受众所接受,并在受众中产生一定的效果,传播过程才算完整。④ 因此,在传播领域,传播受众越来越受到重视,特别是随着互联网及新媒介技术的发展,受众可以随时获取大量信息,因而有了更多的选择,在传播活动中主动性也随之增强,不再像以前那样被动接受信息,在传播活动中发挥的作用也越来越明显。对于受众在传播活动中的重要性,施拉姆(Wilbur Schramm)曾这样解释:受众参与传播就好像在自助餐厅就餐,媒介在这种传播环境中的作用只是为受众

①　黄朔. 媒介融合视域中微博多级传播模式探究. 东南传播,2010(6):99-101.
②　张国良. 传播学原理.2 版. 上海:复旦大学出版社,2009:201.
③　张伶俐. 基于受众心理的高效传播策略. 编辑之友,2013(5):71-72,112.
④　杨纯. 浅谈受众心理与传播效果. 新闻知识,2002(6):27-28.

服务,提供尽可能让受众满意的饭菜(信息)。至于受众吃什么,吃多少,吃还是不吃,全在于受众自身的意愿和喜好,媒介是无能为力的。换句话说:"这个理论假设的中心是受众。它主张受传者的行为在很大程度上是由个人的需求和兴趣来决定的,人们使用媒介是为了满足个人的需求和愿望。"①

在翻译研究领域,翻译受众同样重要。翻译受众也就是译文读者,而译文读者一直是翻译研究重点关注的对象,也出现了不少以读者为中心的翻译研究。2015 年,纽约州立大学出版社(The State University of New York Press)出版了一部真正折射西方读者对汉语典籍阅读期待的学术论著《为西方读者翻译中国》(*Translating China for Western Readers , Reflective , Critical , and Practical Essays*),主编顾明栋便是将"读者友好型翻译"作为主线贯穿其收录的所有论文,指出"阅读是翻译的基础,没有阅读就没有翻译","翻译的价值不在原文,而在于目标读者。中国典籍外译也是如此",因此,中国典籍英译应该以读者为导向。② 虽然读者的接受效应不是衡量译作价值的唯一标准,但一套书的出版,如果没有读者的广泛接受,自然就达不到传播的有效性,其译介与出版的价值就会引起质疑。③

对于译文读者,翻译学界一直都是非常重视的。不少学者提到,翻译需要有准确的读者定位,需要针对不同的读者采取不同的翻译策略,因为不同的读者有不同的阅读期待和理解能力。在翻译之前,只有定位好读者,翻译才能达到理想的传播效果。

然而,定位目标读者并非想象的那么简单,特别是中国文化典籍翻译

① 何其聪,朱继东. 十年后的新闻业:受众的变化和一张网. (2010-10-08)[2017-12-10]. http://www.xinhuanet.com/zgjx/2010 - 10/08/c_13547000.htm.

② Gu, M. & Schulte, R. *Translating China for Western Readers: Reflective, Critical, and Practical Essays*. New York: The State University of New York Press, 2015: 8-10.

③ 许多,许钧. 中华文化典籍的对外译介与传播——关于"大中华文库"的评价与思考. 外语教学理论与实践,2015(3):13-17.

的读者定位。在翻译实际操作中,其实很多典籍译本都没有明确的读者定位,特别是由中国一方推出的翻译。我们在开展中国文化典籍外译工作时,主要目的是传播中国文化,总是希望尽量多的西方读者成为译本的受众。因此,中国的典籍,特别是中国译者翻译的中国典籍,很少是专门针对特定读者的,比如汉学家进行翻译的,大多数以西方普通读者为默认受众,但在翻译过程中往往会不由自主地以原作为中心,真正考虑读者的需求和理解接受能力而对译文进行调整的并不多,导致中国译者的译本在西方接受度不高。不于中国译者,英语母语译者翻译中国典籍是一种文化引进行为,相对而言目标读者定位比较明确,而且在很多情况下,其目标读者就是译者自己所属的群体,因此在翻译过程中会自然而然地进行一定的调整。而这也是英语母语译者的译本接受度更高的原因之一。

总而言之,在翻译过程中定位目标读者是必要的,而真正根据目标读者的需求进行翻译则更重要。就《茶经》的三个译本而言,虽然译者没有在翻译前言中明确提到自己的目标读者,但其翻译的不同方式,也就决定了该译本最适合的读者对象。

## 一、茶文化典籍翻译受众类型

茶文化典籍翻译受众也就是茶文化典籍译本的目标读者。相较于其他中国文化典籍,茶文化典籍的目标读者呈现出更大的多样性。原因在于,茶文化典籍是对茶的介绍,既涉及茶的物理特质,也涉及茶的精神文化内涵,而茶又是普通人的日常生活饮品。因此,对茶文化典籍译本感兴趣的读者便呈现出多样性,既有研究中国茶和茶文化的专业读者,也有普通读者。而普通读者中可能有茶爱好者、普通饮茶者,也可能有非饮茶者。专业读者阅读茶文化典籍主要出于学术研究目的。茶文化典籍是自然科学和社会科学、物质和精神的巧妙结合,既有科技类典籍的科学性,也有人文社科类典籍的文化艺术性,其专业读者可能既有自然科学领域的学者也有人文社会科学领域的学者。而专业读者,出于学术研究目的阅读译本,对译本中一切"异"的东西都会具有较强的包容和接受度,或者更确切地说,他们甚至可能对译本中的"异",不管是语言的"异"还是内容的"异"都有着强烈的期待,译本中"异"的东西也正是其研究的对象。此外,专业学者型学者,在尚未阅读译本之时就已经具有了大量有关茶的知识储备,有着比较强的理解能力。对于这样的受众,译者需要做的就是尽量忠实、准确、完整地传达原文的信息,甚至提供更多的信息,帮助其专业读者更好地开展研究。

相较于专业读者,普通读者阅读茶文化典籍译本的目的主要还是希望了解茶这一饮品,进而了解一些茶文化知识,获得一种精神上的享受。而普通读者又可以分为不同的类型,首先是茶爱好者,他们不做学术研究,但喜爱饮茶,希望通过阅读茶文化典籍了解更多的茶叶饮用和冲泡方法,以及如何在饮茶过程中提升自己的精神修养。随着中国茶文化活动在世界各地的推广,这部分读者的人数日益增多,可以成为茶文化典籍译本最重要的传播受众,如国际茶亭组织的会员便是这样的读者。

除了茶爱好者,非饮茶者也可能成为茶文化典籍译本的读者。毕竟茶如今已成为全世界最流行的饮品之一,即使不是茶爱好者,也可能会愿意阅读茶文化典籍译本,以获得一些基本的茶叶养生知识,满足自己的求新求异心理。

对于这一类普通读者,就需要在翻译内容和翻译方式上考虑其阅读需求、阅读习惯和阅读能力,进行灵活翻译,以读者熟悉的表达方式传递读者感兴趣的内容,也就是在表达形式上让读者感觉自然亲切,更符合目的语表达规范与阅读习惯。比如,可以在保留原作核心内容的同时,对不符合传播目的的内容做相应缩减,努力在内容和形式上与国外普通读者的话语环境和接受环境建立认同。①

茶文化典籍翻译传播成功与否,很大程度上就取决于各种类型的读者是否愿意接受译本,以及是否能够理解译本。这是两个层面的问题。

---

① 刘立胜.《墨子》复译与译者话语权建构策略比较研究. 浙江外国语学院学报,2017(1):75-81.

读者是否愿意接受译本,主要是看译本能否满足读者的接受心理;而读者能否理解译本则与读者的理解能力有关,或者说译本能否和读者产生视域融合,能否和读者建立足够的共通意义空间,从而为读者所理解。而译本的翻译内容、翻译策略和推广方式,则直接影响读者的接受和理解。

## 二、茶文化典籍翻译受众对译本的接受

译本为目标读者所接受是所有翻译的终极目标。被翻译的作品也只有被读者接受才能实现自身的价值。译作只有进入与读者发生关系的接受过程,才能显示出自己的价值。[①]

针对目标读者对译本的接受问题,目前大多数研究是从接受美学视角进行考察的,很少关注读者心理需求对译本接受的影响。而受众作为社会群体,具有一定的心理和生理机制。传播活动首先必须作用于人的心理,以心理为中介,才能产生它的效果。忽略了这一中介的作用,就谈不上传播效果的产生。[②]

传播学者对受众接受心理的研究发现,认识社会、获取信息、获取认同期待、寻求心灵归宿是受众接受心理的重要特征。随着人们生活压力的增大,调节和放松心情成为人们接受媒介信息的主要目的之一。[③] 也有研究者将受众心理归纳为需求心理、认同心理、共鸣心理和选择性心理四种。[④]

翻译,作为一种传播活动,其受众同样具有上述心理特征。翻译活动要获得成功,就要满足读者受众的这几种心理。但不同类型的读者又会呈现出不同的心理特征。就《茶经》翻译而言,《茶经》不同译本由于其翻译方式不同,在适合读者对象和满足读者心理方面也有所不同。

---

① 陈刚. 归化翻译与文化认同——《鹿鼎记》英译样本研究. 外语与外语教学,2006 (12):43-47.
② 杨纯. 浅谈受众心理与传播效果. 新闻知识,2002(6):27-28.
③ 范晓光. 新媒体时代受众心理把控与传播理念转型. 新闻爱好者,2017(3):87-90.
④ 惠子. 试论民俗传播中的受众心理. 东南传播,2011(1):101-104.

### (一)茶文化典籍翻译受众的需求心理

人类一切活动的基础说到底是满足各种需求。人是有需要的动物。需要与人们的本质和实际处境有关,它表现了人们对物质、社会和精神方面的真正需求。① 马克思(Karl Marx)说过:"没有需要,就没有生产。"同样,没有接受信息的需要就没有传播的产生。传播者只有了解到受众在特定条件下的特定需要,并设计与此相适应的内容和形式,才能使大众传播产生良好的效果。②

因此,受众是信息传播的"目的地",受众的需要是传播发展的原驱动力,是传播过程得以存在的前提和条件。受众又是传播效果的"显示器",只有符合了受众需要的传播活动才能够达成传播者的意图,才能取得良好的效果。③

如前所述,茶文化典籍是对茶的介绍,而《茶经》也主要是对茶的起源、产地、性状、品性、功能、采茶制茶器具、采制方法、烹饮方法等的介绍,可以说是一本关于茶的科普读物。对于科普读物的受众,满足对茶叶和茶文化基本知识的需求是其选择阅读的主要动机。对于专业读者,《茶经》译本就需要最大限度地满足其对所有和茶相关的知识的需求。而原文所有信息,除了明显的冗余信息,都可能对研究者具有重要研究价值。就这一点而言,"大中华文库"译本对《茶经》的几乎完整准确的翻译基本能够满足专业读者的需求。但是对于普通读者,该译本则有所不足。一来该译本对原文内容的完整翻译使得译本中存在不少普通读者并不需要了解的信息,如在讨论翻译内容时我们提到的一些考证性信息或和茶主题关联不大的信息,这些信息会增加读者的阅读负担。二来该译本由于受"大中华文库"统一体例的限制,也未能添加充分的辅助信息来帮助读

① 邵培仁. 传播学. 3 版. 北京:高等教育出版社,2015:310.
② 邵培仁. 传播学. 3 版. 北京:高等教育出版社,2015:310.
③ 杨纯. 浅谈受众心理与传播效果. 新闻知识,2002(6):27-28.

者理解译文中的茶和茶文化知识。

普通读者除了有知识的需求，还有可读性需求。对普通读者而言，《茶经》也应该像其他科普读物一样，在对科学知识的阐述上，符合大众的阅读能力。① 而读者最易接受的科普读物一般是图文并茂、文字简洁生动的读物。卡朋特译本和《国际茶亭》译本语言简洁，句式相对简单，标准类符/形符比较低，且配有精致的插图，辅助读者理解文本内容，相较于"大中华文库"非常正式的纯文字译本，更能满足普通读者对可读性的需求。

然而，正如我们在上一节的分析中所发现的，卡朋特译本和《国际茶亭》译本仍然有不少改进的空间，特别是在插图的选择上可以更具体更清晰一些，避免给读者带来处理插图所需要的额外认知努力。除了满足普通读者的需求，卡朋特译本和《国际茶亭》译本因其丰富详细的注释，也能为专业读者提供有价值的参考。两个译本提供的注释都有不少拓展性信息，能够在更大程度上满足专业读者的知识需求。

此外，普通读者还有对浅阅读方式的需求。浅阅读方式是当代受众阅读心理的一种新需求。浅阅读不是简单、粗放的浏览，不是肤浅的阅读形式，而是要求信息内容的表达深入浅出，用语精练、生动、形象，表意准确、到位、有深度。可以说，浅阅读对信息的传播提出了更高的要求。受众的浅阅读需求是因为快节奏的生活和工作方式，也是因为于信息量的快速递增，同时，新的传播方式也为浅阅读提供了便捷的信息接收平台。科普读物要满足受众的浅阅读需求，一是要多使用生动简洁的语言，二是要善于用图片说话，三是要充分利用新媒体传播渠道。② 在这一点上，《国际茶亭》译本，语言生动简洁，配有色彩丰富的插图，且语言和插图契合度高，例如对茶具、茶器的介绍，基本做到了以图释义。此外，该译本还删掉了一些和主题无关的信息，保证了信息的必要性和充分性，每一章的内容都不多，更能满足读者的浅阅读需求。

---

① 王芳. 从受众心理略论提高我国科普读物质量的策略. 中国出版，2015(17)：41-43.
② 王芳. 从受众心理略论提高我国科普读物质量的策略. 中国出版，2015(17)：41-43.

因此,从受众需求心理来看,《茶经》三个译本都基本能满足读者的需求心理,不过"大中华文库"译本能够满足的是专业读者的需求,不太适合普通读者,而卡朋特译本和《国际茶亭》译本正文简洁流畅,图文结合,注释采用尾注或是篇末注释形式,不影响正文的流畅性,让读者可以自由选择是否阅读,既能满足普通读者的需求,也能满足专业读者的需求。

### (二)茶文化典籍翻译受众的认同心理

认同心理指个体对组织目标的认同从而产生的一种心理状态。这一心理状态可产生肯定性的情感,成为客观目标的驱动力。[①] 茶文化典籍翻译涉及的认同心理主要是文化认同(cultural identity)心理。

对于文化认同,目前存在不同的理解,文化领域内的学者也还没有形成共识。国外对文化认同的理解通常有两种方式。一种强调文化认同的个体层面,如文化认同是与一个文化族群相关的个体的自我主观意识,是处于某一文化群体中的个体对自我知觉和自我定义的反映。而另一种则关注文化认同的社会层面,如文化认同是社会认同的一个方面,是个体与文化情境相互作用的结果;是个体对特定民族和特定国家的归属感和心理承诺,具体包括民族认同和国家认同。[②] 我国学者认为,文化认同是个体对某种文化的认同程度,具体是个体自己的认知、态度和行为与某种文化中多数成员的认知、态度和行为相同或相一致的程度;是个体对于所属文化以及文化群体形成归属感及内心的承诺,从而获得、保持与创新自身文化属性的社会心理过程;或者是对不同文化特征的接纳和认可态度,具体包含认知、情感及行为等三个部分。[③] 而跨文化翻译中涉及的文化认同

① 孙晓娥. 网络时代大学生心理发展与网络道德教育探究. 淮海工学院学报(人文社会科学版),2014(12):132-134.
② 董莉,李庆安,林崇德. 心理学视野中的文化认同. 北京师范大学学报(社会科学版),2014(1):68-75.
③ 董莉,李庆安,林崇德. 心理学视野中的文化认同. 北京师范大学学报(社会科学版),2014(1):68-75.

是指,出发文化的文化因子在被引入目标文化之后,安全度过排异期,最终被目标文化所吸收。①

虽然学界对文化认同有不同的解释,但有一点是共通的,就是个体通过与某种文化的接触,接受和认可某种文化。文化认同影响着个人的社会身份认同和自我认同,引导着人们热爱和忠实于民族文化,从而保存和扩大民族文化,并最终将其纳入个人的价值观这一深层心理结构之中。② 一般而言,人们对本国的民族文化是比较容易形成认同感的。人在特定社会文化环境中的成长就是不断寻求自己所属文化认同的过程。然而,对于来自异域的异质文化,除非该文化与本土文化存在某种渊源或者联系,普通民众是很难具有认同感的。而我们的文化典籍翻译在西方国家的传播效果至今不够理想,主要原因之一可能就是我们的经典很难获得西方民众的文化认同。而中国文化"走出去"的外译之路应以寻求其他民族对中国文化的认同和接受作为一切工作的目标指向。③

寻求其他民族对中国文化的认同和接受,首先要清楚在什么情况下人们才会对异域文化产生文化认同。一般情况下,一个人发现自身与一个群体、种族、国家的人们共有某些相对一致或类似的特质和气质,便能够获得归属感和认同感,并与其他社会群体区分开来。④ 这就是说,如果异域文化存在让个体感到熟悉的气息,或是与个体当前所属文化有一致或类似的特质,便能够获得个体的认可。就翻译而言,如果源语文化中有与译语文化相一致或类似的气息,或是译本中呈现出让目标读者感到熟悉的东西,便比较容易获得目标读者的文化认同。例如,寒山诗获得美国读者的高度认同,在美国成为经典,就是因为寒山的文化形象符合 20 世

---

① 王东风. 文化认同机制假说与外来概念引进. 中国翻译,2002(4):8-12.

② 蒋晓丽,张放. 中国文化国际传播影响力提升的 AMO 分析——以大众传播渠道为例. 新闻与传播研究,2009(5):1-6.

③ 裴等华. 中国文化因子外译过程及其影响因素探析——基于"文化认同机制假说"的讨论. 外语教学,2014(4):105-108.

④ 周晓梅. 试论中国文学外译中的认同焦虑问题. 外语与外语教学,2017(3):12-19.

纪五六十年代美国社会文化界对中国诗人的想象,也与当时盛行的嬉皮士运动的审美期待相符。① 又如,西方传教士在翻译儒家著作的过程中极力寻找儒家思想与基督教义之间的联系,因此其译本相较于其他译本获得了更多西方读者的认同。18 世纪上半叶,中国元代戏剧《赵氏孤儿》法译本问世。该译本的问世引发了欧洲争相转译、改写及演出的热潮,持续到了 18 世纪中后期,构成了 18 世纪欧洲"中国热"的文化景观。主要原因有二:一是《赵氏孤儿》的异国情调满足了当时西方社会萌动勃发的对中国文化的好奇心;二是其中的中国传统道德蕴含了西方社会向往的政治理想及道德规范。②

从上述中国文化典籍外译的成功案例来看,中国文化典籍译本所传达的中国文化要获得目标读者的文化认同是可能的,关键在于让目标读者从译本中获得一种熟悉感和亲切感,或是包含目标读者所向往和追寻的东西。从这两方面来看,茶文化典籍有着天然的优势,相较于其他典籍而言,比较容易获得西方读者的文化认同。

不同于其他文化典籍,茶文化典籍有一个物质载体:茶。而茶已经是一种世界饮品。全世界的人,虽然不一定都喝茶,但大多数听说过茶,见过茶。而介绍茶的起源、栽培饮用方式、奇闻逸事,自然会让读者产生一种熟悉亲近感。其次,中国茶文化所体现出了和谐、天然、生态的理念,通过饮茶可以获得一种精神上的充实和内心的纯净,这也是当今这个喧嚣浮躁世界的人们所共同向往的。

茶文化典籍,就其主题和内容而言,有获得西方读者文化认同的天然前提。然而,虽然茶这一物品对西方读者而言是熟悉的,但茶文化典籍中所介绍的茶又是西方读者感到陌生的。西方读者习惯的是茶饮料、立顿红茶那样的袋泡茶,或者英式红茶;对于绿茶,他们了解的只是简单冲泡方法,对中国传统精细的泡茶程序和分工明细的茶器、茶具是不熟悉的,

---

① 罗坚. 论加里·斯奈德与寒山的文化共鸣. 湖南城市学院学报,2010(1):90-93.
② 吕世生. 元剧《赵氏孤儿》翻译与改写的文化调适. 中国翻译,2012(4):65-69.

茶的加工采集过程若非专业人士，也是陌生的。而茶文化典籍中涉及的中医养生、历史地理、古代名人、传统习俗乃至茶事隐含的儒释道文化更是西方读者不知的。如何让读者接受这些文化，对中国茶文化乃至中国文化产生文化认同，就需要合适的翻译策略。

从读者接受的角度看，适度的归化翻译，包含语言形式的归化和内容的归化，或是有关文化信息的注释，无疑能够减少译文给读者带来的陌生感。只要原文核心价值能够保留，归化的翻译往往更能促进文化的传播。当然这里的归化翻译并非全部的归化，译本中仍然需要保留一些异质的东西，才能满足读者阅读翻译作品的求新求异心理。不过，译文所传达的内容本身对译文读者而言就是异的内容，除非译者进行大刀阔斧的改写，乃至改变原文主旨，一般的归化翻译是不会过度的。

总的来看，《茶经》目前的三个译本，卡朋特译本主要采用归化翻译，除正文之外还包含内容丰富的前言，介绍了茶在西方社会的重要性，以及西方和中国茶的历史渊源，让读者对译本自然产生一种亲近感，因此比较容易获得普通读者的文化认同。不过，卡朋特译本中采用威妥玛拼音的音译不太适合当今读者阅读。《国际茶亭》译本翻译时应该参考过卡朋特译本，也主要采取归化翻译，翻译更简洁，配有彩色黑白插图和大量非常详细的注释，也比较容易获得普通读者的文化认同。而"大中华文库"译本是最忠实、最准确、最完备的译本，从译本可以看出译者在翻译过程中的严谨考证、斟字酌句，无不是为了最大限度地保留原文的意义和精神。此外，译者在翻译过程中具有强烈的茶文化传播意识，原文涉及茶文化内涵的地方翻译得非常准确。这样的译本应该能够获得专业读者的认同。然而，对普通读者来说，译本准确性有余，充分性不足，音译太多，且有不少对普通读者而言陌生又缺乏充分解释的内容，给读者带来较大的阅读困难，再加上结构布局单一，缺乏灵活性，要获得普通读者的认同就相对难一些。

### (三)茶文化典籍翻译受众的共鸣心理

"共鸣"原为物理学概念,指物体因共振而发声的现象,例如两个频率相同的音叉靠近,其中一个发声时,另一个也会发声。在社会生活中"共鸣"一词被广泛使用,通常情形下用来描述人的心理状态,指由别人的某种情绪引起的相同的情绪。① 后来共鸣也被引入文学领域,用来阐释文学接受与鉴赏中的心理现象,其经典定义为在阅读文学作品时,读者为作品中的思想情感、理想愿望及人物的命运遭际所打动,从而形成的一种强烈的心灵感应状态。② 文学活动中共鸣现象的产生,主要有以下几个原因:(1)接受者期待范畴中的思想情念与创作者或作品中人物的思想情念相通;(2)接受者同创作者或作品里人物的情感经验相似;(3)接受者同创作者或作品里人物的意志愿望相近。③

像文学作品一样,翻译作品也涉及读者的鉴赏和接受。翻译作品获得最高程度的接受也就在于让读者产生共鸣心理。作为跨文化传播活动的翻译,只有能够引起其他文化群体的共鸣或者是形成心有灵犀一点通之感,特定文化才能得到其他文化群体的接受和认可,并在其他文化群体中间传播开来。④

而跨文化传播要让传播受众产生共鸣,关键在于对文化传播"共鸣点"(resonance point)的把握。从一定意义上说,只有"共鸣点"才能形成传播,凡是能够传播的文化都必然有文化"共鸣点"⑤。把握好"共鸣点"体

---

① 张守海,任南南.被遗忘的共鸣——试论文学创作中的共鸣现象.文艺争鸣,2013(4):193-196.
② 张守海,任南南.被遗忘的共鸣——试论文学创作中的共鸣现象.文艺争鸣,2013(4):193-196.
③ 黄先政.文学活动中共鸣现象的成因及意义探析.中华文化论坛,2015(8):84-88.
④ 郭秀娟.翻译视角下民族文化"共鸣点"传播研究.贵州民族研究,2017(4):144-147.
⑤ 郭秀娟.翻译视角下民族文化"共鸣点"传播研究.贵州民族研究,2017(4):144-147.

现在两个方面：一个方面是"共鸣点"的选择，另一个方面则是"共鸣点"的表述。茶文化典籍翻译，若要实现茶文化传播的目的，首先就需要找到能让西方读者产生共鸣的"共鸣点"，其次就是用合适的表述方式将"共鸣点"突显出来。

如前所述，文学作品要让接受者产生共鸣，需要接受者期待范畴中的思想情念与创作者或作品中人物的思想情念相通，换言之，也就是作品所体现的内容要带有一定的普遍性、共同性，能够在思想情感上同接受者相通。作品中这种带有普遍性、共同性的东西就是"共鸣点"。那么，茶文化典籍中能让西方读者产生共鸣的"共鸣点"是什么呢？

茶文化一直是中国文化学者的重点关注对象。对于中国茶文化的核心理念，学界已达成共识，将其归纳为"清、敬、和、美"。"清"，是指与茶叶、茶饮相关的清茶、清醇、清淡、清香，以及与情操修养相关的清心、清静、清纯、清净、清平、清雅、清逸、清高。"敬"，是指人与人之间互相敬重的友好关系，以及人对自然、规律、历史、人民的敬畏之心。"和"，是指基于茶文化"清"的本质和"敬"的理念之上的人与人、人与社会、人与自然、人与自己的和谐关系。"美"，既指茶叶的色香味形、茶园的美化、茶人的美意、茶境的美妙，又是生活美满、道德美好、人性美善的概括。① 茶文化的这几个核心理念也是世界上大多数人所追求的生活理念，特别是倡导人与人、人与社会、人与自然、人与自己和谐关系的"和"的理念，更是全世界人民所向往的，可以说茶文化的这几个核心理念是具有普遍价值的，而这些具有普遍价值的理念就是茶文化得以广为传播的"共鸣点"。茶文化典籍翻译，要获得西方读者心理上的共鸣，就要在译文中突显这些"共鸣点"。同时，要以读者能够理解的方式表述出这些"共鸣点"。

从《茶经》目前的三个英译本来看，在茶文化"共鸣点"的传达上，三个

---

① 参见：国际茶文化研讨会达成《湄潭共识》倡导"清、敬、和、美"．（2014-05-29）[2017-12-02]．http://www.zgchaye.cn/news/9454.html.

译本都有对茶文化核心理念的突显,但也都存在一些"共鸣点"缺失或"共鸣点"表述不够充分的地方。

例如,《茶经》开篇就提到了"茶":"茶者,南方之嘉木也。"茶是自然的产物,得天地之灵气,吸日月之精华。将"茶"字拆解开来,得到的便是"人在草木中",这里有两层含义:一是指人与茶一样,生活在天地草木之间,是万物中的一分子;二是指人与草木代表的大自然融合为一体,和谐共存。原文是汉语表述,中国读者只要看到这个"茶"字,便能明白其内涵,然而当前《茶经》的译本都只是将"茶"简单译为"tea",没有对"茶"字的结构进行任何解释,也就没有将"茶"字中"人在草木中"概念体现的人与自然和谐相处的文化内涵体现出来。在这样的情况下,译者其实可以通过注释来突显这样的文化信息。

又如,在《茶经》中,陆羽特别提到了煮茶用水。陆羽在《茶经》第五章"之煮"中说道:"其水,用山水上,江水中,井水下。"将水分为不同等级,突出山水是最好的煮茶用水,而山水也是最天然的水,没有人类加工的痕迹,这里充分体现出陆羽崇尚天然的自然观。

"大中华文库"译本:

> As to the aspect of cooking water, mountain springs always provide a preference. The next option is river water. Well water is but a less satisfactory choice. [1]

卡朋特译本:

> On the question of what water to use, I would suggest that tea made from mountain streams is best, river water is all right, but well-water tea is quite inferior. [2]

---

[1] 陆羽,陆廷灿. 茶经 续茶经. 姜欣,姜怡,译. 长沙:湖南人民出版社,2009:37.

[2] Lu, Y. *The Classic of Tea: Origins & Rituals*. Carpenter, F. R. (trans.). New York: The Ecco Press, 1974:105.

《国际茶亭》译本：

> As for the water，spring water is the best，river water is second，and well water is the worst. ①

在这里，原文客观描述煮茶用水的等级。然而"大中华文库"译本和卡朋特译本的选词都带有明显的主观性。卡朋特译本中添加了"suggest"，表示"提议，建议"，带有主观性。在这里，译者是告诉读者，他自己更加喜欢山水，认为山水是最佳的，因此建议读者泡茶时应当选用山水；"大中华文库"译本中使用的"preference"也表示一种主观的"偏爱和倾向"，未能体现原文崇尚天然的茶道思想。② 而《国际茶亭》译本简洁的客观描述反而更能体现出原文崇尚自然的思想。

又如，《茶经》第四章"之器"中提到了一种用生铁制成的煮茶器皿：镀。

> 镀，以生铁为之。今人有业冶者，所谓急铁，其铁以耕刀之趄，炼而铸之。（四之器，p.114）

生铁是古代人用破损的犁头、锄头、镰刀等废旧农具重新锻造而成的，体现了古人重复利用、节约资源、善待大自然的精神，在古代环保意识尚未萌发之际，更加难能可贵。而当今西方也特别注重旧物的回收利用，因此这样的理念也可以成为中国茶文化和西方受众之间的"共鸣点"。对于这一信息，各个译本的翻译如下：

"大中华文库"译本：

> This tea-boiling wok is called *fu*，and it is commonly made of cast iron，or "pig iron" termed by some professional blacksmiths in

---

① Lu，Y. The tea sutra. Wu，D.（ed.）. *Global Tea Hut*：*Tea & Tao Magazine*，2015（44）：45.

② 沈金星，卢涛，龙明慧.《茶经》中的生态文化及其在英译中的体现. 安徽文学，2014（1）：7-10.

this craft. The iron is smelted with worn and torn farm tools such as ploughshares, spades and hoes. ①

卡朋特译本:

The cauldron is made of pig iron although some of today's craftsmen use the so-called puddled-iron process to make them. They are usually made from old plowshares or scrap chains. ②

《国际茶亭》译本:

The best cauldrons are made of pig iron (鑄鐵), though blacksmiths nowadays often use blended iron, too. They often make kettles out of broken farm tools. ③

在这里,对于"其铁以耕刀之趄,炼而铸之","大中华文库"译本用"worn and torn",《国际茶亭》译本用"broken"来表示"废旧"的意思,两者都很好地突出了废弃物品仍能再加以利用的生态生活方式,这和当今西方读者资源循环利用的生活方式一致,很能引起读者共鸣。而卡朋特译本用"old"来表示,"old"意思是"古老的,陈旧的",但未必是废弃不可用的物品,因此,卡朋特译本未能突出废物利用、节约资源的生态生活方式。

就对"共鸣点"的充分表述而言,相较于"大中华文库"译本,卡朋特译本和《国际茶亭》译本除了文字表达外,还都使用了精美的图片,辅助传达原文的信息,图片中展示的茶具的质朴天然,饮茶环境的清幽雅静,茶人在山林间煮茶、饮茶时和自然的浑然一体,以及茶、人之间的和谐共处,都以更直观的形式向读者传递出了"清、敬、和、美"的茶文化气息,这有时比语言更能引起读者的共鸣。正如有学者在研究民族文化传播时提到的,

---

① 陆羽,陆廷灿. 茶经 续茶经. 姜欣,姜怡,译. 长沙:湖南人民出版社,2009:21.

② Lu, Y. *The Classic of Tea*: *Origins & Rituals*. Carpenter, F. R. (trans.). New York: The Ecco Press, 1974:81.

③ Lu, Y. The tea sutra. Wu, D. (ed.). *Global Tea Hut*: *Tea & Tao Magazine*, 2015 (44):39.

"在民族文化的对外传播中,为了使受众更为清楚地理解民族文化,一方面要采用视频、图片等方式给受众带来直观影像,另一方面要以语言文字对相关问题进行深入阐释,直观影像加上文字翻译,可以使外部受众由表象至内在深入理解文化,在此基础上,才能使受众从意识深处和民族文化形成共鸣,最终促成民族文化'共鸣点'传播"①。卡朋特译本和《国际茶亭》图文并茂的译本自然比纯语言文字的译本更容易使西方受众从意识深处和中国茶文化形成共鸣。

当然,除了突出茶文化核心理念"共鸣点",译本的表述方式对引起读者共鸣也起着十分重要的作用。读者在阅读译本时,对于自己熟悉的表达方式会更容易产生共鸣。在这方面,卡朋特译本和《国际茶亭》译本相对优于"大中华文库"译本。如前所述,"大中华文库"译本内容表述最完备,但表达方式比较啰唆,不仅和原文简洁的表述大相径庭,而且和英语原创文本的表达习惯存在一定差异;卡朋特译本的表达方式最符合英语同类信息的表述方式;《国际茶亭》译本居于两者之间。例如,在介绍茶叶产地的"之出"一章中,"大中华文库"译本用了非常完整的陈述句表述原文用简洁的排比句传达的信息,而卡朋特译本将这部分内容改成了图表形式,读者就如同看产品目录一般,能够获得更为直观的印象,产生共鸣。《国际茶亭》译本则使用了和原文类似的排比句。

总体而言,《茶经》由于其所传递思想内涵的普遍价值,具有引起目标读者共鸣的文化"共鸣点",只要译者把握并充分传达出这些"共鸣点",运用读者熟悉的方式传递原文信息,便能够满足读者的共鸣心理。因此,译者在翻译时,对于文化"共鸣点"的传达要特别谨慎小心。

### (四)茶文化典籍翻译受众的选择性心理

选择性心理指受众对信息选择接受或不接受的心理。② 受众的选择

---

① 郭秀娟. 翻译视角下民族文化"共鸣点"传播研究. 贵州民族研究,2017(4):144-147.

② 惠子. 试论民俗传播中的受众心理. 东南传播,2011(1):101-104.

性心理过程包括四个具体环节:选择性接触、选择性注意、选择性理解和选择性记忆。①

选择性接触指面对众多的媒介信息内容,受众总是愿意将自己暴露给那些他们认为与自己已有态度和兴趣相一致的媒介信息,并且避开那些他们认为与自己固有观念相悖的或自己不感兴趣的信息。选择性注意指个人倾向于注意消息中那些与自己现有态度、信仰或行为非常一致的内容,而避免消息中那些违背自己现有态度、信仰或行为的内容。选择性理解指人们通常依照某些经验来接受和理解传播内容,或者根据已有观念来理解信息,对那些与自己原有观念相反的内容则加以排斥或歪曲,以维持自己已有的观念和立场。选择性记忆指人们倾向于记住与他们的"主导参照结构"相同的材料或态度、信仰以及行为,而忘记那些与他们意见不合的资料。②

茶文化典籍翻译是信息传播活动,它的传播效果无疑会受到其受众,也就是译文读者选择性心理的影响。如前所述,茶文化典籍译本的读者有专业读者,也有普通读者。但相较于专业读者,面对普通读者,茶文化典籍翻译往往需要接受更大的挑战。原因之一就在于,专业读者和普通读者会呈现出不同的选择性心理。茶文化典籍翻译的专业读者是进行茶学和茶文化学术研究的学者,对茶和茶文化本就有一定了解,即使译本中出现异己信息,他们也会带着做研究的态度,通过各种途径积极寻求正确理解。而大多数西方普通读者,除了对中国茶叶有强烈喜爱之情的饮茶者,普通读者虽然也喝茶,但有不同于中国的饮茶方式,并且西方也早已发展出自己的茶文化,因此在理解中国茶文化典籍译本时很可能从自身原有观念出发,对译文信息做出不同的选择性反应。

不过,读者的心理也具有动态性,读者对新事物的好奇心又会影响其对异己信息的选择。这是因为对新鲜事物的好奇心是人类天性的一部

---

① 董璐. 传播学核心理论与概念. 2 版. 北京:北京大学出版社,2016:228.
② 董璐. 传播学核心理论与概念. 2 版. 北京:北京大学出版社,2016:228-231.

分,也是人类和社会发展的动力。当遇到一种不同的文化时,人们固有的文化心理会抵制这种不同的文化,但同时对新事物的好奇心也会促使其去了解它,哪怕这种文化与自己的文化观念相抵触。从这一方面讲,我们应该满足人们的好奇心,翻译时不要将读者的接受性估计得太低。①

鉴于读者这种选择性心理和好奇心理并存的情况,能获得读者接受的译本,就应该是能正确把握文本"异"的程度的译本,既保证译本有满足读者好奇心的足够异质信息,又不能和读者原有文化观念冲突,或者说能够让译本中的异质信息和读者原有文化达到某种程度的融合。从这个层面来看,对普通读者而言,《茶经》卡朋特译本和《国际茶亭》译本比"大中华文库"译本更切合读者的选择性心理。首先,卡朋特译本和《国际茶亭》译本都对原文内容进行了一定程度的删减,比如我们前面提到的像很多注明出处的原文各种考证性的信息和解释,卡朋特译本和《国际茶亭》译本都进行了删减,使译本异质信息相对减少,但也保留了原文核心信息,即对中国茶、茶具和茶事的介绍信息,足以满足读者的好奇心,同时在介绍这些信息时又尽量采用本土化的方法,给读者一定的熟悉感,让读者将这些异质信息与其熟悉的概念产生联系,使之不被排除在读者的选择之外。异质的和本土的在相似中体现差异,相异的和相似的自然融合,为读者所接受。

例如,在翻译第二章"之具"时,里面出现的"灶""釜""甑""杵臼""规""承""襜"等共 15 个器具,"大中华文库"译本全都采用了音译,加上这些器具的别称,这一章共出现了 29 个茶器名称,这对不懂中文的普通读者而言,都是读起来非常困难的陌生概念。而卡朋特译本在很多地方做了简化,将这些茶具译成了英语的普通名词,如将"灶"和"釜"译成"furnace"和"cauldron","杵臼"译成"pestle","规"译成"shaper"。《国际茶亭》译本也用了类似的普通名词,如此便使得中国特有的茶具与西方读者日常生活中的器具产生联系,虽然这些茶具与读者熟悉的器具并不相同,但总有

① 周立利. 跨文化翻译中的读者心理研究. 中共郑州市委党校学报,2008(2):161-162.

相似的地方,不至于让读者感觉全然陌生,而这些茶具与他们熟悉的器具的不同又能够满足他们的好奇心理。

此外,除了欧美茶文化,日韩茶道,特别是日本茶道,在西方也有很大的影响力。日韩茶道虽源于中国,但在后来的发展中又衍生出自己的特色。因此,西方读者在接触中国茶文化时,也会下意识对同样来自东方的中国茶文化和日韩茶文化的相似和相异产生好奇心理。而《国际茶亭》译本则能够很好地满足这一心理,因为该译本在前言和注释中多处提到了日本的抹茶、茶道、茶具,如此,新的信息和读者原有的信息得以交融,也为读者理解中国茶文化提供了一个参照。例如,在"之器"一章介绍"巾"时,原文是:

> 巾,以绝布为之,长二尺,作二枚互用之,以洁诸器。(四之器,
> p. 116)

《国际茶亭》译本将原文介绍准确翻译后,还增加了一条注释,说明中国茶道和日本茶道的相似之处。

《国际茶亭》译本:

> Two small towels made out of tough and thickly woven silk called "*jin*(巾)" are used to clean and wash the utensils on the table.[37] The length of the towels is about twenty-four inches.
>
> 37 Perhaps to purify like in the Japanese tea ceremony. ①

总的说来,从满足普通受众的接受心理来看,《茶经》的三个译本中,《国际茶亭》译本最能满足受众的需求心理、认同心理、共鸣心理和选择性心理,其次是卡朋特译本。而"大中华文库"译本最大的优点是对原文内容忠实准确的传达,能满足专业读者的接受心理,但对普通读者而言,受体例限制,表达方式较为单一,获得西方普通读者的认同和共鸣相对困难一些。

---

① Lu, Y. The tea sutra. Wu, D. (ed.). *Global Tea Hut*: *Tea & Tao Magazine*, 2015 (44): 43.

### 三、茶文化典籍翻译受众对译本的理解

翻译要达到理想的传播效果,受众愿意接受译本信息是前提,但其能否理解译本信息则是实现传播效果的保证。因此,在翻译过程中,译者会通过各种方法来提升读者理解译本的能力。

#### (一)本土化翻译

翻译受众能否理解译本信息涉及受众对译本的信息加工能力,也就是受众是否具有必要的知识储备和信息理解能力。对茶文化典籍翻译而言,受众的知识储备应包含基本的茶叶知识,中国基本的地理知识、气候知识、历史朝代、生活方式、语言文字以及中国的代表性文化符号等。这些我们中国人认为众所周知的基本知识,国外专业读者一般也了解,但普通读者就未必了。有学者指出,从统计意义上来看,由于缺乏相应的文化环境,大多数对象国普通民众对于信源国文化并不具有必要的基础知识和相应的信息加工技能,换言之,他们不具备解读信源国文化信息的必要知识,对于外国特有的文化现象、文化活动、文化符号等多少存在理解上的困难。① 以基本的茶叶知识为例,世界上很多国家的人有自己的饮茶习俗,如欧美人一般喜欢喝加橘子、玫瑰、糖、薄荷、柠檬、鲜奶等其他物质的茶,所以他们未必能理解中国人对清茶的偏爱,也更难理解一杯清茗背后的文化内涵。在普通受众不具备这样的知识储备时,我们就很有必要通过降低文化信息对受众的知识要求这样一种方式,来间接使我们的翻译受众有能力理解译本的信息。换句话说,我们在进行中国文化信息传播之时,完全可以对作为传播载体的信息进行"二次编码",即进行跨文化的重新编码,实现原始信息与受众认知习惯和文化背景的对接,从而达到外国普通民众凭借自身已有的知识和理解能力也能够加以理解的水平。这

---

① 蒋晓丽,张放. 中国文化国际传播影响力提升的 AMO 分析——以大众传播渠道为例. 新闻与传播研究,2009(5):1-6.

就是说,应当尽量用本土化的、贴近当地人思维习惯的方式来构造信息,同时将需要传播的文化信息附着其中,以降低目标受众的加工难度。① 这其实就是进行一种本土化翻译。

本土化翻译能够降低目标受众理解译文信息的难度,对不够了解源语文化的普通读者而言,是最合适的一种翻译。例如,晚清时期不管是中国学者翻译西方作品还是西方传教士将基督教作品译为汉语在中国传播,所使用的都是本土化翻译策略。

再者,有学者指出,本土化翻译可以使目标受众在观看或阅读文本时更容易产生心理上的共鸣,继而在一定程度上帮助其理解文本中含有的陌生文化信息,日积月累之下更有可能形成涵化(cultivation)效果。但最为关键的一点是,这种本土化不会触及作为传播者的信源国所固有的文化核心价值。②

对茶文化典籍翻译而言,虽然西方已经有大量英文原版茶书,对茶的基本属性、功能有所介绍,但中国茶文化典籍中还是有不少内容是西方读者陌生的。例如,在物质层面,茶文化典籍如《茶经》中的那些古茶器、古茶具是西方英文茶书中很少介绍的,西方茶书中大多是对当代茶具的介绍。而在非物质层面,古代茶器、茶具、茶事所隐含的中国文化内涵若是缺乏中国文化背景,也是难以理解的。在这样的情况下,译者往往需要选择目标读者熟悉的表达来传递原文的信息,降低理解的难度。例如,前面提到过的将中国古茶具、古茶器用西方读者熟悉的普通名词来表示,如将"篮"译为"basket",将"规"译为"shaper"或"mold",将这些陌生的古茶具和他们熟悉的生活用品联系起来,而在对这些茶具的具体介绍中又让读者领悟其中的差异,在感受"同中有异""异中有同"中一步步实现对这些陌生茶具的完整认知。又如,在介绍茶的特质功用时,将"与醍醐、甘露抗

---

① 蒋晓丽,张放. 中国文化国际传播影响力提升的 AMO 分析——以大众传播渠道为例. 新闻与传播研究,2009(5):1-6.

② 蒋晓丽,张放. 中国文化国际传播影响力提升的 AMO 分析——以大众传播渠道为例. 新闻与传播研究,2009(5):1-6.

衡也"中的"醍醐""甘露"一起译为西方文化中的"amrita""nectar"或是"ambrosia",使读者借助自己熟悉的文化意象感受中国茶的神奇。

### (二)信息过载处理

文化的传播是一个循序渐进的过程,不能急功近利。中国茶文化典籍的翻译相较于儒家、道家思想的翻译要晚得多、少得多。虽然茶早已在西方流行,已经成为与西方民众生活息息相关的饮品,但茶背后的中国茶文化并未和茶一起传到西方,反倒是西方人形成了自己的饮茶习俗和文化。此外,对于东方的茶文化,日本和韩国的茶文化在西方的知名度也高过中国的茶文化,并且日本和韩国也在西方积极推广其茶文化。在这样的情况下,要让西方读者理解中国的茶文化,需要一步步做好铺垫。陆羽《茶经》的翻译便是至关重要的一步。陆羽被尊为茶圣,对于有此殊荣的原作者,不管是中国读者还是西方读者都会有一种天然的敬畏。加之《茶经》内容丰富,自然科学和社会科学、物质和精神在书中得以巧妙结合,集科学知识性与趣味性于一体,这样的典籍很容易获得读者的认可和接受。读者愿意接受这样的作品,但对于不懂茶的当代普通西方读者而言,《茶经》里面的很多内容又是非常难理解的,理解的困难又会影响读者的接受。因此,切合读者的理解能力,对《茶经》进行简化翻译以满足普通读者的需求是非常必要的。目前《茶经》的三个译本中,"大中华文库"译本对西方读者而言偏难,而卡朋特译本和《国际茶亭》译本,删减了不少和译本主题意义关联不大却会给读者增加理解负担的信息,如原文的一些注释性信息,同时正文中又增加了一些有助于理解文本内容的信息。此外,卡朋特译本和《国际茶亭》译本的前言和注释也为读者提供了大量的背景知识。从信息论的角度看,《茶经》原文的内容对西方普通读者而言存在信息过载问题,而解决信息过载问题最主要的方法就是一方面删减信息,另一方面增加背景信息扩充信道容量,使信息负载与信道容量之间形成新的吻合与平衡,从另一个层面提升读者的理解能力。

当然,"大中华文库"译本也有删减、增加信息,且也有详细的前言,但不管是删减信息,在文内增加信息,还是注释,还是前言、后记等,"大中华文库"译本和另外两个译本都存在明显不同,导致受众对译本的理解程度存在差异。对于译文内容的删减和增加,我们在前面论述翻译主体的把关行为、翻译内容的充分性和必要性时,已经进行过详细分析,因此在这里不再赘述。

### (三)副文本拓展共通意义空间

传播成立的重要前提之一,是信息交换双方必须完全或在一定程度上对所传递的信息有着共通或较为相似的理解和解释,这就是所谓的"共同经验范围",也称"共通意义空间"①。

共通意义空间具有两层含义:一是对传播所使用的语言、文字等符号含义的共通理解;二是大体一致或接近的生活经验和文化背景。每个人的生活经历不同,其意义空间也就各不相同。但是,只要传播者与受传者的意义空间存在交集,那么即使可能存在着传播障碍,他们也仍然能够进行意义的交换。②

对典籍翻译而言,译文读者和原文作者处于不同时代、不同文化中,译文读者所有的意义空间和原文作者在其文本中呈现的意义空间共通之处可能非常有限。而译者的主要任务就是通过各种手段拓展译文读者和译文意义空间的共通之处。除了翻译正文时运用本地化翻译策略以外,充分利用副文本也是拓展译文读者和译语文本共通意义空间的一个有效手段。

"副文本"是法国著名叙述学家、文论家热奈特(Gerard Genette)提出的概念,指的是"那些伴随着文本而存在的各种言语或其他形式的材料,它们环绕和拓展(extend)文本,以便呈示文本,确保文本在世界上的'在

---

① 董璐. 传播学核心理论与概念. 2 版. 北京:北京大学出版社,2016:181.
② 董璐. 传播学核心理论与概念. 2 版. 北京:北京大学出版社,2016:181.

场',并以书的形式被接受和消费"①。热奈特认为,副文本可以分为内副文本和外副文本。前者包括诸如作者姓名、书名(标题)、副书名(标题)、出版信息(如出版社、版次、出版时间等)、前言、后记、致谢甚至扉页上的献词等;后者则包括外在于整书成品的、由作者与出版者为读者提供的关于该书的相关信息,如作者针对该书进行的访谈,或由作者本人提供的日记等。②

副文本对于文本的传播和接受具有非常重要的作用。热奈特把副文本比作文本的"门槛",还把副文本比作房子的"前厅":前厅为世人提供要么进入房间,要么转身离开的可能选择。③ 可以说,一部作品的副文本对作品能否"走出去"起着不可忽视的作用,因为读者通常会从其副文本入手,形成对该作品的初步印象,从中探察作品主旨及其编选倾向,从而决定买或不买、读或不读。对一部作品来说,副文本丰富、阐释了正文本的意义,是将作者、译者、出版商和读者联系起来的重要纽带。④

根据热奈特的"副文本"概念,西班牙维戈大学(The University of Vigo)语言与翻译系教授弗里亚斯(Jose Yuste Frias)又提出了"副翻译"(paratranslation)的概念,并将其定义为:"副翻译是任何跨文化交流的过渡区和交换区,是任何文化斡旋过程的成功或失败的决定性地点。"⑤由此可见,副文本会直接影响读者对译本的理解倾向。例如,呈现编选意图的"编者的话"就可以在读者中发挥"导读"功效,成为读者踏入作品的一道门槛,直接影响并干预读者对文本的解读。在阅读文学作品时,"内容提

---

① Genette,G. Introduction to the paratext. *New Literary History*,1991,22(2):261-272.

② 肖丽. 副文本之于翻译研究的意义. 上海翻译,2011(4):17-21.

③ 蔡志全. "副翻译":翻译研究的副文本之维. 燕山大学学报(哲学社会科学版),2015(4):84-90.

④ Genette,G. Introduction to the paratext. *New Literary History*,1991,22(2):261-272.

⑤ 蔡志全. "副翻译":翻译研究的副文本之维. 燕山大学学报(哲学社会科学版),2015(4):84-90.

要""本期导读"等副文本对作者风格、主人公形象、作品主题等的描述,会令读者形成对该作品的粗略印象,并产生一定程度的预设。而大多数读者会带着这样的"前见"去接触作品。① 可以说,这种"前见"就是译者和其他相关主体为目标读者搭建的联通作品正文和读者的桥梁。同时,副文本中因考虑到读者的知识储备和生活经历、兴趣爱好而提供的原文所没有的额外信息,则可以拓展文本和目标读者的共通意义空间。因此,翻译作品的副文本,特别是有具体实质内容的译本前言,若是撰写得当,对目标读者理解、接受译文具有非常关键的作用。

比较《茶经》的三个译本,我们发现这三个译本不仅在正文的翻译上存在明显差别,而且在提供的副文本上也存在较大差异。译本的字体字号、版面形式、封面设计、插图、注释等副文本内容我们在前文已经进行过分析,因此在这部分我们重点分析三个译本的序言在内容和表达形式方面的差别,以及各自对目标读者理解译本的影响。

### 1. "大中华文库"译本序言

"大中华文库"版的《茶经》译本共有两篇序言,一篇是"大中华文库"的总序言,由文库工作委员会主任兼编辑委员会总编辑杨牧之执笔,主要介绍中西文化交流的历史和"大中华文库"出版的目的与宗旨。另一篇则是译者姜欣、姜怡针对《茶经》翻译而撰写的序言。

从内容上看,"大中华文库"总序言一共七页,分为三部分。第一部分从国外译者译介中国典籍中的一些问题出发,介绍出版"大中华文库"、重新译介中国文化典籍的目的。第二部分梳理中西文化交流的历史,突出中国古代科技和文化对世界的意义。第三部分在回顾历史的基础上提出翻译传播中国文化的意义和价值。总序言针对的是整套"大中华文库",显得比较宏观,在内容上极力突出中国文化的辉煌,以及中国思想、中国科技对世界的贡献,带有浓厚的宣传中国文化的色彩。

译者姜欣、姜怡撰写的《茶经》序言共 17 页,分为五个部分。第一部

---

① 朱灵慧. 编辑的权力话语与文学翻译期刊出版. 中国出版,2012(11):52-54.

分主要介绍《茶经》作者陆羽的生平及其撰写《茶经》的过程,以及《茶经》的主要内容和价值,突出陆羽在茶学界的至高地位。第二部分介绍和《茶经》一起出版的《续茶经》的作者、《续茶经》的撰写过程及其价值。第三部分介绍《茶经》《续茶经》的版本情况以及英语译本依据的版本。第四部分介绍《茶经》对外译介情况。第五部分介绍《茶经》《续茶经》翻译的目的、意义、翻译困难、翻译原则以及参与人员情况。译者所撰写的这五部分序言虽然内容丰富,但对《茶经》和《续茶经》的介绍显得比较宽泛,不够深入,特别是对其在体现茶文化精神层面的价值缺少必要的深入分析和论证,序言中的内容也没有和正文呼应,序言所提供的信息不能真正和正文意义产生交集,因此这样的序言不能给目标读者提供深度理解正文内容的"前见"知识,无法构成目标读者和原作者的共通意义空间,对读者深刻理解《茶经》中的茶文化内涵帮助不是很大。

此外,译者姜欣、姜怡撰写的序言更注重对《茶经》作者,《茶经》撰写、出版、翻译传播情况进行客观描述,为目标读者更好地理解译本提供了充分的背景知识。不过,该序言信息量太大,涉及太多西方读者几乎全然陌生的信息。例如,在第三部分介绍《茶经》历史上的各种版本情况时,提到了很多对《茶经》进行过整理校勘的古代学者和收录《茶经》的典籍,如左圭、陈师道、审安老人、常乐、张宗祥等学者,以及《百川学海》《陆子茶经》等典籍。做典籍翻译时对原文版本进行考证,确定最合适的版本是非常必要的,也体现了译者工作的严谨。但这种考证信息未必是读者感兴趣的内容,除非是对《茶经》做考古研究的学者,普通读者对这样的考证信息是不会有多大兴趣的,因为这些信息并不直接和他们要阅读的译本正文内容相关。而且,里面提到的那些古代学者和典籍,在没有任何注释的情况下,对读者而言只是没有多少意义的符号而已。因此,作为副文本出现的翻译序言,既然是写给读者的,自然也应考虑目标读者的需求和兴趣,注意内容的充分性和必要性。

此外,从形式上看,"大中华文库"译本的两篇序言使用了典型信息型文本表达形式,除了最后介绍翻译过程时用了第一人称"we"进行描述,其他基本采用了第三人称。每一部分只使用了数字编号,没有标题,给人的感觉是主题不突出。

总的看来,"大中华文库"译本比较倾向于从"己"出发,在一定程度上忽略了目标读者的实际需求,未能充分发挥译本序言本该发挥的作用,即搭建从原文到目标读者的桥梁。

而另外两个英语母语译者的译本,不仅译本正文和"大中华文库"译本有明显区别,译本前言的内容和形式也都存在明显不同。

### 2. 卡朋特译本序言

卡朋特译本序言分两部分,第一部分是前言(Preface),只有两页,简单介绍茶在西方民众生活中的重要性,指出茶是中国对西方的最大馈赠,并简要说明茶在精神层面的价值,以及《茶经》的意义,最后说明自己翻译《茶经》的目的是促进中美人民的相互了解。

第二部分的序言相当于译本的导言(Introduction),标题为"The Story of Tea East and West",共 54 页,含 5 篇文章,分别添加了小标题,显得主题突出,能够在一定程度上帮助读者理解序言内容。这 5 篇序言具体内容如下:

(1)茶的价值

在这篇序言中,卡朋特以"Tea: A Mirror of China's Soul"为题,将茶描述为中国的灵魂,与中国人珍惜当下、珍惜生活中细小之事的精神紧密相连,并指出陆羽《茶经》中所描述的饮茶仪式、器皿、环境、原料都要追求尽善尽美,就是我们珍惜当下每时每刻的体现。而珍惜当下也是西方人所崇尚的理念。此外,这篇序言中特别提到《茶经》中对饮茶仪式的要求,指出"礼仪"是伦理的外在表现,又能够反过来对伦理进行强化。而"礼仪",特别是儒家文化的"礼仪"反映出中国人对自然秩序的重视,表达礼貌、尊重的礼仪也是通向和平、和谐、爱、自律、自由的道路。在很多方面,中国的"礼"所行使的功能就相当于西方的"法"。此外,"礼仪"也提供了美所赖以生存的环境,因此茶礼体现了宾客之间的和谐,而美则蕴含于和谐之中。此外,该序言还对饮茶中体现的"俭"进行了分析,指出"俭"是秩序之爱的另一维度,也能最终通向和谐。最后,该序言指出,"茶"还体现出中国人对时间和变化的态度,西方人强调线性的"前进",而中国人更强调自然的循环运动,注重不去超越自然的界限,就像道家认为的,生死都是自然循环的变化,无须害怕死亡,而应坦然接受。在《茶经》中,陆羽糅合并超越了儒释道思想,形成了新的中国思想。

在这篇序言中,可以说,作者结合《茶经》正文中的具体内容,对茶和《茶经》体现的茶文化精神内涵进行了深刻而细腻的剖析,而其中所强调的和谐、秩序、尊重自然是当今全世界人民普遍追求的理念,如此便让《茶经》文本意义和目标读者原有的意义空间产生了交集。这样的介绍一方面可以让西方读者对茶所体现的中国精神产生兴趣,另一方面也能使读者带着这些预设去挖掘《茶经》译本中通过对茶和茶事物质属性的描述所体现的精神内涵。若是没有这样的介绍,读者从译文中获得的就只能是表层的信息,而无法理解为什么茶最适合"精行俭德之人",也难以理解为什么饮茶、制茶需要那么精细入微的程序和那么复杂的茶器、茶具。

(2)茶的历史起源

第二篇序言以"Tea until Lu Yü's Time:The Evidence of Language"为题,从茶的起源开始,讲述了两个关于茶的起源的神话传说故事,从而说明茶具有提神醒脑的功能。然后从茶的名称以及各典籍的记载出发,说明茶的起源、历史、功能属性。这篇序言中也有不少内容在《茶经》正文中有所论述,而译者在序言中进行了详细的阐释,此外序言中提及的对茶进行过论述的茶人、各类典籍也是在《茶经》正文中出现的,这无疑为读者理解译本正文打下了坚实的基础。

(3)茶的属性和种植制作

第三篇序言以"Tea from the Tang to the Ming:It's Botany, Culture and Manufacture"为题,首先对茶的植物学属性进行了科学描述,然后详细介绍了茶的种植与管理、茶的制作、茶的类型及饮茶方式自唐以后的历史变化。此外,在这篇序言中还插入了多幅种茶、采茶的图片,每幅图下面都附有标题,使读者能够对茶的种植、采摘、制作形成直观的认知。序言中有些内容也和正文内容相关,因此读者读了序言再读译本正文便会容易很多。

(4)茶叶在西方的传播

这篇序言以"The West Comes to Tea"为题,主要介绍西方和茶的渊源。它从中西方同一时代发生的重大事件出发,说明中西方历史发展的相似性,无形中拉近了中西方的距离。而后指出宗教所导致的中西方文化的不同,在佛家思想影响下,中国人追求和平、和谐、不侵犯的精神。然后,译者介绍了西方传教士到中国传教,随后更多的自称基督教徒的商人也出于各种各样的目的来到中国,打开了,甚至是带着洋枪洋炮强迫中国打开了西方进入中国开展文化传播、进行贸易的大门。而中国和西方的贸易从一开始就不公平,西方给中国带来非法的鸦片,换取中国的茶和瓷器,改变了西方人的生活习惯。随后,译者详细分析了茶在西方的传播、接受和影响,从中突出茶的功能,并将其称为"和平的饮料"。此外,译者还提到了西方科学家试图将活的茶树引入西方的曲折历程,突出几百年前将茶从中国运入西方的艰辛。对曲折历史的介绍可以使今人认识到茶之得来不易,也强化了茶源自中国的概念,如此可使当今读者对来自古代中国的有关茶的记载产生兴趣。

和上一篇序言一样,这篇序言也插入了不少关于茶的装载、运输的插图,将读者带入几百年前的场景中,让读者更直观地感受到茶进入西方的艰辛。

(5)陆羽生平及其生活的时代

通过前面对茶的价值,茶的起源、历史,茶的科学属性,茶的种植、加工,茶进入西方的曲折历史的介绍,不管是知道茶还是不知道茶的读者都可以对茶有所了解,对茶乃至茶的起源国中国产生兴趣。最后一篇序言以"The Life and Times of Lu Yü"为题,承接上篇序言,指明茶虽然在西方流行,却不是东方茶的样子,而这种差别就体现在茶的文化内涵上。要了解茶深层的文化内涵,陆羽的《茶经》便显得极为重要,因为是陆羽将茶从一种普通的物质提升到精神修养的高度,是陆羽赋予了茶丰富的文化内涵,陆羽是茶文化的奠基人,所以才被奉为"茶圣"(God of Tea)。因此,最后这篇序言对陆羽生平、陆羽生活的时代背景进行了介绍,分析了佛教、道家思想对中国的影响,以及由其延伸出来的人们对内心安宁、平静,不受个人欲望所扰的追求,人们开始反复思考"道无所不在",生活中每时每刻都值得庆祝,普遍的和个别的融为一体。而生活在这样一个时代的陆羽就通过茶这一特定的物质找到了理解普遍真理的门径。

这篇对陆羽生平和时代的介绍也点出了茶精神层面的价值,如此可以让读者带着这样的预设和期待去阅读、去感悟普通茶事蕴含的普遍思想。可以说,若是没有这样的序言,西方读者将很难领会《茶经》中对茶、茶事的普通描述中所蕴含的深厚精神文化内涵。

总的说来,不同于"大中华文库"译本的序言,卡朋特译本中的几篇序言紧紧围绕"茶"这一译本正文主题,运用西方视角,与西方人的生活相联系,向西方读者讲述了中国茶的故事。序言内容丰富,有对茶文化精神内涵充满哲学味道的论辩,有严谨的考古式论证,有客观的历史梳理,有准确的科学描述,多方面呈现了源远流长的中国茶和茶文化,以及中国茶与西方的深厚渊源,一步一步在西方读者心中构建了一个理解中国茶和茶文化的认知框架,形成了和原作者的共通意义空间。

卡朋特译本序言和正文内容关联也非常大,里面涉及很多对正文具体内容的详细解释,在很大程度上为西方读者理解译本正文奠定了基础。同时,从这几篇序言也可以看出译者丰富的学识与对中国茶物质属性和精神属性的深刻了解,虽然译者并非知名汉学家,但这些内容丰富的序言,也无形中奠定了译者在茶这一领域的权威性,增强了其译本的信服力。

此外,相较于"大中华文库"译本的序言,卡朋特译本的序言语言也更客观,没有太多主观评价性的语言,因此不带有明显的宣传性质,非常注意在介绍中国茶时和西方人的生活相呼应,如果说茶搭建了中西互通的桥梁,那卡朋特译本序言则真正搭建了西方读者进入《茶经》所描述的茶叶世界的桥梁。

### 3.《国际茶亭》译本序言

相较于"大中华文库"译本和卡朋特译本中的序言,《国际茶亭》译本序言又有其自身的特点。该译本的序言为 6 篇独立的小文章,由不同的作者撰写,每篇序言都配有标题,而这些标题可以引导读者理解文章内容。另外,每篇序言都短小精悍,能够满足当代读者碎片化的浅阅读习惯。此外,如同正文一样,每篇序言也都配有丰富的插图。该译本各篇序言的主要内容如下。

(1)翻译目的简介

这篇序言以"Letter from the Editor"为题,是《国际茶亭》创始人,也是该杂志的主编无为海撰写,只有短短一页,其中还配了一幅作者本人煮茶的照片。该文从介绍中国的传统节日中秋节开始,引入本期杂志的内容,说明出版《茶经》译本的原因,即《茶经》是最重要的茶书。其中通过引用著名茶人伦敦(Matthew London)对封面陆羽雕像的说明,体现出陆羽在中国茶界的至高地位。此外,编者也对译本做了一个简单的介绍,提到了卡朋特本,并解释重译《茶经》的原因。

(2)煮茶悟道

这篇序言以"Tea of the Month: Spring 2015 'Morning Dew' Powdered Green Tea"为题,介绍了《茶经》中描述的茶,将《茶经》中对茶的评价标准与现实生活中对茶的评价相联系,鼓励读者像陆羽那样去煮茶,想象陆羽时代喝茶的情景,从而感受人与自然的和谐,体味茶中蕴含的智慧,感受"道"之精神,获得精神上的升华。因此,这篇序言详细介绍了《茶经》中的煮茶方法,鼓励读者在煮茶过程中静心冥思,让思想穿越时空,和古代茶人产生精神上的交融,进入古时未被现代喧嚣破坏的山岩崖壁、竹园森林,寻觅圣泉净水,治愈我们心灵的躁动浮华。这一序言无疑点明了饮茶的价值,特别是精神层面的价值,而唯有像陆羽那样饮茶,才能让我们的精神得到升华。通过这样的介绍,阅读《茶经》、学习《茶经》的价值,也就得以突显。

除了文字描述,这篇序言还配了 6 幅高清彩图:1 幅唐朝的茶粉图;3

幅唐朝时用的基本茶具图;1 幅现代可用的茶具图,用这些茶具可以像陆羽时代那样煮茶饮茶;1 幅煮茶图,突出茶的纯净、茶具的古朴、煮茶人的清雅。这样图文结合的描述,似乎是在带领读者穿越时空,回到陆羽时代,感受原汁原味的中国茶饮的奥妙。

（3）陆羽和茶

这篇序言以"Lu Yu Soul Man"为题,是普拉特（James Norwood Pratt）撰写的评价陆羽的文章。早在 2007 年,《国际茶亭》的前身《茶叶》杂志就在网上发表过这篇文章,在这里被主编收入作为《茶经》译本序言。普拉特被誉为美国茶圣,在西方茶学界具有很高的地位,借用他对原文作者的评价能够产生一种权威效应。

普拉特在这篇文章中介绍了茶的功效,说明茶和《茶经》至高的地位,以及《茶经》中丰富的内涵"concealed as much meaning as they revealed and thus perfectly expressed the gospel and mystery of tea"。在文中,普拉特明确提出了中国茶和道家文化、佛家文化的关联点:茶是"和"的体现,是灵魂的镜子,不是汤水、点心、药水,而是"纯净饮品"（pure drinking）。同时,普拉特简要说明了茶在古时的珍贵程度,介绍了茶在中国的历史发展日本茶道和中国的渊源,以及茶在西方的传播。

在这篇序言中同样配了几幅插图:2 幅是古代茶人山崖煮茶图,1 幅是山林风景图。通过欣赏这样的插图,读者可以明显感受到茶人和自然的和谐,在清幽的自然山林中,茶人通过煮茶、饮茶,可以达到天人合一之境。

（4）陆羽辨水

第四篇序言以"The Spilled Water:But a Single Sip to Understand Its Nature"为题,也是由无为海撰写,介绍陆羽辨水的故事,间接说明对茶的态度也是一种自我修养的提升。序言以讲故事的方式展开,在介绍陆羽辨水的故事后,再从禅宗角度对陆羽辨水进行了解释,强调外在的平静带来内心的宁静,从而实现与自然的联系。而当代人却有太多的欲望和追求,无法使自己静下来,像我们的祖先那样感受自然。因此,我们虽然不必模仿古人,但应该继续向古人学习,追求与自然的和谐一致。现代世界动有余而静不足，这是违背自然法则的。禅茶一味，茶能够帮助我们获得外在的平静和内心的宁静。在这篇序言中，作者通过对禅宗思想的阐述，强调人如何才能实现内心的平静，实现与自然的和谐相通，而在如今这个喧嚣躁动的世界，能够保持内心的宁静无疑是非常重要的。因此饮茶，特别是像古人那样关注技艺和每一个细节的饮茶，便具有了超越物质层面的价值和意义。而在这篇序言中搭配的几幅呈现水的高清图片，也突出了水的晶莹静谧，和正文的描述相呼应。

（5）茶圣陆羽

这篇序言也是无为海撰写，以"Lu Yü—The Tea Sage"为题，介绍陆羽生平和《茶经》。在序言之前作者又写了个简短的序言，说明了解陆羽的生活能够让我们更好地享受《茶经》。在对陆羽和《茶经》进行介绍时，作者重点说明了陆羽对茶的每个方面的"精纯"的要求，不管是茶的制作，还是煮茶用的水、火，都要"精纯"。此外，作者也概括了陆羽对茶艺的要求，即要求备茶的整个过程，从茶叶的烘焙、研磨到备水，甚至茶器的排列，都不能有丝毫马虎。而在这个过程中，儒家的中庸、佛教对更高真理的追寻，道家对人与自然和谐的追求，都融入茶艺当中。而茶饮者也因此更具美德。另外，作者也对陆羽喝"三碗茶"的倡议进行了解释，指出与道家数字命理学的关联。总的说来，该序言有不少和《茶经》正文相关的内容，作者在序言中对茶精神内涵的解释，将在很大程度上帮助读者了解正文表层意义之下的深厚内涵。

（6）《茶经》翻译介绍

最后一篇序言为译者所写，对《茶经》翻译进行了解释。该序言首先说明了陆羽的重要地位和《茶经》的重大价值，指出尽管在陆羽之后，茶叶类型和饮茶方式都发生了变化，我们也不太可能再像陆羽那样饮茶，但《茶经》在现代仍有很多值得我们学习的地方。我们至今仍然可以在《茶经》中感受茶的精神，感受茶艺的真谛。而《茶经》中强调的自然和谐在任何时候都具有重要意义。随后，作者介绍了《茶经》翻译的困难，特别提到原文文字简洁，但内涵丰富，如此可以提醒读者在阅读正文时不要拘泥于字面意思的理解。此外,译者也介绍了自己的翻译原则和方法,特别是对《茶经》书名的翻译进行了详细解释,通过说明该译本为什么选择"sutra"而不是"classic",重申了《茶经》的重要价值。

除序言丰富而深刻的内容外,《国际茶亭》译本的序言在表达方式上也有一个典型特点,即注重人际功能的传达。如果说"大中华文库"译本和卡朋特译本的序言都属于信息型文本,《国际茶亭》译本则更像是表情型文本和呼吁型文本的结合。该译本的序言特别注重以情动人,在介绍信息时使用了呼吁性的语言,如大量第一、第二人称的使用,以及带有呼吁色彩的形容词的使用,使读者在阅读过程中会不知不觉受到吸引,在作者的引导下进入茶的世界。

总的说来,三个译本序言各有特色,也各有优势。不过"大中华文库"译本的序言相对而言没有像其他两个译本序言那么具体深入。卡朋特译本的序言内容丰富,与正文内容呼应,对《茶经》内容和价值的论述非常深刻,特别是结合《茶经》具体内容对茶文化精神内涵的剖析,有理有据,能在很大程度上帮助读者理解译本表层语言之外的精神内涵。此外,该序言对西方茶叶引进与传播的介绍也能引起读者共鸣,让读者从自身角度理解中国茶和茶文化,从而降低译本内容对目标读者的陌生感。而《国际茶亭》译本的序言在内容上和卡朋特译本的序言有相似之处,都注重结合《茶经》对茶文化精神内涵进行剖析,特别是其当代价值,增强了《茶经》价值的说服力。此外,《国际茶亭》译本的序言也很注重以读者为中心,以表情型和呼吁型文本的风格引起读者对饮茶修身的兴趣。而序言中配的古风古韵的图片也有助于将读者带入饮茶的历史语境,让读者感受中国古代茶饮的清韵雅致。可以说,若是没有这样的序言,西方读者将很难理解《茶经》中的深刻思想,《茶经》也只能成为一本非常普通的科普读物。

## 四、以传播受众为中心的茶文化典籍译本推广

从前面的分析我们可以看出,《茶经》三个译本,翻译方式差别很大,读者对象也不同。从中国文化传播的角度而言,有这三种不同的译本对

中国茶文化的传播是非常理想的,因为三个译本刚好可以满足专业读者、普通读者、普通茶文化爱好者的需求。然而,《茶经》在目标世界的传播效果并不理想。虽然《国际茶亭》译本 2015 年才出现,而《茶经》又不属于流行畅销书一类,其传播效果在短时间内还不好下定论,但是"大中华文库"译本和卡朋特译本已经出版了很多年,其传播效果仍然不够理想,除了前面几章分析的原因,还有一个原因可能就是针对特定读者的译本推广问题。

目前,不少以读者为中心的翻译研究是围绕译本能否为目标读者所理解,能否让读者产生和原文读者同样的反应而进行的文本语言分析,很少有研究关注译本是否真正进入了其预设的,或是适合的目标读者视野。或者说,译本生成后,是否有针对读者对象的推广工作,在译本推广时目标对象定位是否恰当,目前尚缺乏这方面的研究。

一般而言,对翻译成果的推广主要是翻译发起方或出版社的工作。而出版社也好,其他发起人也好,都会有自己的目标市场定位,也会在翻译时告知译者自己的目标受众,译者会根据目标读者进行翻译策略选择。因此,按照这样的翻译程序,一般来说不会存在译作推广时目标对象定位不当的问题。然而,翻译活动,特别是典籍翻译活动的复杂性,也使得译本的推广活动远比我们想象的复杂。这一点,在《茶经》的翻译中得到了充分体现。

从"大中华文库"译本来看,前面的分析显示,该译本适合对象是专业读者,也就是人文社会科学的茶文化研究者和自然科学的茶学研究者,或者是西方汉学家,属于学术群体。然而,该译本却是以"大中华文库"之一发行和统一推广的。那么,"大中华文库"的读者对象又是哪类群体呢?首先,当然是西方读者而不是中国读者,因为"大中华文库"的目的是向世界推广中国文化。其次,"大中华文库"既然是为中国文化"走出去"服务,那么其读者对象就绝不限于学术界。

我们在前面提到,"大中华文库"通常作为党和国家领导人出访时的礼物送出,这些人自然不是茶学界人士。领导人送书不是仅仅赠送《茶经》一部,而是和其他典籍译本一起送出,这就抹掉了《茶经》的专业属性。当然,"大中华文库"还被指定为一些孔子学院的教材,但孔子学院的学生却不属于《茶经》的专业读者,因为他们缺乏茶叶知识,除非是孔子学院茶文化专业的学生。对孔子学院的普通学生而言,这样的译本也就是一本让他们学习汉语和中国文化的普通教材而已。而全球首家以传播茶文化为特色的孔子学院,由浙江农林大学和塞尔维亚诺维萨德大学(University of Novi Sad)合作共建的诺维萨德大学孔子学院,在2014年成立,从孔子学院中方院长处获知,该孔子学院至今还是使用自编教材,并未使用《茶经》的"大中华文库"译本作为茶文化课程的教材。由此可见,虽然有"大中华文库"和中国官方层面的积极推广,西方茶文化或茶学学术界,却很可能根本没有机会接触到这个译本。此外,不像《梦溪笔谈》《明清小品文》这样的作品被西方出版社看中在全球发行,"大中华文库"的《茶经》译本只在中国发行,自然很难进入目标读者的视野。

卡朋特译本比较适合普通读者阅读,而且也是直接在英语国家发行的,在其刚出版时,西方读者是比较容易获取的。加上1995年该译本再版,进一步扩大了传播范围。但从1974年到1995年间,西方普通读者对中国文化的兴趣并不大,也没有形式多样的茶文化呈现活动刺激西方普通民众对茶文化产生兴趣,因此该译本虽然进入了一些茶爱好者的视野,但并未产生广泛影响。除了1974年一篇简单的翻译评论外,在英语世界几乎找不到关于该译本的其他评论文章。其实,该译本虽然是翻译作品,但其语言表述非常地道、流畅、通俗易懂,几乎没有翻译的痕迹,体例和写作方式也采用了英语原版作品常用模式,而且当时西方英语茶书还不是很多,该译本中提供了很多实用信息,是比较容易为西方受众所理解和接受的。而该译本未能产生比较大的影响,各翻译主体未能针对普通受众进行有效推广也是原因之一。

如果说《茶经》"大中华文库"译本和卡朋特译本在针对特定读者的宣传和推广方面不是特别理想,《国际茶亭》译本的推广则可以算是比较成功了,虽然效果在短期内还没有显示出来,但从其翻译方式体现出的读者针对性和针对目标读者的推广方式,我们可以预测该译本有可能会获得比较理想的读者接受。

《国际茶亭》译本比较适合茶文化爱好者,或者说对中国文化特别感兴趣的茶文化爱好者,这可以从译本偏原文风格的语言表达、富有浓郁中国风的版面设计、大量的汉字运用中体现出来。该译本以电子版形式发表在国际茶亭网站上,该网站是一个茶文化组织的网络社区,有来自世界上 30 多个国家的爱好茶的会员。该组织在世界各地定期开展各种形式的茶事活动和茶艺课程,同时该组织还致力于推广无农药、无化肥的可持续性茶叶。因此,《国际茶亭》译本就是为其会员推出的,会推送给每位会员。也就是说,该译本会直接由翻译发起方传送到目标读者手中,这是目前没有哪个典籍译本的发行机构可以做到的。因为是电子版本,传送给会员非常方便,同时非会员也可以免费从网上下载。由于目标读者是其会员,而某一组织的会员对其所加入的组织本身就有一种天然的认同感,因此更容易接受该译本。

该译本采用的是一种当前最流行的分众化传播形式。分众化传播通过集中媒体优势整合传播内容,对信息进行分类加工,以特定的渠道传播到目标人群中,充分满足受众的个性化需要,是实现传播效果最大化的有效手段。① 读者定位明确,翻译策略切合目标读者需求,加上分众化的传播方式,《国际茶亭》译本的翻译方式、读者、从译本到目标读者的传播渠道因此实现了高度一致,从传播受众的接受效应来看,这样的译本具有非常大的传播优势,而这也是我们当前典籍翻译可以借鉴的地方。

---

① 陈杨,罗晓光. 少儿图书用户画像模型构建及精准营销分析——以分众传播理论为视角. 中国出版,2019(11):50-53.

# 第五章　茶文化典籍翻译传播效果

传播效果是指传播者发出的信息经媒介传至受众而引起的受众思想观念、行为方式等的变化。① 获得理想的传播效果是所有传播活动的终极目标。传播活动的成败归根到底也取决于传播效果的好坏。因此,传播效果的研究,是传播研究中最受重视、挖掘最深、成果最多的领域。②

在翻译领域,所有以翻译实践为对象的翻译研究,其主要目的其实都是改进翻译的传播效果。所有的翻译批评,所关注的最后都避不开译本的传播效果。只有对译本传播效果进行多层面多角度的分析,我们才能发现真正重要的翻译问题,并想办法解决这些问题,改善翻译的效果。

然而,在翻译研究领域,一直以来,大多数研究讨论的是翻译方法和策略、翻译原则和标准、翻译数量和规模、谁来做翻译等问题,真正聚焦于翻译传播效果的研究相对较少。即使有大量的翻译批评研究,也大多是围绕译本能否为目标读者所理解,能否让读者产生和原文读者同样的反应而进行的文本语言分析,而这样基于文本语言分析的批评只能算是对译本翻译质量的评估,却不是对翻译传播效果的评估。

当然,也有研究分析翻译作品在目标世界的接受情况,如译本的发行量、图书馆藏、读者反应调查、读者评价等,但这些研究主要是从宏观角度对译文传播效果的评估,很少有研究从微观角度来解释译文能否在受众

---

① 董璐. 传播学核心理论与概念. 2 版. 北京:北京大学出版社,2016:258.
② 邵培仁. 传播学. 3 版. 北京:高等教育出版社,2015:365.

个体或群体身上引起认知、情感、态度和行为等方面的变化,而这又往往是与翻译目的密切相关的。

传播效果通常意味着传播活动在多大程度上实现了传播者的意图或目的。相应地,翻译传播效果也就意味着翻译活动是否实现了翻译目的。就茶文化典籍翻译而言,其翻译目的是让目标读者了解中国茶,了解中国茶文化,进而养成饮茶以修身养性的生活习惯。《茶经》的各个译本在多大程度上实现了这样的目的? 或者更确切地说,《茶经》译本能够在多大程度上实现这样的目的? 译本的传播,特别是属于非畅销书的典籍纸质译本的传播不是短期内就能完成的。一部作品的影响,可能在多年后才能看到。而《茶经》的三个全译本,中国译者的译本 2009 年才出版,《国际茶亭》网络版 2015 年才出现,卡朋特的译本虽然 1974 年就已出版,但由于当时中国正处在特殊历史时期,可以说西方普通民众对中国了解不深,兴趣也不大,卡朋特译本虽面对普通大众,但并非作为畅销书出版,在当时也不可能产生多大的传播效果。虽然在 1995 年该书重印过,但如今即使读者想要阅读,也很难买到该译本。鉴于《茶经》翻译的这种特殊性,对其翻译效果的评估除了分析译本发行量、收藏量、被引用率、读者评价等客观数据以外,对微观层面的效果评估,也就是译本在受众个体或群体身上引起的认知、情感、态度和行为等方面的变化,在很大程度上还只能是一种基于文本的推测式评估。

## 第一节　茶文化典籍译本销售、馆藏及读者反馈概况

译本的销售、馆藏和读者反馈虽然不能完全说明译本的传播效果,但也是译本传播和接受的重要指标。《茶经》的三个译本在这三个方面体现出明显差异,这也说明这三个译本有着不同的传播效果。

### 一、译本销售情况

卡朋特译本是最早的,也是目前为止在西方传播最广的《茶经》全译

本(乌克斯于 1935 年在《茶叶全书》一书中对《茶经》的节译除外)。该译本 1974 年由艾柯出版社出版,1995 年再版,这两个版本在亚马逊英国网站上只有 1995 年版本 3 本,其中 1 本二手书,价格为 235.8 英镑,2 本新书,价格分别为 246.39 和 243.62 英镑。在亚马逊美国网站上,1974 年版本有 1 本新书,20 本二手书,且价格高昂,新书价格 201 美元左右,二手书最低 65 美元,最高居然达到 409 美元。1995 年的版本亚马逊美国网站上有 5 本新书,17 本二手书,新书价格最低 113 美元,最高 193 美元,二手书价格最低 28 美元,最高居然达到 1999 美元。亚马逊美国网站上 1995 年版本排名为 531,846,1974 年版本排名为 2,425,240。① 卡朋特译本在发行之初的情况已无法获知,不过从现在网上销售情况来看,在当今社会,该译本只能是少数人的收藏,不可能获得大面积传播。

2009 年,湖南人民出版社出版了由中国译者姜欣、姜怡翻译的《茶经》"大中华文库"译本,该书受"大中华文库"翻译出版工程资助,也得到"大中华文库"的统一推广。该书在国内出版,国内发行,现在也已经售完,国内各大购书网站新书皆出现缺货情况,有二手书出售,价格昂贵,最高达到 2,000 元。但在亚马逊英国网站上查不到该译本信息;亚马逊美国网站上虽能查到该译本,但显示无货,该书排名为 13,126,892。这说明在西方,现在读者已经很难获取"大中华文库"译本。

《国际茶亭》译本由《国际茶亭》杂志在网上发表,提供网上免费下载服务,读者获取非常方便。但由于该译本并未进入图书市场领域,各个网上搜索平台也没有这个译本的信息,虽然网上可以下载,但普通读者若是不知道这样的信息,也是不会获得该译本的。由此可见,该译本在西方也尚未获得广泛流通。

## 二、译本馆藏情况

除译本发行情况外,译本馆藏也是衡量译本传播效果的一个重要指

---

① 本部分数据来自美国亚马逊网站和英国亚马逊网站,检索日期:2019-08-21。

标。从《茶经》三个译本来看,《国际茶亭》译本由于是网上发表,不涉及图书馆藏问题。纸质出版的卡朋特译本和"大中华文库"译本在国外的馆藏则出现了非常大的差异。不过和其他中国文化典籍译本的馆藏相比,《茶经》译本的馆藏数算非常之低了。这也说明《茶经》译本目前在国外总的传播效果是不理想的。

在国外各图书馆中,卡朋特译本除了美国馆藏较为丰富外,其他国家的馆藏都非常少。根据 WorldCat 统计,卡朋特译本在国外具体馆藏情况如表 5-1 所示。

表 5-1　卡朋特《茶经》译本国外图书馆馆藏情况

| 国家 | 馆藏图书馆数量 | 国家 | 馆藏图书馆数量 |
|---|---|---|---|
| 美国 | 279 | 荷兰 | 3 |
| 加拿大 | 11 | 瑞士 | 2 |
| 澳大利亚 | 10 | 德国 | 2 |
| 英国 | 5 | 以色列 | 1 |
| 新西兰 | 4 | 瑞典 | 1 |

从表 5-1 可以看出,卡朋特译本即使在对茶认同度最高的美国,也只有 200 多的馆藏,相比其他典籍,或者说其他茶书,如日本茶人冈仓天心的《茶之书》在美国 1907 的馆藏量,卡朋特译本的馆藏量可以说是很低了,在其他国家就更低。而"大中华文库"译本,在国外的馆藏量则更低。

根据 WorldCat 统计,"大中华文库"译本国外只有 20 个图书馆有收藏,如表 5-2 所示。

表 5-2　"大中华文库"译本国外图书馆馆藏情况

| 国家 | 馆藏图书馆数量 |
|---|---|
| 美国 | 18 |
| 瑞士 | 1 |
| 加拿大 | 1 |

从表 5-2 可以看出,我们花费大力气推出的"大中华文库"的《茶经》译本居然只有 3 个国家有所收藏,而 3 个国家中,除了美国,瑞士和加拿大各只有 1 个图书馆收藏,这个数字几乎可以忽略不计。再结合前面的该译本在海外的销售情况,可以看出,"大中华文库"译本在西方传播范围是非常有限的。

### 三、译本读者反馈情况

评价译本传播效果的另一个指标是读者反馈。在读者反馈方面,国外读者对卡朋特译本的评价相对较多,好读(Goodreads)书评网上的评分等级为 4.16,排名 81,有 16 条读者评价。[①] 亚马逊美国网站上该译本1974 年版本的评分等级为 5.0,1995 年版本的评分等级为 4.0,1974 年版本有 3 条读者评价,1995 年版本有 5 条评价。从这几条评价来看,普通读者对这一译本的认可度还是很高的。

而在专业读者群体中,卡朋特译本也具有较高的认可度。国外茶文化学者在撰写茶和茶方面的文章和著作时,也会参考卡朋特译本,例如周洁梅(Kit Boey Chow)、克莱姆(Ione Kramer)撰写的《中国茶叶大全》(*All the Tea in China*),无为海的《喝茶是修行:茶道,通往内观世界的方便之门》(*The Way of Tea:Reflections on a Life with Tea*)都有引用卡朋特英译本。从谷歌学术搜索来看,该译本的引用率为 6 条[②](如图 5-1 所示)。而维基百科上介绍《茶经》及其英译全译本时提到的也是这一译本。此外,《国际茶亭》杂志推出的最新《茶经》译本也提到卡朋特译本,并给予极高的评价。在 1976 年,也就是该译本出版两年后,加德拉写了一篇译本评论,公开发表在《美国东方学会杂志》上,给予该译本很高的评价。而

---

① 参见:https://www.goodreads.com/book/show/1148747.Classic_of_Tea＃other_reviews.检索日期:2017-12-10.

② 参见:https://scholar.google.com/scholar?hl=zh-CN&as_sdt=0％2C5&q=％22The+Classic+of+Tea％3A+Origins+and+Rituals％22&btnG=.检索日期:2019-06-11.

英国一个"中国印象"(Impression of China)网站在介绍陆羽和《茶经》时，也引用了卡朋特译本序言中的一句话："Tea may be the oldest, as it is surely the most constantly congenial, reminder of the West's debt to the East."①

**图 5-1　谷歌学术上《茶经》卡朋特译本的引用次数**

"大中华文库"版《茶经》译本的译者姜欣、姜怡是翻译研究学者，这一译本是典型的学者翻译。译本一出版，两位译者及其翻译团队成员便开始撰写茶文化典籍翻译的学术文章，根据自己的翻译经历提出茶文化典籍翻译存在的一些问题和解决方案。这些文章也引起了翻译学界其他研究者的关注，加之近年来国家对茶和茶文化国际推广的重视，越来越多的研究者开始研究茶文化典籍翻译，其中包括不少英语专业的本科生和研究生。研究的需要促使他们去购买和阅读该译本。但这些读者，不管是普通读者，还是专业读者，都是中国读者。从网上信息来看，国外读者购买和阅读这一译本的并不是很多，亚马逊英国网站上对该译本也只有 3 条评价，且普遍评价不是特别好，评分等级为 3.3。虽然有读者评价自己比较喜欢该译本的直译风格和有汉语原文的设计，但也有外国读者认为该译本比较平淡，缺乏个性，一大弱点是按照现代白话文翻译，丢失了原文的精髓。该读者具体评价如下：

My heart goes out to Jiang Xin and Jiang Yi for their valiant

---

① 参见:http://www.i-china.org/news.asp? type = 6&id = 936. 检索日期:2019-06-11.

effort to translate Lu Yu's *Cha Jing*. Well intentioned as I'm sure they were, they have, unfortunately, presented us with a flat, faceless and uninspired text. This is what happens when scholars and not poets are permitted to translate a piece of impassioned prose. There's no soul, no vitality, no poetry. I was reminded of the words of Kakuzo Okakura: "Translation is always a treason, and as a Ming author observes, can at its best be only the reverse side of a brocade. ... " So puzzled was I by this translation that I made a query and found that the Jiangs chose, for whatever reason, to put themselves at a disadvantage, by choosing to translate the *Cha Jing* from modern Mandarin and not the original Chinese literary script, thus losing its true spirit. What we have here then, is a translation of a translation and a rigid one at that. I am grateful that we still have Francis Ross Carpenter's translation from 1974 to guide and inspire us all.

I would also like to add that these comments are specifically directed at "The Cha Jing" itself and not "The Sequel to the Classic of Tea" which is also included in this two volume set. ①

此外,在国外作品评价网好读网 www. goodreads. com 上有对卡朋特译本的评价,但搜不到对"大中华文库"译本的评价。国外学者的茶文化著作或文章也没有对该译本的引用和参考。由此可见,中国译者的译本虽然有国家层面的推广,将该书作为礼品赠送到国外,或是作为孔子学院教材,但在西方普通读者当中传播以获得他们的关注是比较困难的。而国外茶文化研究的专业读者,也并未关注该译本,因为 2009 年后在西方

---

① https://www. amazon. co. uk/Classic-Yanchan-Volumes-Library-Classics/dp/7543859947/ref = sr_1_5? ie = UTF8&qid = 1493585722&sr = 8-5&keywords = the + classic + of + tea + lu + yu. 检索日期:2018-01-11.

出版的英语原版茶书很少提到该译本。即使是中国茶文化学者,很多也并未关注该译本。例如,在 2011 年,中国台湾学者刘俊裕在国际期刊《大众文化杂志》(*The Journal of Popular Culture*)上发表了一篇关于中国茶的文章,里面也完全没提到过这个英语译本。2015 年,中国美术学院裘纪平的《茶经图说·典藏版》在结尾附上了《茶经》的英文翻译,但选择的也不是"大中华文库"译本,而是卡朋特译本,只是在该译本的基础上做了些修改。

国际茶亭是一个致力于在全球推广茶和茶文化的组织,在全世界 30 多个国家开展有关茶的活动和课程。该组织办的杂志定期在网上发表供茶爱好者免费阅读的关于茶和茶文化的英文文章,或是茶典籍英文翻译,并通过邮件将文章推送给每位会员。而且,世界各地其他任何读者也都可以免费下载读到上面的文章。因此,该组织推出的《茶经》译本 *The Tea Sutra* 是最方便获取的,任何人都可以免费下载、传播、分享。该组织的订阅会员遍及世界各地,且还在不断增长,这些会员都可能是该译本的读者。而这些读者都是对中国茶和茶文化感兴趣的读者,会成为中国茶文化传播的生力军。加之国际茶亭推出的译本简洁明了、通俗易懂,假以时日,该译本应该会获得较大范围的传播。从网上搜到的资料来看,读者对该译本的评价也比较好,如有读者评价道:

> I'm a bit giddy. I've been wanting to read *The Classic of Tea* for a while now,but all the versions on Amazon or eBay have been rather expensive,and the newer,more affordable one I've been told is a rather poor translation. Took me a while to realize that this "*Tea Sutra*" that Google brings up is in fact the book,with layman-understandable commentary and rather detailed introduction. The other issues seem to have interesting articles as well. ①

---

① 参见:https://www.reddit.com/r/tea/comments/4znuge/til_classc_of_teacha_jingtea_sutra_by_lu_yu_has/. 检索日期:2018-01-12.

另一位读者对该译本的内容也给予了较高的评价：

This translation of *Chajing* deserves to be read. Read it!

It's a bit strange though that not a lot of people here read *Global Tea Hut*. I think it's a good rare source of relevant tea tips and lore, and it's not so commercially motivated. And its content is not half-assed or skin-deep like many, many blog articles. ①

总体而言，从译本销售、馆藏量和读者评价来看，迄今在西方最为人所知的《茶经》译本还是卡朋特译本，但该译本后续没有再版，网上销售数量少，当今读者很难获取，译本很难获得进一步的传播。"大中华文库"译本若是不采取其他措施，根据现有状况，在西方更不可能获得流通。而《国际茶亭》译本是最具有传播潜力的。首先，该译本翻译质量高、可读性强，且有丰富的背景知识介绍，比较容易获得读者认可。其次，该译本是电子出版，可获得性高，传播方便。不过，对译本传播效果的评价也不能仅看译本的传播范围，还要考虑译本本身对阅读了该译本的读者造成的影响，也就是从微观层面看译本的多层次传播效果。

## 第二节　茶文化典籍译本多层次传播效果

如前所述，茶文化典籍翻译的传播效果不仅要看其译本的传播范围，还要看该译本能在多大程度上实现茶文化典籍翻译的目的，也就是能够在多大程度上让目标读者了解中国茶和中国茶文化，这就涉及读者心理上对茶的认识。

人对事物的认识在心理上通常有深浅层次之分。浅层次的认识主要发生在认知层面，是对事物表象的初步认识；中层次的认识主要指理解层面，是对事物本质的认识，属于心理和态度层面；深层次的认识则主要表

---

① 参见：https://www.reddit.com/r/tea/comments/4znuge/til_classc_of_teacha_jingtea_sutra_by_lu_yu_has/. 检索日期：2018-01-12.

现在行动层面上。① 对应于人对事物在心理上的认识,传播效果包括认知的、情感的、态度的和行为的四个层面。认知层面指受传者对信息的表层反应,表现为对信息的接受与分享。情感层面指受传者对信息的深层反应,是对信息内容进行带有感情色彩的分析、判断和取舍。态度层面建立在认识的基础上,是由具体的情感刺激形成的一种习惯性的反应,传播的态度效果通常表现为变否定的态度为肯定的态度,变消极的态度为积极的态度,或是培养与维系肯定的、积极的、正确的态度。而行为层面指受传者在接受信息后在行为上发生的变化。②

茶文化典籍翻译,作为一种跨文化传播活动,也可以从这几个层面考察其传播效果。

## 一、认知层面

如前所述,认知层面是对事物表象的初步认识,属于浅层传播效果,仅仅形成于受众的感觉和知觉层面,衡量尺度通常用受众对传播内容的"知晓度"来表示。③ 相应地,茶文化典籍翻译的浅层次传播效果就是指译文受众是否理解译文传达的信息。这里的信息既指茶物质方面的信息,也包括茶文化精神层面的信息。

从《茶经》三个译本来看,对茶物质方面信息的翻译都是比较准确的,读者也能够理解,虽然理解各个译本所耗费的精力会有所不同。"大中华文库"译本更注重原文信息传递的准确性和完整性,但相对忽视了西方读者对茶知识的理解能力,有些信息缺少必要的解释,读者要进行全面理解比较困难。例如,在介绍茶碗时,陆羽对邢瓷和越瓷进行了比较:

> 或者以邢州处越州上,殊为不然。若邢瓷类银,越瓷类玉,邢不
> 如越一也;若邢瓷类雪,则越瓷类冰,邢不如越二也;邢瓷白而茶色

---

① 杨纯. 浅谈受众心理与传播效果. 新闻知识,2002(6):27-28.
② 董璐. 传播学核心理论与概念. 2 版. 北京:北京大学出版社,2016:259.
③ 杨纯. 浅谈受众心理与传播效果. 新闻知识,2002(6):27-28.

丹，越瓷青而茶色绿，邢不如越三也。……越州瓷、岳瓷皆青，青则益茶。茶作红白之色，邢州瓷白，茶色红……（四之器，p. 115）

"大中华文库"译本：

Some people assume that tea bowls from Xingzhou in Hebei are even better than those from Yuezhou. Actually this is not the case. If the Xing porcelain can be compared to valuable silver，then the Yue porcelain matches invaluable jade. This constitutes the first disparity. If the Xing porcelain is described as snowy white，then the Yue porcelain can be said as icy crystal. This makes the second gap. What's more，tea soup looks reddish in the bowl of white Xing porcelain，while the soup shines like emerald in the bowl of jade Yue porcelain. ...

Chinawares from both Yuezhou in Zhejiang，and Yuezhou in Hunan bear cyan glaze，lending the tea soup a rosy and milky tint.

In contrast，snow white bowls from Xingzhou kilns will set off the tea soup a reddish hue. [①]

在对刑瓷和越瓷进行比较时，陆羽从三个方面进行比较：一是"邢瓷类银，越瓷类玉"，银和玉具有不同的价值，读者应该能够明白意思。二是"邢瓷类雪，则越瓷类冰"，对于这一点读者就未必明白为什么冰优于雪。在中国文化中，我们听到"冰"会联想到"冰清玉洁"，但在西方文化中，"ice"似乎并没有特别的联想。此外，这两个比喻都是一种主观的观点，陆羽并没有对为什么"邢瓷类银，越瓷类玉""邢瓷类雪，则越瓷类冰"进行论证，翻译时若是不加解释，很可能给西方读者带来困惑。而第三个方面"邢瓷白而茶色丹，越瓷青而茶色绿"则是客观描述，显得更有说服力。然而，陆羽对这句话的描述非常简单，因为与他同时代的读者具有和他一样

① 陆羽，陆廷灿. 茶经　续茶经. 姜欣，姜怡，译. 长沙：湖南人民出版社，2009：29.

的饮茶知识背景,知道什么样的茶会在邢瓷和越瓷中呈现不同的颜色,邢瓷和越瓷哪个更好就自然清楚了。然而,西方读者未必知道陆羽时代的饮茶习惯,在西方,比如英国,人们普遍喝的是红茶,红茶的颜色本来就是红色的,读者会觉得在白瓷中呈现红色是很正常的,呈现绿色反而不正常。因此,在这个地方,若是按原文字面意思翻译而不加解释,读者很可能会感到困惑。关于这里对读者可能造成的理解困难,卡朋特译本和《国际茶亭》译本在翻译时稍做了改动,降低了理解难度。

卡朋特译本:

> There are those who argue that the bowls of Hsing Chou are superior to Yüeh ware. That is not at all the case. It is proper to say that if Hsing ware is silver, then Yüeh ware is jade. Or if the bowls of Hsing Chou are snow, then those of Yüeh are ice. Hsing ware, being white, gives a cinnabar cast to the tea. Yüeh ware, having a greenish hue, enhances the true color of the tea. That is yet a third way to describe Yüeh Chou's superiority to Hsing Chou in the way of tea bowls. ...
>
>    ...
>
> Stoneware from both the Yüeh Chous is of a blue-green shade. Being so it intensifies and emphasizes the color of the tea. If the tea is of a light red color, it will appear as red in the white bowls of Hsing Chou. [①]

《国际茶亭》译本:

> Some think that *Xingzhou* wares are better than *Yuezhou*(越州) wares, but I do not agree. First of all, if *Xing* ware is like

---

① Lu, Y. *The Classic of Tea*: *Origins & Rituals*. Carpenter, F. R.(trans.). New York: The Ecco Press, 1974:90-93.

silver，then *Yue* ware is like jade. If *Xing* ware is like the snow，then *Yue* ware is ice. The white *Xing* bowls give the tea a cinnabar hue，while the celadon *Yue* bowls bring out the natural green of the tea. ... Both *Yue*（越 and 岳）wares are celadon，which is good for tea because it will bring out the true color of a tea，whitish-red for a light red tea，for example. Such a red tea would look rusty in a white *Xing* ware ... ①

在提到越瓷的优势时,《国际茶亭》译本和卡朋特译本并没有简单翻译出颜色,而是改变了说法,强调越瓷能够呈现茶"自然的颜色""真正的颜色"。即使西方读者不了解陆羽时代的饮茶习惯,不知道文中描述的是什么茶,也可以通过这样的表述明白越瓷优于邢瓷之处了。

如果只是表层物质信息,读者存在理解困难的只是个别地方,对于"大中华文库"译本,如果读者愿意花费时间和精力,理解译文的基本信息还是没有多大问题的,而且也有读者喜欢这样的译文。例如,亚马逊英国网站上一位读者就认为中国译者的直译文给出了更多的语境信息,英汉对照的排列也能够让读者和原文进行对照,对汉语感兴趣的读者甚至还可以借此学习一些汉语。② 而卡朋特译本和《国际茶亭》译本则通俗简单得多,可读性强,且对很多读者可能存在理解困难的地方加了注释,增加了西方读者获得译本信息的广度和效度。例如,亚马逊美国网站上一位读者对卡朋特译本评价如下:

A book showing the history of tea in China，just a translation

---

① Lu，Y. The tea sutra. Wu，D.（ed.）. *Global Tea Hut*：*Tea & Tao Magazine*，2015（44）：43.

② https://www. amazon. co. uk/Classic-Yanchan-Volumes-Library-Classics/dp/7543859947/ref = sr_1_5？ie = UTF8&qid = 1493585722&sr = 8 − 5&keywords = the + classic + of + tea + lu + yu. 检索日期:2019-06-12.

from Chinese. Good to read and learn basic of Chinese tea! ①

另一位给五星好评的读者认为,卡朋特译本提供的信息非常充分。其具体评价如下:

This is a very straightforward translation by Francis Ross Carpenter first published in 1974 with reproductions of old illustrations of tea manufacture and transport plus delightful modern illustrations by Demi Hitz. The charm of the original work has been preserved, particularly in descriptions: "When the shape [of the brick of tea] begins to hump like the back of a toad" or "[The frothy patches] should suggest eddying pools, twisting islets or floating duckweed at the time of the world's creation."

I was surprised and pleased that the work included so much information on growing and processing tea. The myriad instructions, cautions, and details of the tools used in processing and preparing tea are fascinating. In the chapter "Notations on Tea", there are dozens of short anecdotes that Lu Yu deemed worth preserving and in these stories especially, the Buddhist and Taoist philosophy that was prevalent provides a foundation for the writing.

If you are interested in this book, you are not likely to be disappointed with it. ②

而从茶文化精神层面的信息来看,"大中华文库"译本在正文中非常

① https://www. amazon. com/Classic-Tea-Origins-Rituals/dp/0880014164/ref = sr _ 1_1? ie = UTF8&qid = 1493583998&sr = 8-1&keywords = The + Classic + of + Tea % 3A + Origins + %26 + Rituals. 检索日期:2019-06-12.

② https://www. amazon. com/Classic-Tea-Origins-Rituals/dp/0880014164/ref = sr _ 1_1? ie = UTF8&qid = 1493583998&sr = 8-1&keywords = The + Classic + of + Tea % 3A + Origins + %26 + Rituals. 检索日期:2019-06-12.

注意传递原文的茶文化内涵。若从中国读者来看,这样的译本对茶文化信息的把握是很充分的。但由于统一编排格式的局限,该译本无法添加详细的注释,对一些茶文化精神内涵的表述只能是点到为止,没有进一步解释,因此只读译本正文,缺乏中国文化背景的西方读者很难充分感知译本茶文化精神层面的信息。例如,在介绍风炉时,对于风炉上的刻字——"体均五行去百疾""圣唐灭胡明年铸""伊公羹、陆氏茶","大中华文库"译本除了在翻译"圣唐灭胡明年铸"时对"胡"做了简单注释(Hu refers to foreign invaders.),其他两处都只是翻译出了字面意思,没有进行进一步解释。对于缺乏中国文化背景的西方读者而言,理解"体均五行""伊公羹"所蕴含的重要文化意义是很困难的。《国际茶亭》译本和卡朋特译本对中国文化的"五行""八卦"都有额外的解释。对于"伊公",《国际茶亭》译本也进行了解释,不过卡朋特译本将"伊公羹"省略了,造成了茶文化内涵的流失。

总体而言,相较于"大中华文库"译本,卡朋特译本和《国际茶亭》译本,特别是卡朋特译本,正文更简单,不少有茶文化内涵的地方都没有翻译出来,但这两个译本都有针对正文内容的很详细的注释(卡朋特的注释在整个译本末尾,《国际茶亭》的注释在页末,其中还包括译者自己对译文信息的评价和看法)。此外,这两个译本在正文之前还有内容丰富的序言,这些序言很大一部分是结合《茶经》内容而对茶文化精神内涵进行的深刻剖析。虽然这两个译本在正文中对茶文化精神层面的信息有遗失之处,但正如我们在前面对译本注释和序言的分析中提到的,这些序言和注释能够帮助读者感知原作者赋予茶的精神意义。

## 二、情感层面和态度层面

情感层面和态度层面都属于中层次的传播效果,又称"价值形成和维护效果",它不仅作用于受众的感知觉,还进一步影响其思维和情感。其衡量尺度可以用"理解度""赞同度"来表示。[①] 简言之,这一层次的传播效果就是使传播受众在情感上接近、认同传播内容,并对其产生兴趣。

相应地,从传播角度看,茶文化典籍翻译在这一层次的传播效果就是看读者能否通过对茶物质属性的感知理解其本质内涵,认同茶的价值和功能,进而在情感上对中国茶和茶文化产生兴趣。这一层次的传播效果属于读者的心理层面,很难评估。此外,由于茶已在西方流行多年,被誉为世界第二大饮品,因此读者对茶的价值和功能的认同,以及对茶的兴趣,很大程度上是商业推动的结果,很难说是茶文化典籍翻译带来的效果。不过从读者对译本,特别是对卡朋特译本的一些评价来看,读者阅读译本也的确能够强化他们对中国饮茶方式的兴趣。

例如,有读者评价道:

I was surprised and pleased that the work included so much information on growing and processing tea. The myriad instructions, cautions, and details of the tools used in processing and preparing tea are fascinating. In the chapter "Notations on Tea", there are dozens of short anecdotes that Lu Yu deemed worth preserving and in these stories especially, the Buddhist and Taoist philosophy that was prevalent provides a foundation for the writing.

If you are interested in this book, you are not likely to be disappointed with it. [②]

在这条评价中,读者提到加工和备茶过程中的操作介绍、注意事项、茶具细节非常"fascinating",这一形容词的使用足以说明读者对译本信息的认同和兴趣。此外,研究茶和茶文化的自然科学和人文科学学者在自

---

① 杨纯. 浅谈受众心理与传播效果. 新闻知识,2002(6):27-28.

② https://www.amazon.co.uk/Classic-Tea-Yu-Lu/dp/0316534501/ref = pd_rhf_se_p_img_6? _encoding = UTF8&psc = 1&refRID = V8CQJMHHW3WVMSSAY7QH. 检索日期:2019-06-12.

己的著作中对译本的引用也可以说明译本受众对译本的认同和兴趣。从这一点来看,卡朋特译本在这个层面的传播效果是最好的,西方很多介绍中国茶文化的文章和著作引用了卡朋特译本,且大多给予很高的评价,《国际茶亭》译本更是在很多地方直接借鉴了卡朋特译本的表达方式,这都说明卡朋特译本在读者心中获得了较高程度的认同。而《国际茶亭》译本主要针对其会员,会员本身就对国际茶亭组织有很高的认同度,因此在这一层面,国际茶亭译本的传播效果也是不错的。

当然,茶文化典籍译本读者对茶和茶文化的兴趣和认同更多体现在行为上,而这种行为就是茶文化典籍翻译深层次传播效果的体现。

## 三、行为层面

行为层面的传播效果属于深层次传播效果,是指受者在感性、理性认识之后,行为发生改变,做出与传播者要求目标一致的行为,从而完成从知到行的行为。[①] 从传播角度看,茶文化典籍翻译的深层次传播效果就是看读者在阅读译本后是否会在行为上做出一些反应,如是否会改变饮茶方式,不饮茶的读者是否会因此尝试中国茶,或者能否在饮茶过程中享受到以前没有感受到的内心宁静、心灵升华等。当然,由于茶本身就是日常生活饮品,人们购买中国茶、饮用中国茶更多是其他方面的影响。不过,从一些读者对译本的评价来看,茶典籍译本对他们的行为还是有一定影响的,特别是卡朋特译本。

如有读者提到:

I have been drinking tea for quite some time now and have always made it a point to try and become a knowledgeable tea drinker/lover, not just someone who steeps grocery store bags of tea. This book is a classic piece of tea literature. I have read up on Lu Yu and his contributions to tea and helping its monumental rise

---

① 杨纯. 浅谈受众心理与传播效果. 新闻知识,2002(6):27-28.

to power，establishing it as the second most popular worldwide beverage behind water. I drink and steep my tea loose and as Lu Yu recommends，I also urge you to do the same. Try tea brewed from a bag and then brew it loose and you can tell the difference in taste，smell and appearance.

Also，when I purchased this book，it arrived in great condition. I have the book by my bedside table at night and read a few pages before I go to bed. If you are a true lover of tea，I would highly recommend having this book in your collection. ①

在这则评价中，读者提到自己像陆羽所建议的那样饮散茶，还建议其他读者也这样饮茶。读者也提到自己每晚睡前都会读几页该译本，并建议真正的爱茶者收藏此书。这样的评价说明卡朋特译本的确会引起读者行为上的反应，能够达到深层次的传播效果。而"大中华文库"译本主要在国内发行，引发不少中国读者撰文评价，也达到了一定的传播效果，遗憾的是，西方读者对该译本几乎没有反应。

《国际茶亭》译本发表在《国际茶亭》电子杂志上，且发表时间较晚，尚未引起普通读者的关注，也几乎没有读者评价，是否能达到深层次传播效果短时间内还不能确定。但若是从其会员角度来看，该译本极具呼吁性的序言、精美的插图、风格简练但内容丰富的译本正文及注释，无疑都会让读者对中国古代茶艺和茶道产生浓厚兴趣，很可能会在国际茶亭的组织下学习像中国古人那样饮茶，以此获得内心的宁静、精神的升华。

总的来说，就《茶经》三个译本的传播效果而言，从译本收藏量、被引用率、读者评价等数据层面来看，《茶经》的传播效果大大弱于《论语》《道德经》等中国典籍的译本。若是仅仅在三个译本中进行比较，卡朋特译本

---

① https://www. amazon. co. uk/Classic-Tea-Yu-Lu/dp/0316534501/ref = pd_rhf_se_p_img_6? _encoding = UTF8&&psc = 1&refRID = V8CQJMHHW3WVMSSAY7QH. 检索日期:2019-06-12.

不管是国外图书馆收藏量，还是被引用率、读者评价都明显强过"大中华文库"译本和《国际茶亭》译本，但这些数据并不能说明卡朋特译本就比另外两个译本好，卡朋特译本在译本收藏量、被引用率、读者评价方面的数据大于另两个译本的原因，可能在于该译本是最早的译本，比另两个译本早了30多年，且是在英语国家出版社直接出版的作品。

而从文本本身的角度对译本传播效果进行推测式评估，可以根据传播活动通过信息作用于受众心理的各个层面进行评估，从浅层次、中层次、深层次三个层面看译本可能对西方读者心理产生的影响。从这几个层面来看，卡朋特译本和《国际茶亭》译本可能获得的传播效果比较接近，因为两个译本的翻译方式，特别是副文本信息的设计都非常相似。至于"大中华文库"译本，由于译者自身身份的局限，同时受到"大中华文库"统一体例设计的限制，在三个层面上对西方读者可能产生的影响都小于卡朋特译本和《国际茶亭》译本。

但正如我们在前面几章中分析的，茶文化典籍翻译的传播受很多因素的影响，而很多方面是译者本人无法控制的，因此在各种因素共同作用下产生的译本传播效果并不等同于译本本身质量的高低。可以说，在很多情况下，译本本身的质量只是影响译本传播效果的一个因素。这也是围绕忠实、通顺、读者反应、文化传达的译本质量评估和传播学视角的译本传播效果评估的不同之处。而翻译的目的，中国典籍"走出去"的目的，不仅是给世界呈现高质量的译本，而且是通过各种途径和手段实现理想的传播效果。因此，翻译研究，特别是典籍外译研究就不能局限于文本、文化层面的译本内部研究，还需要拓展其研究视野，关注影响译本传播效果的其他文本之外的因素，而这也是从传播学视角研究翻译的意义所在。

# 第六章　数字化时代茶文化典籍复译模式

翻译研究的一个主要目的是提升翻译的传播效果,而传播效果的实现又离不开翻译活动发生的外部环境和时代背景。如今,我们已处在互联网数字化时代,信息传播领域已经发生了颠覆性的变革,信息的传播者、传播媒介和传播受众的信息传播环境已经大大不同于传统的传播环境。在这样的背景下,若是仍然遵循传统的翻译和传播方式,我们的翻译作品将很难为当代目标读者所接受,也难以获得理想的传播效果。因为正如我们在前面几章的分析中所发现的,译作在文本层面是否忠实于原文意义,以及语言表达是否通顺自然,并不是决定译本传播效果的全部因素,翻译主体的行为、翻译内容的充分性和必要性、翻译媒介和符号的合理运用、翻译受众的阅读需求,都会对译本的传播效果产生影响。因此,在数字化时代,要全面改善茶文化典籍翻译的传播效果,翻译传播主体往往需要综合考虑茶文化典籍翻译的各种影响因素,以翻译受众为中心,从翻译主体、翻译内容、翻译媒介几个方面改进茶文化典籍的翻译模式。

## 第一节　数字化时代新媒介的发展

信息传播活动中,媒介的重要性是不言而喻的,著名传播学者麦克卢汉(Marshall McLuhan)甚至提出"从社会意义上看,媒介即信息"这样的论断。[①]

---

① 麦克卢汉.理解媒介——论人的延伸.何道宽,译.增订评注本 南京:译林出版社,2011:16.

到目前为止,用于信息传播的媒介可以分为五种类型:书写媒介、印刷媒介、广播媒介、影视媒介和网络媒介。在人类传播史上,每一种传播媒介都曾有过它辉煌的纪录,并成为某个时代的表征。[①] 而在当代,运用最广、最受欢迎的则是网络媒介以及基于数字技术的其他各种新媒介,也称新媒体。

在传播学领域,新媒介日益受到重视。新媒介是音视频技术与因特网等数字通信技术的结合,既指新兴的数字技术和数字平台,也指电子或多媒体出版(尤其是在因特网上)。[②] 新媒介从技术原理上来看首先是以数字化形式(0 和 1 为基本的符号)传递信息的媒介,因此又被称为数字媒介,包括以光盘或网络形式呈现的电子出版物、软磁盘、光盘、数字电视以及最有代表性的因特网等。[③]

新媒介有两个明显特征:一是新媒介能够承载旧媒介所能承载的,如文本、图像、音视频等所有形式的内容;二是能够从根本上改变原有媒介(旧媒介)的传播特征及传播形态,其传播形式、传播内容及传播渠道有较大的改变和创新。[④]

传统信息传播以图片与文字为主要传播载体,是一种静态的传播,只能调动受众的视觉感官来接受信息,信息传播方式也比较单一。新媒介传播则是集图片、声音、视频、文字等多种媒介形式于一体的多种媒介形式的综合传播。[⑤] 这种新型传播形式能充分调动人们的听觉、视觉、触觉,形成"全息化"传播环境,在更大程度上突破语言、文字等的障碍与限制,使受众能更好地吸收所传播的知识,获取信息,达到更好的传播效果,进一步扩大传播范围。[⑥]

---

① 邵培仁. 传播学. 3 版. 北京:高等教育出版社,2015:221.
② 董璐. 传播学核心理论与概念. 2 版. 北京:北京大学出版社,2016:126-127.
③ 董璐. 传播学核心理论与概念. 2 版. 北京:北京大学出版社,2016:127.
④ 白燕燕. 浅议新媒体发展态势及对社会影响. 中国出版,2013(6):32-34.
⑤ 李百晓. 新媒体语境下体育文化的影像书写与跨文化传播研究. 电影评介,2016(2):85-88.
⑥ 彭小年. 新媒体对中国传统文化传播的促进性影响. 西部广播电视,2015(12):15,17.

此外,传统的信息传播是单向的,受众是被动接受信息,无法进行实时反馈与互动。而以互联网为代表的新媒介则让受众有机会主动参与到信息传播过程中。受众可以利用网络论坛、微博、微信等多种新媒介传播方式,及时对所接受的信息进行反馈,与信息传播者互动交流。如此,信息传播方也能及时根据受众的反馈,改进信息传播方式和内容。

总的说来,新媒介使用容量大、即时、多种媒体综合运用,具有高度参与和互动性;新媒介允许更大数量的信息传递和信息检索;新媒介让使用者对内容的创造和选择有更大的控制权,使用者之间能够对信息进行分享,并且通过新媒介进行物品或信息的交换及出售;新媒介使更多的人能够在他们所生活的社区或更大范围内发出自己的声音;对普通消费者来说,使用新媒介花费也更少。① 依托互联网等数字技术的发展,新媒介在信息传播的速度、广度和效度上都有着传统媒介无法比拟的优势,因此各个领域纷纷借助新媒介,变革其信息传播方式,实现更为快捷高效的信息传播。

在翻译领域,近年来以影视字幕组翻译为代表的新媒介翻译也快速发展起来,且广受好评。然而,中国文化典籍翻译还是局限于传统的翻译模式。不少学者指出,我国目前的典籍翻译总的来说效果不佳,在西方社会接受度较低。既然新媒介传播能够提升信息传播的速度,那么中国文化典籍翻译若能顺应新媒介环境,借助新媒介的优势,创新其翻译和出版模式,应该能够在很大程度上突破当前典籍翻译的一些障碍,增强典籍翻译的文化传播效果。

## 第二节　数字化时代读者阅读习惯和阅读能力的改变

如前所述,翻译成功与否很大程度上要看读者是否接受,而读者对文化产品的接受受其阅读习惯的影响。因此,典籍翻译要想真正走入西方

① 董璐. 传播学核心理论与概念. 2 版. 北京:北京大学出版社,2016:127.

读者的视野,就不得不考虑译文读者的阅读习惯。外国人能理解或欣赏的作品和中国人能提供的作品往往难以吻合,阅读习惯不同是个很大的原因。这也是为何翻译家哈门(Nicky Harman)将翻译完成的 *The Flowers of War*(《金陵十三钗》)交给海外出版社编辑后,编辑几乎没有修改文本的语言,却大刀阔斧地重新组织段落。同样,葛浩文在翻译莫言的小说时,也将原著的段落顺序重新整合。在 2010 年"汉学家文学翻译国际研讨会"上,与会的 30 多位作家、译者、汉学家总结道:许多中文作品的文体内容和表达方式与译介国读者的社会习惯和审美要求不太符合,很难出现畅销书或常销书。[①]

　　而读者的阅读习惯往往会受传播方式的影响。近年来,随着互联网和数字技术的发展,信息传播方式发生了革命性的变化,如克里斯(Gunther Kress)所指出的,如今纸质书的时代已经变成了具有多种传播方式的电子屏幕时代。[②] 相应地,作为翻译受众的读者的阅读习惯和阅读能力也发生了很大变化。概括起来,读者的阅读习惯出现了网络化、碎片化、视觉化、浅表化、实用娱乐化倾向。而读者的阅读能力在网络的帮助下,也有了很大的提升。

　　不管在中国还是在西方,网络阅读都已成为当前读者的主要阅读方式。就像网上有不少人感叹的,如今读完一本纸质书成了一件奢侈的事。而人们接触异国文化,也更倾向于通过网络渠道。十国民众对中国文化的接触意愿与渠道研究——《外国人对中国文化认知与意愿》年度大型跨国调查就发现,在跨文化传播领域,国外民众是否能接触到中国文化,进而是否能够接受中国文化,很大程度上受到接触渠道的影响。而被问及国外受访者接触中国文化的首选渠道时,选择报纸杂志的受访者为5.0%,选择广播电视的14.7%,选择互联网的62.9%。这显示在跨文化传

---

① 夏天. 走出中国文学外译的单向瓶颈.(2016-07-18)[2018-01-03]. http://www.cssn.cn/sf/201607/t20160718_3125526_2.shtml.

② Kress, G. *Literacy in the New Media Age*. London: Routledge, 2003.

播中,互联网以其及时、互动、多媒体、海量信息等特性促进了信息的互通互联,对于国外受众而言,互联网已经成为了解中国文化的最主要渠道。①

随着网络电子阅读的盛行,以及各种信息平台的发展,特别是人们越来越依赖于通过智能手机来获取各种信息,人们的阅读也变得碎片化(fragmentation)。早在 20 世纪 80 年代,著名未来学家托夫勒(Alvin Toffler)便在其《第三次浪潮》(*The Third Wave*)一书中指出,"这是一个碎片化时代,信息碎片化,受众碎片化,媒体碎片化"②。碎片化最初是一个后现代主义概念,意指完整的事物被分解成许多零碎的小块,后被引入传播学中,指伴随着互联网科技的发展和生活节奏的加快而出现的,通过平板电脑、智能手机、电子阅读器等终端接收器进行的不完整的、断断续续的阅读模式。这种阅读模式,无论从阅读的时间、空间,还是内容、媒介来看,都呈现出碎片化特征。尽管有些专家担心碎片化阅读会造成过于随意、缺乏系统性的肤浅阅读和不独立思考的习惯,但与传统阅读方式相比,这一阅读方式以其独特的优势迎合了现代人的需求,成为新媒介融合语境下不可逆转的趋势。③

在数字化时代,快节奏的生活、信息的爆炸,使得年轻一代读者已不太喜欢大部头的图书,也很少进行深阅读,他们喜欢"快餐文学",读起来轻松,读完了就扔。在大学周边的一些书店,教辅书、社交方面的图书卖得非常火,一些书店索性就不卖人文方面的图书了。书本越来越薄,插图越来越多;内容越来越"浓缩",趣味越来越"戏说";功利化越来越强,精神性越来越弱。④ 在西方,卡尔(Nicholas Carr)在关于网络文化的调查中得到的反馈也显示,像《战争与和平》(*War and Peace*)这样的经典,现在已

---

① 杨越明,藤依舒. 十国民众对中国文化的接触意愿与渠道研究——《外国人对中国文化认知与意愿》年度大型跨国调查系列报告之二. 对外传播,2017(5):30-33.

② 林元彪. 走出"文本语境"——"碎片化阅读"时代典籍翻译的若干问题思考. 上海翻译,2015(1):20-26.

③ 马建桂. 碎片化阅读时代典籍翻译的跨文化传播. 中国报业,2016(16):81-82.

④ 娱乐化和实用主义盛行,悲伤的阅读时代. (2008-06-23)[2018-01-14]. http://book.people.com.cn/GB/69361/7412547.html.

经没有人读了,因为人们认为这样的作品太长,也不够有趣。[①]

此外,在数字化时代,受众审美还呈现出感性化倾向,他们更愿意接受直观的形象,因此读图模式已成为受众最喜欢的阅读方式。[②] 新媒体及其技术带来了可视性、视觉化和具象化的信息传播方式,引发了视觉文化的崛起和读图时代的来临。"图像转向"成为这个时代转变中最为抢眼的"景观"[③]。

由于读者更追求阅读过程中的视觉体验,因此融合图片、音视频的多模态文本比单一的语言文字文本更受读者的偏爱。在这样的情况下,内容"高大上"的中国典籍原本吸引本国读者就很难,而同样以"高大上"形式出现的典籍译本,吸引在网络化、数字化环境中成长起来的国外读者就更难了。因此,在数字化时代,要改变这样的局面,就有必要改变翻译策略和译本传播方式。

当然,读者阅读的碎片化、视觉化、浅表化和实用娱乐化会在一定程度上导致经典受到冷落,国民精神素养下滑,因此不少学者呼吁要推广经典,引导大众进行有思想有深度的厚重阅读。然而我们不得不承认,单单靠口头的呼吁和宣传,很难扭转人们的阅读习惯。既然一时不能改变,我们就只能顺应,但也不是一味迎合,而是考虑读者的阅读习惯,在保证内容经典性和思想性的基础上,在内容呈现方式上进行创新,获得读者的认可和喜爱。就茶文化典籍翻译而言,就是以新的翻译方式、新的译本设计和布局、新的出版推广方式,对茶文化典籍进行重新翻译,以顺应读者的阅读习惯,但并不改变原作品内容上的思想深度。其实在数字化时代,造成普通大众阅读习惯改变的,不管是网络化,还是碎片化、视觉化、浅表化和实用娱乐化,最主要的都还是内容呈现的形式。

此外,随着越来越多信息的公开化,读者阅读能力也有了提升。网络

① Carr,N. *The Shallows*:*What the Internet Is Doing to Our Brains*. New York:W. W. Norton & Company,2010:11.

② 张伶俐. 基于受众心理的高效传播策略. 编辑之友,2013(5):71-72,112.

③ 陈锦宣. 新媒体时代大众阅读的视听转向. 四川图书馆学报,2015(5):10-13.

的发展、信息获取的便捷、全球化的推进,使得人们可以通过网络搜索引擎查找到几乎任何自己想要了解的信息。读者在阅读过程中遇到理解困难,可以在网上搜索相关信息,各个领域的网络互动平台、对各种问题的讨论,甚至在线答疑解惑,都可以为读者理解文本提供帮助。因此,针对以前信息资源匮乏时代的读者的茶文化典籍译本,可能会呈现给当今读者太多冗余的信息,特别是过于厚重的译本,可能一开始就会受到普通读者的抗拒。因此,在网络数字化时代翻译茶文化典籍,在翻译时可以针对读者的阅读理解能力对翻译内容进行选择和调整,采用读者更容易接受的方式,使用读者更喜欢的符号资源和媒介渠道。而在这个过程中,需要各翻译主体发挥更大的主动性,也需要各个主体彼此合作,共同推进茶文化典籍译本在目标世界的传播。

## 第三节　数字化时代茶文化典籍翻译内容选择

如前所述,内容是传播的中心环节,传播的质量很大程度上取决于传播的内容。对传播内容的研究,主要涉及"说什么、怎么说"的问题。那么翻译传播内容就涉及具体翻译内容和具体翻译策略的选择。在第四章,我们以《茶经》为例,从翻译内容的充分性和必要性两个方面对《茶经》翻译内容和翻译策略的选择对翻译效果的影响进行了分析,发现"大中华文库"的《茶经》译本几乎不存在翻译内容的选择,译者基本上是将原文所有内容都翻译了出来,包括原文很多对当今西方普通读者而言意义不大的注释。卡朋特译本和《国际茶亭》译本则对原文内容进行了选择性翻译,删掉了很多意义不大的信息,保证了译本内容的必要性。因此,茶文化典籍若要进行复译,可以综合借鉴卡朋特译本和《国际茶亭》译本对翻译内容的选择,但可以在此基础上进一步筛选。

如前所述,数字化时代的读者接受信息的能力,特别是接受异质信息的能力在提高,因为他们可以利用网络搜索任何他们感兴趣的信息。而读者的阅读又呈现碎片化的特点,除了畅销小说,他们不太喜欢阅读大部头的作品。在这样的情况下,翻译茶文化典籍时,就可以删掉一些主题意义不大的信息,或是一些读者不再需要的注释。就《茶经》而言,虽然陆羽的《茶经》已经非常精简了,但出于当时的写作规范,在《茶经》中还是有一些对当代西方读者而言意义不大的信息。除了前面我们分析过的文内注释之外,正文中也有一些不必要的信息。例如,在介绍茶器时,陆羽在文中加了不少引用考证型信息,或是关于该茶器的逸事。但读者阅读这部分时的期待是快速了解古代茶器的形状、功能、特点,对于中国哪个古人提到过这件茶器并无多大兴趣。对于有关茶器的故事,一般而言读者都是喜欢听故事的,但因为故事不是这章的重点,所以陆羽往往只是非常简单地用了一两句话呈现故事片段,而这种缺乏足够背景、情节、趣味的故事片段读者也不会感兴趣。对于这种故事片段,若是和主题关系不大,完全是可以删去的。如在"之器"一章中对"瓢"的介绍:

> 瓢,一曰牺杓,剖瓠为之,或刊木为之。晋舍人杜毓《荈赋》云:"酌之以瓠"。瓠,瓢也,口阔,胫薄,柄短。永嘉中,余姚人虞洪入瀑布山采茗,遇一道士云:"吾丹丘子,祈子他日瓯牺之余,乞相遗也。"牺,木杓也,今常用以梨木为之。(四之器,p.115)

在这段对"瓢"的介绍中,引用杜毓的表述和虞洪的故事都只是为了说明他们提到了"瓢"而已,只是用了不同的名称,对于读者理解"瓢"的形状、功能、特点并无多大帮助。此外,虞洪的故事在后面"之事"一章有更详细的介绍,这里有一句话:"永嘉中,余姚人虞洪入瀑布山采茗,遇一道士云:'吾丹丘子,祈子他日瓯牺之余,乞相遗也。'"这并不是什么有趣的故事,这样的内容是可以删掉的。

而在"之事"一章中,对当代西方读者而言,不必要的信息就更多了。陆羽撰写《茶经》"之事"一章是要将历代所有有关茶的记载和故事列入其中,保证内容的完备性。里面提到的要么是中国古代名人,要么是有趣的民间故事,对于陆羽同时代的读者而言,这些内容都是有意义的。中国人普遍崇尚名人,一件物品,只要名人提到过,人们便会对其刮目相看,产生较强的认同感。《茶经》中列举的那些历史名人,陆羽同时代的知识阶层都是非常熟悉的,因此列出这些人名能够让读者产生对茶的亲近甚至敬畏感。然而,这些中国古代名人大多数没有达到世界知名的程度,对于西方普通读者而言只是没有什么意义的陌生符号。即使对这些人物进行了解释,如卡朋特译本和《国际茶亭》译本都有对这些人物的注释,其详细程度根据译者认为的这些人物的重要性而定(当然,在这一点上卡朋特译本和《国际茶亭》译本的译者有些地方并没有把握好),但单凭这些注释也很难让西方读者像中国读者那样对这些人物产生认同感。若是和这些人物相关的事件或是这些人物本身对茶的说明又不是很有趣,也不涉及茶叶实用信息和茶文化内涵,这些内容对目标读者而言就是淡然无味的,即使翻译出来,读者也可能直接略过。因此,在翻译"之事"这一章时也可以进行选择性翻译。如下面这些信息:

周公《尔雅》:"槚,苦茶。"(七之事,p. 198)

郭璞《尔雅注》云:"树小似栀子,冬生,叶可煮羹饮。今呼早取为茶,晚取为茗,或一曰荈,蜀人名之苦茶"。(七之事,p. 200)

《方言》:"蜀西南人谓茶曰蔎"。(七之事,p. 198)

这三条记载是关于茶的不同名称的,在前面章节已经有所介绍,所以是重复信息,不需要再翻译出来。

司马相如《凡将篇》:"乌啄,桔梗,芫华,款冬,贝母,木檗,蒌,芩草,芍药,桂,漏芦,蜚廉,雚菌,荈诧,白敛,白芷,菖蒲,芒硝,莞椒,茱萸。"(七之事,p. 198)

这一则是列举《凡将篇》提到的中草药,其中提到了茶,将茶作为一种中药。但这里列举的其他19种植物有很多是西方读者完全不知道的,若非是中医研究者,这些信息对读者而言也不具有吸引力,如果想要保留这篇内容,其实简单说明司马相如在《凡将篇》中将茶作为一种中药即可。

鲍昭妹令晖著《香茗赋》。(七之事,p. 201)

这句不管是鲍昭、鲍令晖，还是《香茗赋》，西方读者未必有所了解，就一句这样的信息，也不太具有吸引力。

刘琨与兄子南兖州刺史演书，云："前得安州干姜一斤，桂一斤，黄芩一斤，皆所须也。吾体中溃闷，常仰真茶，汝可置之。"（溃当作愦。）（七之事，pp. 198-199）

《世说》："任瞻，字育长，少时有令名。自过江失志，既下饮，问人云：'此为茶？为茗？'觉人有怪色，乃自申明云：'向问饮为热为冷耳。'"（下饮为设茶也）（七之事，p. 200）

宋《江氏家传》："江统，字应元，迁愍怀太子洗马，尝上疏谏云：'今西园卖醢、面、蓝子菜、茶之属，亏败国体。'"（七之事，p. 201）

梁刘孝绰谢晋安王饷米等启："传诏，李孟孙宣教旨，垂赐米、酒、瓜、笋、菹、脯、酢、茗八种。气苾新城，味芳云松。江潭抽节，迈昌荇之珍；疆场擢翘，越葺精之美。羞非纯束野麇，裛似雪之鲈；鲊异陶瓶河鲤，操如琼之粲。茗同食粲，酢颜望柑。免千里宿舂，省三月粮聚。小人怀惠，大懿难忘。"（七之事，p. 201）

上面这几个关于茶的故事缺乏有趣的情节，也没有重要的茶文化内涵，涉及的人物对当代而言也并非非常知名的人士，从读者角度考虑，也没有翻译的必要。

《括地图》："临遂县东一百四十里有茶溪。"（七之事，p. 202）

山谦之《吴兴记》："乌程县西二十里有温山，出御荈。"（七之事，p. 202）

《夷陵图经》："黄牛、荆门、女观、望州等山，茶茗出焉。"（七之事，p. 202）

《永嘉图经》："永嘉县东三百里有白茶山"。（七之事，p. 202）

《淮阴图经》："山阳县南二十里有茶坡。"（七之事，p. 202）

《茶陵图经》："茶陵者，所谓陵谷生茶茗焉。"（七之事，p. 202）

上面几条是关于茶产地的，而《茶经》中已经有专门一章介绍茶的产地,因此在这里也不必赘述了。

"之事"是《茶经》中内容最多的一章,作者在当时的历史语境下为了追求记录的完备性,将唐以前所有对茶的记载几乎都列了出来,而对于当今的西方读者而言,他们缺乏中国历史文化背景,也并不在乎历史记载的完备性,对于"之事"一章,读者的阅读期待是读到有趣的或是有意义的,或者是有实用价值的故事或记载,因此价值不大的信息在翻译中便可以省去不译。

数字化时代的读者阅读呈现碎片化、浅表化、实用娱乐化的特点,因此在茶文化典籍翻译内容的选择上,就不得不考虑读者的这些特点,如此在当今信息爆炸且已有大量英文原版茶书的时代背景下,中国茶文化典籍的英译本才有可能获得西方读者的接受。

除了选择合适的内容,所选择的内容以什么样的方式呈现给目标读者,也会直接影响目标读者对译本的理解和接受。在前面对比分析《茶经》三个译本传播内容的一章中,我们已经归纳出了增加信息、显化信息、添加注释等几种呈现所选择内容的翻译策略。当然,这只是语言层面的信息呈现方式,而在数字化时代,随着新媒体技术的发展,信息传播、构建文本的方式发生了革命性变化,这也为在翻译中呈现原文信息提供了更多的选择。

## 第四节　数字化时代茶文化典籍创新翻译方式

典籍翻译最大的问题无疑就是普通读者的理解和接受问题。以中国文化传播为目的的翻译活动,其读者对象不应限于专业读者,而是要面向普通大众读者,让不了解中国文化的普通读者对中国文化产生兴趣。有学者提到,目前电子阅读和网络阅读群体代表了新兴的海外读者群,尤其是年轻阅读群,他们将会成为今后中国文学与文化"走出去"的接受主体,他们的判断与选择,将会成为重要参考。① 因此,和其他文化典籍翻译一样,中国茶文化典籍翻译的受众也不应限于专业读者,而是要尽量吸引普通年轻读者。年轻读者也比老年读者更容易接受新事物、新现象。西方老一代普遍受其现有文化的影响,比如在英国,年龄稍长的民众从小接受英国茶文化的熏陶,再让其改变饮茶习惯、接受中国茶文化,还是比较困难的。而年轻一代的价值观和老一代已经有了很大的不同,且在现代社会,年轻一代比老一代承受了更大的来自各方面的压力,在这样的情况下,"清、静、和、美"的中国茶文化对在喧嚣浮躁世界中承受巨大精神压力的年轻人应该具有一定的吸引力。但要让中国茶文化进入普通年轻读者的视野,中国茶文化典籍的信息呈现方式就要符合其阅读习惯。如前所述,当今读者的阅读习惯存在网络化、碎片化、视觉化、浅表化和实用娱乐化等特点,那么除了调整传播内容以外,在内容呈现方式上,我们还可以利用网络电子媒介的优势,借用数字多媒体技术,在保留原文思想和内容深度的基础上,通过超链接内容分层设计、使用非语言符号辅助等方式,设计可供网络传播、生动直观、有趣易懂的茶典籍电子译本。

## 一、超链接内容分层设计

中国典籍翻译,除节译本、摘译本以外,一个普遍的现象是比原文厚重很多。这种厚重不仅是由于译本字母更占空间,中国古文精练不占篇幅,更是由于译者在译文中添加了长篇的引言和翔实的注释。例如,《论语》只有一万多字,但莱斯(Simon Leys)的译本正文翻译共 98 页,注释则多达 105 页。黄继忠的《论语》译本被牛津大学出版社称为"迄今最完美的《论语》英译本",该译本使用了 991 条注释。2011 年出版的吴国珍译本更是达到了 560 页之多。《茶经》原文只有 7,000 多字,而卡朋特的英语全译本有 173 页,其中包含 50 页的序言和 20 页的注释,《国际茶亭》的译

---

① 夏天. 走出中国文学外译的单向瓶颈. (2016-07-18)[2018-01-03]. http://www.cssn.cn/sf/201607/t20160718_3125526_2.shtml.

本加上前言、后记有 68 页,"大中华文库"译本古文、白话文、英文对照的译本正文共 89 页。

添加注释、序言的典籍翻译,能给读者提供大量的背景信息,帮助读者更好地理解译文,然而添加大量注释的厚重翻译,未必适合当今普通读者的阅读习惯和阅读需求。要真正实现中国文化在国外的广泛传播,读者的这种阅读习惯便不容忽视。与学者们系统、深入的研究式阅读相反,普通读者对于典籍阅读有着明显的工具性动机和效率化诉求,他们必定会按照自己特有的目的和视角有选择地阅读他们觉得有用的内容或者和本国文化不一样的思想,以此实现对中国思想的部分吸收而非全面了解。有学者认为,目前以及将来很长一段时间内,中国古代典籍在海内外的传播都将以碎片化阅读为主。[①] 而当前求全求细的厚重的典籍全译本是不太为普通读者所接受的。但若是没有注释和说明,西方读者恐怕也很难理解译文中丰富的思想和中国文化。如此就出现了一种矛盾:加注本来是为了替读者扫除障碍(理解障碍),可注释太多又会给读者造成新的障碍(阅读不畅)。[②] 当然,这里的注释是指文内注释。要解决这个矛盾,在纸质媒介为主的时代很难,但若是在数字新媒介环境下,依靠电子媒介,我们就可以处理这种矛盾,即通过超链接形式处理注释和序言等副文本内容。也就是说,译本正文是对原文正文的简练翻译,注释、导言、引言可通过超链接形式置于另一层面,读者可以很方便地选择是否查看注释、引言等副文本信息,同时使译本保持如原文一般精练简洁。

此外,前面我们也提到,普通读者对于典籍阅读有着明显的工具性动机和效率化诉求。[③] 大多数读者愿意花时间和精力去阅读的是他们能够理解的、有现实意义的、能给他们带来愉悦体验的、他们需要的信息。因

---

① 林元彪. 走出"文本语境"——"碎片化阅读"时代典籍翻译的若干问题思考. 上海翻译,2015(1):20-26.

② 曹明伦. 当令易晓,勿失厥义——谈隐性深度翻译的实用性. 中国翻译,2014(3):112-114.

③ 马建桂. 碎片化阅读时代典籍翻译的跨文化传播. 中国报业,2016(16):81-82.

此,对于普通读者来说,对茶文化典籍进行有选择的编译更合适。但对于有意对茶文化典籍进行全面深入研究的专业读者来说,编译又会显得过于简单。因此,若是以满足普通读者的需求为主,同时又兼顾专业读者的需求,就可以采取超链接的方法进行编译。

选择原文最核心的内容作为译本的主体文本。例如,林语堂在编译《论语》时就从《论语》原文512条中选择了其中特别能表现孔子幽默、大度、富于智慧的203条,并依据"主题思想性质进行重新整合分类",将其分为夫子自述和旁人描述、孔子的感情与艺术生活、谈话风格、霸气、机智与智慧、人道精神与仁、君子与小人、中庸为理想性格与夫子厌恶之人、为政、论教育、礼与诗等进行翻译。① 这种分主题的编译就比较适合读者的碎片化阅读。读者在阅读这些最核心的内容之后,也可能产生进一步阅读的欲望,因此其他内容可以视与主体文本的关联程度通过超链接方式置于另一层面。也就是根据主题相关性,将译本以超链接的方式设计成不同的层次:最核心、最实用、最易理解的内容放在第一层次,稍微边缘、更微妙难懂的放在第二层次。对茶文化典籍翻译而言,以《茶经》为例,最核心的就是原文正文中关于茶的起源、功能、性状、产地、制作、煮饮的直接介绍,以及和茶相关的逸事,这些可以作为译本正文主体部分。而和茶主题关联不大的原文注释、"之事"一章中和茶关联不大的记载,就可以通过超链接内容放在第二层次。

早在1995年,计算机科学家尼葛洛庞帝(Nicholas Negroponte)就预言:

> 长远看来,多媒体会为编辑工作带来根本性的变化,因为在深度和广度上,将不会再有顾此失彼之憾。在原子的世界里,物理上的限制使人们无法同等兼顾深度与广度,但在数字世界中,深度/广度问题消失了,读者和作者都可以自由遨游于一般性的概述和特定的细节之间。在数字世界中,通过超媒体,信息空间完全不受三维空间的

---

① 李钢. 林语堂《论语》编译的生态翻译学解读. 湖南社会科学,2013(6):263-265.

限制,要表达一个构想或一连串想法,可以通过一组多维指针(pointer),来进一步引申或辨明。阅读者可以选择激活某一构想的引申部分,也可以完全不予理睬。我们可以把超媒体想象成一系列可随读者的行动而延伸或缩减的收放自如的讯息。各种观念都可以被打开,从多种不同的层面予以详尽分析。[①]

在翻译茶文化典籍时,对译本内容进行超链接分层设计,可以保证译本主体精练简洁,不会让读者望而生畏,同时也有助于突出典籍的核心精华内容,而超链接附属的内容又可以使普通读者进一步了解典籍全貌,也可以供专业读者研究使用。如此设计的译本既厚重又不厚重,薄而不浅,可以满足不同读者以及同一读者不同阶段的不同需求。

## 二、非语言媒介辅助翻译

### (一)非语言媒介在翻译中的作用

如前所述,在数字化时代,读者的阅读习惯不仅呈现出网络化、碎片化、浅表化和实用娱乐化的特点,而且由于新媒介及其技术带来了可视性、视觉化和具象化的信息传播方式,引发了视觉文化的崛起和读图时代的来临[②],因此读者的阅读习惯还出现了视觉转向。阅读不再只注重信息内容带来的功利性价值和精神愉悦,感官上的愉悦和审美刺激也成为激发阅读的原始动力。在新媒介环境下,图片成为吸引受众眼球的第一要素,图像表达甚至超越和引领文字,成为新媒介内容提供者和技术服务者虏获受众的直截了当和显而易见的重要手段。[③]

视觉符号的流行主要是由于语言虽能够表达深刻的思想,引发读者无限的联想,但语言有其自身的局限,特别是我们在理解陌生事物时,不

①　Negroponte, N. *Being Digital*. London: Hodder & Stoughton, 1995: 69-70.
②　陈锦宣. 新媒体时代大众阅读的视听转向. 四川图书馆学报, 2015(5): 10-13.
③　曹健敏. 基于轻阅读视角的老子文化新媒体传播研究. 新媒体研究, 2015(5): 23-24.

管语言描述有多么细腻形象,也很难唤起我们对所描述的事物场景的直观想象,导致对文本内容的理解有限。若是给文字以恰当的配图,则可以增强文本的可理解性,加大文本的信息量,创造出单纯的文字或图像都无法达到的新的意境。①

实际上,不管在中国还是西方,图文书都早已有之,有着悠久的历史,且并不限于儿童读物。② 例如,插图在图书尤其是科技图书和文学图书中都曾被广泛使用。李时珍《本草纲目》、宋应星《天工开物》都绘有精美插图,而《三国》话本、《西厢记》、《红楼梦》等文学作品也有插图。在西方,1470 年出版的《纽伦堡编年史》(*The Nuremberg Chronicle*)插图近 2000幅,由著名画家沃尔格穆特(Michael Wolgemut)和普莱登伍尔夫(Wilhelm Pleydenwurff)绘制。富克斯(Leonhard Fuchs)的《植物史》(*De historia stirpiu*)则是科技类图文书的典范。到了近代,大画家毕加索(Pablo Picasso)也曾为多种图书绘制插图。③ 近年来,我国更是出版了大量的图文书,除了针对儿童的图书,供成人阅读的也涉及各个领域,如"图说天下:国学书院系列""图说天下:典藏中国系列"中大量精致的插图就非常有助于读者理解抽象深奥的国学理论,在增强国学典籍可读性的同时,也提升了典籍的艺术品位。茶文化典籍《图解茶经》《茶经图说》中的插图能使读者直观、准确、专业地理解书中要义。而在英语国家,图文书也非常流行,特别是介绍其他国家的读物,大多配有大量色彩丰富、清晰直观的插图。

文本中的插图一直以来都是与信息传播密切相关的,图像可以解释

---

① 王立静. 试论图文书的现状及前景. 中国出版,2006(2):28-30.

② Godfrey, L. G. Text and image:The Internet generation reads "The Short Happy Life of Francis Macomber". *The Hemingway Review*,2012,32(1):39-56.

③ 姜华. 从媒介发展史看图文书的发展. 中国出版,2007(6):16-20.

文本,也可以拓展文本。① 图像有助于我们更完整地理解信息。② 而在跨文化传播中,与语言文字相比,图像更是具有公认的天然优势,因为人类天生就有把握图像的能力。③ 陈星宇认为,"与语言传播和文字传播相比,图像传播更具直观性、生动性,能够全面、快速、准确地反映客体。主体无须专门学习,在生活经验的基础上,便可无师自通。图像超越时空,冲破一切民族语言的障碍,成为人类都能读懂的一种共同语言"④。因此,在无共通语言的文化之间,图像比语言、文字更具有跨文化传播力。⑤

非语言媒介在表达意义和构建语篇上发挥着越来越重要的作用。加上科技的推动,翻译也就成了一种不仅跨越两种语言,而且跨越两种或更多媒介的活动。在这个意义上,翻译不再只根植于语言(书面语言语篇)。书面语言语篇通常是(尽管不总是)原文之来源,但却不一定是译文之所在。⑥ 也就是说,在翻译时,尽管原文可能由于当时的写作习惯,只使用了语言一种媒介来构建语篇,但译文却未必只能用语言这一种媒介,而是可以综合运用多种媒介来表达原文意义。

例如,在翻译中国特有的事物、场景时,完全可以借助图像生动直观传递信息的优势,在译本中使用插图来辅助语言文字,表达原文意义。就如同负责"大中华文库"外文版装帧设计的吴寿松在谈到《红楼梦》翻译时提出的:"首先必须为英译本《红楼梦》精选一组具有高水平的插图。因为

① Harthan, J. *The History of the Illustrated Book*: *The Western Tradition*. London: Thames and Hudson, 1981.

② Stoian, C. E. Meaning in images: Complexity and variation across cultures. In Starc, S., Jones, C. & Maiorani, A. (eds.). *Meaning Making in Text*, *Multimodal and Multilingual Functional Perspectives*. Basingstroke: Palgrave Macmillan, 2015: 152-169.

③ 刘洪. 论图像在跨文化传播中的天然优势. 学术论坛, 2006(5): 160-164, 183.

④ 陈星宇. 读图时代下图像的传播动因研究. 扬州: 扬州大学硕士学位论文, 2011.

⑤ 上官雪娜. 图像跨文化传播力在出版"走出去"中的价值探索. 出版广角, 2017 (2): 27-30.

⑥ Lee, T. K. Performing multimodality: Literary translation, intersemioticity and technology. *Perspectives*: *Studies in Translatology*, 2013, 21(2): 241-256.

曹雪芹虽然以他细腻的文笔描写了18世纪中国封建贵族大家庭生活的各个侧面，对众多的人物形象、服饰道具、园林建筑以及日常习俗、婚丧喜庆等等无不刻画入微，但是对不熟悉中国当时生活背景的国外读者来说，还是不易引起具体形象的联想。只有插图以它造型艺术形象化的特点和功能才可以辅助读者的想象和理解，也会大大增进读者的阅读兴趣。"①由此可见插图在典籍翻译中的重要性。

而茶文化典籍中也有大量中国所特有的，对西方读者而言非常陌生的事物、场景。笔者曾就《茶经》英译调查过一些英语本土人士，他们对该典籍的第一印象是这是一部"technical"的作品，是非常有必要搭配插图的。例如，里面的一些古茶器、古茶具，只是用语言"将这些器具介绍给对其毫无了解的读者，无异于给盲人讲大象是什么样子的。而要解决这个问题，最好的方法，就如俗语所说的'眼见为实'，就是增加图片"②。因此，卡朋特的《茶经》译本，乌克斯收录于其茶学著作《茶叶全书》中的《茶经》节译本都配有一定数量的插图，但由于当时出版印刷技术的限制，译本中所配插图都是黑白图片，且图片数量不多，有些图片和文字内容契合度也不高。而借用网络传播的《国际茶亭》译本插图更多，且使用了不少高清彩色照片，大大提高了插图质量。

尽管图像能辅助语言进行意义表达，但单纯的图像发挥的作用还是有限的。因此，有学者提出，"典籍翻译"应打破传统纸质印刷的藩篱，开发电子图书，利用目前流行的微博、微信平台，通过动画、音频、视频等形式将典籍中的重要理论表现出来，使枯燥的文字变得浅显易懂，以调动大众阅读经典的兴趣，使国内外的广大读者多渠道地了解中国传统文化，这是"语际翻译"无法替代的。③

① 吴寿松.《红楼梦》英译本整体设计琐谈//中国外文局五十年——书刊对外宣传的理论与实践. 北京:新星出版社,1999:608-610.
② 张祥瑞. 以两部茶典籍为例试析超文本在典籍翻译中的应用. 大连:大连理工大学硕士学位论文,2009.
③ 马建桂. 碎片化阅读时代典籍翻译的跨文化传播. 中国报业,2016(16):81-82.

　　而数字新媒体的技术支持则完全可以使我们除了在译本中增加静态的高清图像以外,插入音频、动画视频等立体动态影像,动静结合,使信息呈现更形象、更直观,顺应当前普通读者视觉化的阅读习惯。例如,《茶经》中涉及制茶、饮茶过程的信息若是通过动画、视频的形式表达出来,必定比静态的图像更准确。有关茶的奇闻逸事若是拍成微视频或动画片,则比简单的文字描述更能让读者获得对这些事件的全方位认识。当前不少研究中国文学外译的学者建议,可以将文学外译与文学作品影视剧拍摄结合,扩大中国文学的国际影响力。动态的视频总是比静态的文字更容易为在视觉文化影响下长大的当代读者所接受。

　　例如,在《茶经》第六章"之饮"中提到的饮茶方法,若是以动画、视频的形式呈现,读者更能快速理解译本的内容,且能够避免语言理解出现偏差。以这一章最后一句为例:

　　　　夫珍鲜馥烈者,其碗数三;次之者,碗数五。若坐客数至五,行三碗;至七,行五碗;若六人已下,不约碗数,但阙一人而已,其隽永补所阙人。(六之饮,p. 165)

"大中华文库"译本:

　　Superb tea soup, with luscious taste and pleasant fragrance, comes from only the first helping, amounting to three bowls. The fourth and fifth bowls of tea degrade as secondary. So to experience a top-ranking tea enjoyment, it is advisable for a party of five to share the first three bowls of tea soup. Similarly, seven persons can make do with the first five bowls. If there are six in the batch, just take the six persons as five. The pithy and prime quality of *juanyong* will adequately compensate for the inadequate quantity. [1]

---

① 陆羽,陆廷灿. 茶经　续茶经. 姜欣,姜怡,译. 长沙:湖南人民出版社,2009:47.

卡朋特译本：

For exquisite freshness and vibrant fragrance, limit the number of cups to three. If one can be satisfied with less than perfection, five are permissible. If one's guests number up to five rows, it will be necessary to use three bowls. If seven, then five bowls will be required. If there are six guests or fewer, do not economize on the number of bowls.

But if even one guest is missing from the assemblage, then the haunting and lasting flavor of the tea must take his place. ①

《国际茶亭》译本：

For the most exquisite tea, the essence should manifest in but three bowls. When one pot makes five bowls, the tea does not taste as good. But if you can be satisfied with a compromise in quality, five bowls are permissible. If you have five guests, it is better to serve three bowls of tea for them to share. If you have seven guests, then make five bowls and pass them among the guests. If you have six guests, then make five bowls and use the hot water basin as the sixth. If a guest is missing from your gathering, then the spirit of the tea must take their place. ②

对比上面三个译本，我们便可以发现，对这一句最后一部分客人有六人时如何饮茶的翻译，三个译本传递出了不同的意思。此外，五位客人喝三碗茶，七位客人喝五碗茶，到底如何分配，仅仅凭上面译文中的语言描述，没有这种饮茶经验的普通读者也很难形成直观的想象。在这样的情况下，若是

---

① Lu, Y. *The Classic of Tea: Origins & Rituals.* Carpenter, F. R. (trans.). New York: The Ecco Press, 1974: 119.

② Lu, Y. The tea sutra. Wu, D. (ed.). *Global Tea Hut: Tea & Tao Magazine*, 2015 (44): 49.

配以能直观呈现整个过程细节的动画或视频,理解这段话便会非常容易。

虽然图像能够减轻读者理解文本的负担,但也有学者担忧,阅读的视觉转向会导致读者过于追求感官体验,而懒于深入思考,影响阅读的深度,但这个问题其实可以通过合理设计布局来避免。也就是在设计译本时,文字始终居于主要地位,图像可以视情况和文字并置,安排在同一层面,也可以以超链接形式放入另一层面,而音频、视频、动画等皆可以超链接形式植入,如此既可以丰富译本,给读者带来不同的阅读体验,也可以防止非语言视觉图像过多导致的文本浅表化。

总而言之,在典籍翻译中使用图像、动画、视频等非语言媒介,其实就是构建有别于传统单一语言模态的多模态译本。当然,构建典籍多模态的译本,非语言媒介符号的运用并非越多越好,过多的图像有可能会影响文本意义的深度,还可能导致接受者注意力分散,只注意到有趣而不是实质的内容。① 此外,各种媒介符号也不是简单地堆积到一起,而是要进行有机协调、合理布局,如此才能使典籍译本展现出更丰富的含义。对译本中各种符号进行有机协调、合理布局,就需要考虑语言和非语言符号之间的关系及其在文本中的作用,遵循一定的原则,采用合适的整合方式。

### (二)语言符号和非语言符号的关系

从 20 世纪 90 年代起,有不少学者对图片和文字在文本中的关系(relationship of the verbal and visual)以及图片在文本中的作用进行了研究②,而他们提出的图文关系同样适用于其他非语言符号和语言符号之间的关系。奥伊蒂宁(Riitta Oittinen)指出,故事书中的插图总是能通过给出语言不能表述的额外信息增加文本叙述的内容,如提供时间、地点、文化、社会细节信息以及人物之间的关系。总的说来,插图能对语言叙述进

---

① 王改娣,杨立学.英语诗歌之多模态话语分析研究.山东外语教学,2013(2):26-31.
② 刘成科.多模态语篇中的图文关系.宁夏社会科学,2014(1):144-148.

行阐释、补充和扩展。①

列文(Joel R. Levin)指出,图片在文本处理过程中有装饰、再现、组织、解释四个传统功能,以及一个非传统的转换功能。装饰型图片只是装饰页面,和文本内容几乎无关;再现型图片反映文本部分内容,是目前用得最多的;组织型图片为文本内容提供结构框架;解释型图片则帮助读者明晰令人理解困难的文本;转换型图片系统地帮助读者识记和回忆文本信息。②

施里弗(Karen A. Schriver)提出了五种图文关系模式。这五种关系模式是:重复、互补、增补、并置和布景。重复指通过图像与语言两种不同的再现方式来表达同样的信息。互补指图像和语言表达不同的内容,但两者共同帮助读者理解文本主要信息。增补指图像和文本表达不同的信息,图像是对文本内容的扩充和进一步阐释。并置指图像和语言表面毫无关系,但两者能够形成一种张力,达到特别的效果。布景则指图像为语言内容提供语境框架。③

各学者提出的图文关系有重合之处,而施里弗提出的五种图文关系基本可以包含其他学者提出的图像功能。在茶文化典籍翻译中,我们也可以围绕图像的这几种功能构建多模态译本,提升茶文化典籍翻译的效果。

中国茶文化典籍皆为年代久远之作,撰写之初的目标读者是和作者同时代的人。因此,在作者所处时代通俗易懂的作品,对于当代本国的普通读者来说也存在比较大的困难,对外国读者而言就更难。在这样的情况下,茶文化典籍翻译中的重复信息就显得非常必要,而用图像动画等非语言符号体现的重复信息又能进一步降低理解的难度。中国茶文化典籍中描述的茶器、茶具很多都是如今不再使用的古代器具,对国外普通读者

---

① Oittinen, R. Where the wild things are: Translating picture books. *Meta*, 2003, 48(1): 128-141.

② Carney, R. N. & Levin, J. R. Pictorial illustrations still improve students' learning from text. *Educational Psychology Review*, 2002, 14(1): 5-26.

③ Schriver, K. A. *Dynamics in Document Design: Creating Text for Readers*. New York: John Wiley & Sons, 1997.

而言,这些是他们完全陌生的事物,不管语言描述得多么详细,也不能让他们产生直观的印象。这时,就需要互补型的图片动画来帮助读者实现对陌生事物的认知。此外,中国茶文化典籍中还有大量中国历史、文化、地理等的背景信息,这些信息对中国读者来说是耳熟能详的,因此无须出现在正文中。但对国外读者而言,这些信息则是他们所陌生的,缺乏这些信息的认知,不管正文语言翻译得多么准确流畅,读者也很难理解文本真正的意义。在这样的情况下,就需要增补信息。这也是典籍翻译中都有大量注释的原因。这些增补信息除了以文字来表述外,也可使用图片动画等多模态手段来表示。而图文并置的情况则适合烘托原文氛围的场合。例如,《茶经》两个带插图的英译本中就出现了多幅山林茅舍的图片,但正文中描述的是其他内容。这种图文虽然表面不连贯,但能烘托气氛,使读者将茶与自然山林相联系,体会中国质朴天然的茶文化。最后,布景的情况则适合原文中事件场景的描述。图画总是可以给文字添加其所不能呈现的信息,更好地展示故事的背景,如时间、地点、文化、社会、人物之间的关系等。[1] 例如,一些关于茶的奇闻逸事,若是有比较丰富的故事情节,就可以通过动画、微视频形式展示故事背景和人物形象,给读者提供全方位的背景信息。

在典籍译本中插入图片、动画、视频等非语言符号,在辅助读者理解文本内容的同时,还可以避免读者对译本产生误读。语言总是和历史文化密切相连的,同一个词在不同时代、不同文化中可能会令读者产生不同的想象,而插图、动画等视觉模态则能通过直观的形象对读者进行引导。

### (三)非语言符号使用原则

在典籍翻译中可以利用非语言符号的优势构建多模态译本,但非语言符号的选择也不是随意的,若是不遵循任何原则,就很可能导致译本臃

---

① Lewis, D. *Reading Contemporary Picturebooks: Picturing Text*. London: Routledge, 2001:31-45.

肿杂乱,不仅达不到该有的效果,还可能干扰读者阅读,产生负面效应。为使译本比传统单一语言模态译本获得更好的跨文化传播效果,在翻译时使用非语言符号就应该遵循一定的原则。

刘成科在分析多模态语篇时提出,多模态语篇应该考虑图文意义生成的经济性、图文意义消费的便利性和图文意义之间的互动性。① 相应地,这三个原则也同样适用于在翻译中对非语言符号的使用。不过,不同于单语的多模态语篇,翻译还涉及跨文化信息传播,因此在使用非语言符号构建译本时,除了经济性、便利性、互动性以外,还需考虑目标语文化适应性。

### 1. 经济性

经济性是指,在使用多种符号构建文本时,要注意不同符号之间的相互作用、相互协作、共同生成。② 也就是说,在同时使用语言符号和非语言符号构建译本、表达原文意义时,要充分发挥语言符号和非语言符号各自的特长,优势互补、取长补短,表达最清楚、最丰富的语篇意义。例如,作为视觉符号的静态图片,拥有形象性、直观性及结构性等特点,就可以用于描写场景,或是将抽象的概念具体化;动画则适合用于呈现操作过程;视频则适合呈现有情节的故事。此外,经济性还指非语言符号使用的必要性。也就是说,只有在真正需要的地方,在读者单靠文字阅读理解文本意义存在困难的地方,我们才需要加入图像、动画等非语言符号表达意义。随意的添加只会干扰读者的阅读,让读者反感,也会降低文本的档次。

### 2. 便利性

便利性是针对读者理解而言的。在使用非语言符号构建译本时,译者要考虑译本潜在读者群体的特点,选择合适的非语言符号来辅助语言翻译,尽量减少读者理解时的认知努力。由于对语言和其他符号的理解不仅受到符号本身的影响,还受到早期"多媒介"经验以及与之共现的图

① 刘成科. 多模态语篇中的图文关系. 宁夏社会科学,2014(1):144-148.
② 刘成科. 多模态语篇中的图文关系. 宁夏社会科学,2014(1):144-148.

像、人物和整个环境的影响①,因此在选择非语言模态符号时,有必要选择目标读者熟悉的非语言符号。这也是《天路历程》(*The Pilgrim's Progress*)早期中文译本中所配插图改成了中国式场景的原因。茶文化典籍中描述的虽然是中国古代茶叶知识和饮茶习俗,但有些地方还是可以使用西方读者熟悉的非语言符号,降低读者对译本的陌生感。例如,在绘制插图时,可以使用西方读者习惯的绘画方式,不要过于写意,给普通读者增加理解非语言符号的额外负担。在茶文化典籍译本中使用非语言符号的目的是帮助读者理解文字表达的内容,降低目标读者的阅读困难。然而,有时非语言符号的理解会比语言符号的理解更困难,以图画为例,对普通人而言,很多时候看懂一幅画远比看懂一段文字困难,特别是那种艺术感特别强的、抽象的、写意式的美术作品。如果在翻译中将这样的图画加入译本中,很可能会加重读者的阅读负担,违背了翻译中使用非语言符号的初衷。

### 3. 互动性

互动性是指语言和非语言符号的互动。在使用语言符号和非语言符号共同构建译本时,要把语言和非语言符号看成动态的有机整体,非语言符号所传递的信息要和语言符号传递的信息一致,两者要能够互相融合,共同传递原文意义。例如,若是在文本中插入插图或用超链接形式插入动画、视频,便可以适当地删除、简化语言描述;若是插图、动画、视频中出现读者理解困难却又有独特传播价值的信息,也可以在语言描述中增加适当的解释。

### 4. 文化适应性

文化适应性是指,在翻译中使用的非语言符号要能够适应目标语文化,尽量不与目标语文化冲突。例如,带有引申联想意义的动植物、颜色、

---

① Risku, H. & Pircher, R. Visual aspects of intercultural technical communication: A cognitive scientific and semiotic point of view. *Meta*, 2008, 53(1): 154-166.

图片中各元素的位置关系、文本结构布局,除了和译本语言描述一致,还要尽量切合目标语文化的规范,符合目标读者的审美观。这是因为,在我们设计语篇时,某一模态在文本中行使何种功能、使用何种模态,都取决于语用和文化因素。① 也就是说,对于同样的意义,不同文化不仅用不同的语言进行表述,而且可能倾向于用不同的非语言手段来表示。因此,使用语言符号和非语言符号共同构建译本时,我们除了考虑语言的差异,还要考虑不同文化非语言符号使用的差异,如颜色在不同文化中的含义,高语境与低语境中对文化等非语言环境的不同依赖程度;不同文化间视觉元素的组合方式等②。此外,还要注意避免图像在目标语国家是不是文化禁忌(culture taboo)。例如,日本武士道精神中不能左手拿剑,设计图像时就需要考虑目标国家的文化惯例。总而言之,视觉传播,和任何其他传播形式一样,"不是透明的,能够普遍为人所理解的,而是有着文化特殊性"③。视觉传播也是在特定文化中形成和产生的,因此,在借助视觉信息辅助语言翻译时,和语言翻译一样,所选择的非语言符号也要遵循文化适应原则。

### (四)非语言符号呈现方式

在数字化时代,可以构建文本意义的非语言符号非常丰富,不仅包含图片,还包含音频、动画、视频等更直观的符号。在选择使用哪些符号来辅助目标语言传达原文意义时,首先要考虑我们上面提到的经济性、便利性、互动性以及文化适应性原则,但同时也要考虑这些符号以什么样的方式出现在译本中,才能使译本符合当代读者的阅读习惯,又不会干扰读者

---

① Kaindl,K. Multimodality and translation. In Millán,C. & Bartrina,F. (eds.). *The Routledge Handbook of Translation Studies*. London:Routledge,2013:257-270.

② 魏姝. 国内符际翻译研究透视. 北京邮电大学学报(社会科学版),2013(5):93-100.

③ Kress,G. & van Leeuwen,T. *Reading Images:The Grammar of Visual Design*. London:Routledge,2006:4.

的阅读,或者使译本变得浅表化。

### 1. 同一层面共现

现有的使用非语言符号的译本,如《茶经》卡朋特译本和《国际茶亭》译本,主要使用了图片这一种非语言符号,而图片是静态的,因此可以和非语言符号出现在同一层面,也就是说辅助文字的图片直接插入正文的不同位置,和文字共同出现在译本正文中,这是最常见的非语言符号呈现方式,也不涉及复杂的技术问题。然而,图片也不是随意插入的,否则会给读者的阅读带来不便。如前面我们分析过的,《茶经》卡朋特译本和《国际茶亭》译本,有些插图的位置便不太合适,最突出的问题是:图片和对应的文字描述放在了不同的页面,读者需要反复翻页才能将两者结合在一起进行理解。即使在同一个页面,我们也要考虑图片具体插入哪个位置最合适:是位于所指语言信息之前还是之后,是在左边还是右边,上面还是下面,页面中间还是边缘,占多少篇幅,图片是否需要单独的语言标注,等等。若是图片插入不当,便会给读者带来困扰。

此外,设计非语言符号在译本中的位置时,还要考虑译本的传播媒介问题,也就是译本是纸质发行还是网络发行。正如我们在翻译媒介一节的分析中所发现的,适合纸质发行的译本体例未必是适合网络发行的电子译本。例如,篇幅太大的图像就不太适合电子译本,或者图片放在文本内容上面和下面,即使是在同一页面,若是在电脑或移动设备阅读,都可能涉及前后翻页的问题。因此,在设计图像这样的非语言符号时,我们应该尽量避免图文分离的问题。

### 2.超链接的使用

前面我们提到过,文本正文中太多的非语言符号会干扰读者的注意力,太多视觉图像也会影响读者对文字内容的深度思考,甚至影响文本的深度。而如果我们以超链接形式呈现这些非语言符号信息,就可以避免这样的问题。另外,图片可以和文字在同一平面中共现,但音频、动画若要参与译本意义构建,就只能以超链接的形式出现。而当前的数字技术也为我们使用超链接提供了很大便利。

超链接是植入网页的链接,本是万维网上一种被广泛使用的技术,指事先定义好关键字或图形,只要用鼠标点击该段文字或图形,程序就会向服务器提出请求,服务器通过"统一资源定位器"确定该链接的位置,找到相关信息并发送给提出请求的计算机。通过这种方式,可以实现不同网页之间的跳转。①

超链接的特点是能够非线性地在信息之间相互参照。② 因此,使用超链接可以为典籍译本的拓展提供无限的空间。首先,超链接可以是语言文本的链接,如原文中对普通读者而言意义不大,但对专业读者而言又可能有价值的信息,在译本正文中可以删减,但作为超链接文本置于和译本正文不同的层面。此外,译文注释、可拓展阅读的信息也可以放在超链接中。而图片、音频、动画、视频也能以超链接形式和译本正文相联系。

使用超链接可以压缩译本正文篇幅,使译本正文不至于杂乱厚重,但同时又能容纳大量信息,读者可以自主选择是否点击查看超链接内容,如此译本便可同时满足不同读者的需求。

### (五)基于非语言符号的语言翻译策略调整

在典籍翻译中,使用非语言符号是为了辅助语言翻译。而非语言符号的使用要体现其价值,需要实现与语言符号的有机整合。文本是否使用非语言符号,往往也会影响文本语言的使用。因此,在使用非语言符号辅助翻译时,语言层面的翻译也需要根据插入的非语言符号进行相应的策略调整。例如,著名漫画丛书《奥丁的诅咒》(*Thorgal*)的波兰语译本,译者就因为书中非语言视觉符号的运用而对原文进行了不同层面的调整,包括压缩原文语言和非语言重合的信息,并对原文进行进一步阐释加

---

① 董璐. 传播学核心理论与概念. 2 版. 北京:北京大学出版社,2016:134.
② 董璐. 传播学核心理论与概念. 2 版. 北京:北京大学出版社,2016:134.

工,如删除图文不一致的信息,以及对某些情节进行重新解释。① 考虑到茶文化典籍的特点,根据插入的其他符号的类型和功能,茶文化典籍语言层面的翻译也可以对原文文本内容进行增加、删减、简化或改写。

1. 内容增加

在典籍翻译中,若是为了使读者更好地理解文本信息而增加了图片、视频,但增加的图片视频本身又可能传达出多方面的信息,译者便需要结合图像,在语言翻译中适当增加对图片、视频的描述,引导读者以合适的视角关注图片、视频,将其与文本内容进行整合。

在《国际茶亭》的《茶经》译本中,译者除了用简洁的英语翻译原文的内容,还配了不少插图,帮助读者更好地理解语言描述的对象。例如,在第二章"之具"中介绍 "籯"时,原文是:

> 籯,一曰篮,一曰笼,一曰筥,以竹织之,受五升,或一斗、二斗、三斗者,茶人负以采茶也。(二之具,p. 49)

《国际茶亭》译本:

> *Baskets*
>
> There are many names for the baskets used in tea picking. *Ying*(籯), *lan*(篮), *long*(籠) and *lu*(筥) refer to the baskets made of loosely woven bamboo strips with capacities from one to five *dou*(斗). Tea pickers carry these bamboo baskets on their back. They have relatively large gaps in the weaving to keep the leaves well ventilated while peaking. ②

---

① Borodo, M. Multimodality, translation and comics. *Perspectives*: *Studies in Translatology*, 2015, 23(1): 22-41.

② Lu, Y. The tea sutra. Wu, D. (ed.). *Global Tea Hut*: *Tea & Tao Magazine*, 2015 (44): 33.

这段译文有两处增加了原文没有的内容。一是对"以竹织之"的翻译,增加了竹编的细节信息,即增加了副词"loosely",来说明这个篮子是编得紧还是松。二是最后一句"They have relatively large gaps in the weaving to keep the leaves well ventilated while peaking."原文并没有这句话,但从所配的插图来看,这种竹篮的确编得很松,有比较大的空隙,不明就里的西方读者看到图可能会觉得奇怪,因此译者增加了前面的副词"loosely"和最后一句话,对所配插图进行了解释。如此图文结合,读者对这一采茶器具便有了非常形象、完整的认识。但卡朋特译本虽也配了类似插图,但其语言翻译没有任何内容的增加。看到插图以后,读者虽然对这一工具有了直观的印象,但会存有疑惑。而"大中华文库"译本则只是对原文的忠实翻译,没有增加解释,也没有插图,西方读者读了文字描述后,可能也只是对这个工具产生非常模糊的印象。

2.内容删减

在谈到影视字幕翻译时,庄嫫婷(Ying-Ting Chuang)指出,"译者不需要将对话中所有的内容都在字幕中翻译出来,他可以选择忽略掉其他模态符号已经体现的信息"①。在多模态语境下,压缩原文并不一定意味着该译本不那么准确、不那么贴切,因为有时图像可以补偿对原文的省略或调整。②

---

① Chuang,Y. T. Studying subtitle translation from a multi-modal approach. *Babel*,2006,52(4):372-383.
② Borodo,M. Multimodality,translation and comics. *Perspectives:Studies in Translatology*,2015,23(1):22-41.

在多模态文本中,任何文本的视觉补充材料都可以代替文本。商业策划、广告、教育工作者都显示出这么一种倾向,即少用语言多用图。图像不仅和文本呼应,还可以充分表达文本意义。①

因此,在典籍翻译中,若是插入的图片、动画等非语言视听符号可以充分表达原文的部分信息,这部分信息便可以不再用语言进行表达。例如,在茶文化典籍翻译中,涉及茶器描述时,若是添加图片,不少对于茶器的细节描述其实都可以删掉。

如《茶经》中介绍"筥"时,原文是:

> 筥,以竹织之,高一尺二寸,径阔七寸,或用藤作木楦(古籍字),如筥形织之,六出圆眼,其底盖若莉篋口铄之。(四之器,p. 113)

若是在译本中插入"筥"的图片,原文有些语言描述的内容也是可以删减的。不过,在这里译者没有搭配"筥"的图片,若是没有图片,删减后的译本对"筥"的介绍对读者而言便显得不完整了。

《国际茶亭》译本:

*Charcoal Basket*

A hexagonal coal container with a lid called a "*ju*(筥)" is fourteen inches high and seven inches in diameter. It is either made of bamboo or rattan. Some people make a hexagonal wooden inner mold first before making this basket. ②

---

① Godfrey, L. G. Text and image: The Internet generation reads "The Short Happy Life of Francis Macomber". *The Hemingway Review*, 2012, 32(1): 39-56.

② Lu, Y. The tea sutra. Wu, D. (ed.). *Global Tea Hut: Tea & Tao Magazine*, 2015(44): 39.

在上面译文中,原文最后一句"其底盖若莉箧口铄之"是对"筥"外形的形象描述,其描述的信息完全可以从图像中看出来,因此在有图像的情况下,这样的语言描述在译文中是可以省略的。

在文本中,非语言模态最主要的作用是辅助意义表达,再现原文所描述的事物的形象,很多时候若是图像能够完整传达信息,便无须语言赘述。因此,翻译时根据所插入的非语言模态信息适当删减原文语言表述的内容,是多模态翻译最常采用的翻译策略。也正因为在插入图像等非语言符号来表达信息后,我们可以删减语言表达而不影响原文整体意义的传达,所以多模态译本显得更为简洁,更适合当代读者阅读。

3.简化表达方式

在插入图片、动画或音频的情况下,除了可以删除非语言符号能够充分表述的信息,还可以对语言信息进行简化。例如,在描述中国复杂的装饰、器具所可能涉及的一些西方读者无法理解的细节时,读者通过看图已经可以对描述对象产生直观印象,因此语言方面便可简单描述,不必如原文一般详细。仍以《茶经》中茶器的翻译为例,在描述"镇"时,《茶经》原文是:

镇[音辅,或作釜,或作鬴]镇,以生铁为之。今人有业冶者,所谓急铁,其铁以耕刀之趄,炼而铸之。内摸土而外摸沙,土滑于内,易其摩涤;沙涩于外,吸其炎焰。方其耳,以正令也;广其缘,以务远也;长其脐,以守中也。脐长则沸中,沸中则末易扬,末易扬则其味淳也。

(四之器,p.114)

①　裘纪平. 茶经图说:典藏版. 杭州:浙江摄影出版社,2015:64.

在翻译这段文字描述时,若是配上下面的图片,原文中对"镬"具体外形的详细语言描述便可以简化处理,如《国际茶亭》译本对"镬"的描述。不过,《国际茶亭》译本在这里并未搭配插图,因此其简化的译本对这一器具的描述便显得不够清楚。

①

《国际茶亭》译本:

*Cauldron*

A *fu* (镬) is a cast iron kettle with square handles, which is an aesthetically pleasing blend of round and square. The best cauldrons are made of pig iron (鑄鐵), though blacksmiths nowadays often use blended iron, too. They often make kettles out of broken farm tools. The inside is molded with earth and the outside with sand. As a result, the inside is smooth and easier to clean while the outside is rough and heats up faster. It has a wide lip so it is more durable. Since it is wider than it is tall, heat is more concentrated in the center. As a result, the tea powder can circulate in the boiling water more freely and the tea is much better. ②

在译文中,译者将原文对"镬"外形的描写"方其耳,以正令也;广其缘,以务远也;长其脐,以守中也"简化成"which is an aesthetically pleasing blend of round and square",至于哪部分是方的,哪部分是圆的,从插图中是明显可以看出来的。因此,在这样的情况下,配上合适的插

---

① 裘纪平.茶经图说:典藏版. 杭州:浙江摄影出版社,2015:66.

② Lu,Y. The tea sutra. Wu,D.(ed.). *Global Tea Hut*:*Tea & Tao Magazine*,2015(44):39.

图,简化的译文基本不会影响西方读者获得对这一茶器的完整认识。

又如《茶经》中对茶器"风炉"刻字部分的介绍:

> 凡三足,古文书二十一字。一足云:坎上巽下离于中;一足云:体均五行去百疾;一足云:圣唐灭胡明年铸。其三足之间,设三窗,底一窗以为通飙漏烬之所。上并古文书六字,一窗之上书"伊公"二字,一窗之上书"羹陆"二字,一窗之上书"氏茶"二字,所谓"伊公羹,陆氏茶"也。(四之器,p.113)

《茶经》对"风炉"的介绍是所有茶器中介绍得最详细的,而陆羽介绍的风炉也是茶文化意蕴最丰富的,特别是风炉上的刻字和花纹,可谓是儒释道文化的综合体现。原文对风炉外形的介绍非常详细。但若是配上插图,语言文字便可以简化处理。例如,"一窗之上书'伊公'二字,一窗之上书'羹陆'二字,一窗之上书'氏茶'二字",就可以直接译为"There are two ancient characters on each window",不需要把"伊公""羹陆""氏茶"这几个字翻译出来,因为插图已经很清楚地呈现出来了。而且,中国古人阅读的顺序和当代不一样,是从右到左阅读,若是有了插图,还是按照"伊公""羹陆""氏茶"从左到右译出来,那译本呈现的刻字和插图上的字便不对应了。因此,最好的处理便是简化。而《茶经》三个译本也都进行了这样的简化,但没有配插图,读者就不一定能对风炉上的这几个题字产生直观准确的印象。

①

---

① 裘纪平. 茶经图说:典藏版. 杭州:浙江摄影出版社,2015:58.

### 4. 深化表达

在典籍翻译中,我们经常会遇到这样的情况,原文的某个概念原文读者非常熟悉,几乎不需要任何说明读者即可明了其意。但同样的概念,如果不加解释,只按其所指意义翻译到译文中,则译语文化的读者很难产生如原文读者一般的联想和反应,这也是典籍翻译大多需要添加大量注释的原因。如在《茶经》"之事"一章中提到:

> 壶居士《食忌》:"苦茶,久食羽化,与韭同食,令人体重。"(七之事,p. 200)

"大中华文库"译本:

> Extracted from *Dietetic Restraints*(*Shi Ji*)by a legendary Hermit Pot:
>
> "Long-term tea drinking could make one feel exhilarated like a fairy immortal. However, if taken together with leek, tea may result in heavy limbs. "①

《国际茶亭》译本:

> Hujushi(壶居士)states in his *Constraints on Food*(食忌)that "Drinking bitter tea over a long time will make you as light as a bird. However, if you take tea with chives at the same time, you will gain weight. "②

这段话的一个核心概念是"羽化"。在中国文化中,"羽化"是指古代修道士修炼到极致跳出生死轮回、生老病死,从而羽化成仙。原文在这里提到"苦茶,久食羽化",突出了茶和道家文化的渊源,指喝茶修炼能让人

---

① 陆羽,陆廷灿. 茶经 续茶经. 姜欣,姜怡,译. 长沙:湖南人民出版社,2009:61.
② Lu, Y. The tea sutra. Wu, D. (ed.). *Global Tea Hut:Tea & Tao Magazine*, 2015(44):53.

羽化成仙。"羽化成仙"是中国人非常熟悉的概念,看到这个词,无须解释,中国读者都能联想到修炼之人羽化成仙的情景。但缺乏中国道家文化背景的西方读者很难产生这样的想象。而上面两个英语译文,都没有真正和"羽化"产生联系。在这样的情况下,要让读者感受茶在道家文化中的重要作用,添加注释是非常必要的。但单纯的语言表述仍然无法让西方读者产生鲜活的想象,因此可以在这部分添加"羽化成仙"的插图,再配以文内注释,深化译文表达。添加插图后,英语译文便可调整为"Long-term tea drinking could help one take flight to the land of the immortal."①

### 5. 改变表达形式

改变表达形式是一种常见的翻译方法,有时形式的改变即使表面传递出了和原文同样的信息,但由于历史文化背景的差异,译文读者获取的信息和原文读者获取的信息有时也并不相等。为了让译文读者获得等量的信息,译文中往往需要添加注释,但有时添加注释又会破坏译文的简洁性。这时,我们便可以借助非语言模态为译文提供注释。例如,原文在涉及大量古地名时,在译本中插入有古今地名的地图便会对译文读者了解译文的地理信息提供很大帮助。而在添加地图后,也可以很方便地用更符合译语习惯的表达方式传递原文信息。例如,《茶经》"之出"一章介绍中国茶叶的产地,里面涉及大量的古地名。这些古地名中国读者虽然也陌生,但可以很方便地通过网络查到当代名称。但西方读者要查找考证就很困难,特别是在这些地名又只是简单音译的情况下。一般的做法是

---

① 裘纪平. 茶经图说:典藏版. 杭州:浙江摄影出版社,2015:160.

添加注释,补充其现代名称,但仅仅靠名称,读者无法了解这些地方的情况。而且,包含太多注释的文本也不为当今普通读者所喜欢。西方人想了解一个地方,最常用的方法是查阅地图,了解城市之间的位置关系。因此,在翻译涉及多个地名时,添加地图便可以省去烦琐的注释。而在添加地图后,我们可以再改变表达形式。例如,《茶经》中介绍浙东茶区时,原文是:

> 浙东,以越州上,(余姚县生瀑布泉岭,曰仙茗,大者殊异,小者与襄州同。)明州、婺州次,(明州,贺县生榆荚村;婺州,东阳县东目山,与荆州同。)台州下。(台州,丰县生赤城者,与歙州同。)(八之出,
> p.273)

这段原文涉及多个地名,若是都加注释,哪怕只是简单的当代名称和地理位置,也会使译文显得啰唆冗长。在这样的情况下,若是添加地图代替语言注释,内容结构非常简单的原文便可以用表格的形式表述出来,使读者对文本信息一目了然。因此,若是添加一幅浙东茶区的地图,原文就可以处理为如表 6-1 这样的表格(表中添加汉语是为了方便和地图核对)。

表 6-1　浙东茶区分布

| Rank | City | County | Village | Comparable Area |
|------|------|--------|---------|-----------------|
| Best | Yuezhou 越州 | Yuyao 余姚 | Waterfall Mountain 瀑布泉岭 | Xiangzhou 襄州 (small leaf) |
| Second best | Mingzhou 明州 Wuzhou 婺州 | Maoxian 贺县 Dongyang 东阳县 | Yujia Village 榆荚村 Dongmu Mountain 东目山 | Jingzhou 荆州 |
| Worst | Taizhou 台州 | Shifeng 始丰 | Chicheng Mountain 赤城 | Shezhou 歙州 |

译者在进行语言决策时需要根据插图、动画等非语言符号进行不同形式的调整,但这并非就预设了进行多模态翻译一定要先选择非语言符号。其实在很多情况下都是先有语言文本翻译,再插入非语言符号,且大

多数时候,文本翻译和非语言符号的运用是由不同的人完成的,如《论语》漫画英文版和《茶经》美国译者卡朋特的译本。但是,不管是先设计译本中的非语言符号还是先进行语言文字的翻译,文本译者和非语言符号设计者之间都需要密切沟通和协调,语言翻译总是需要在添加非语言符号后再进行调整的,如此才能使语言和非语言符号成为一个有机整体。总而言之,这样的多模态翻译,不是一个线性的过程,其具体操作远比单纯的语言翻译复杂,但若是能处理好各个方面的关系,运用非语言符号的多模态译本,必定能为茶文化典籍的跨文化传播带来新的契机。

## 第五节　数字化时代茶文化典籍译本创新出版模式

翻译与出版有着非常密切的关系。翻译成果需要通过出版,才能实现其与受众沟通的目的。而翻译成果的出版,也同样需要考虑当下的信息传播环境,特别要考虑信息受众的阅读习惯。在新媒介环境下,不管在中国还是西方,网络阅读都已成为主要阅读方式。前面所述的多层次内容布局,文字、图片、音频、视频、动画等多种媒介整合的译本,也只有在网络环境中依靠数字技术才能得以实现。因此,在当今时代,要提升茶文化典籍的传播效果,译本的数字化电子出版显得尤为必要。数字化出版的译本,能够方便读者阅读;超链接的使用,可以让读者选择"浅阅读"还是"深阅读",满足不同层次读者的需求。当然,这里的电子出版,不是像目前的一些电子书一样,只是对纸质版本进行电子扫描,而是充分利用多媒体技术的数字化译本,在译本中植入各种有用的超链接。在这方面,当前数字技术的发展也为我们设计这样的数字图书提供了技术支持,如电子书的 ABM 格式或 BOK 格式便是一种全新的数码出版物格式,这种格式最大的特点就是能把文字内容、图片、音频甚至视频动画有机地结合为一个整体,生成丰富多彩的数字图书。

这样的数字化译本还非常方便进行低成本的全球网络推广。纸质译本的推广非常有限,特别是较难在国外进行推广。有研究者曾以《孙子兵法》为个案,对"大中华文库"中国典籍在海外的接受状况进行调查,发现中国译者的译本在译入语环境中接受状况不佳,主要表现为:(1)流通和保有量很小,可获得性极低;即使有网上销售,也不能改变这个问题。以"大中华文库"林戊荪译本为例,在亚马逊美国网站上共有 13 个卖家,只要买家不在美国的,在发货地后都写明"点击了解进口税和国际邮寄时间",这难免会给读者带来购买顾虑。(2)关注度不高,宣传不够。① 网络是跨越国界的,数字化译本可以直接发布到国内外各种民间网络平台,还可利用新媒介的互动性,建立交流社区,吸引同时阅读该书的人组建阅读群,组织聊天、交流心得、互相解惑。译者也可以根据读者反馈随时修改译本。通过网络出版和推广,中国读者和西方读者、译者和读者可以实现即时互动交流,而在这种交流过程中,西方读者将会对中国典籍有更深刻的理解和认识。

当然,除了数字化网络出版,茶文化典籍译本也可以同时进行新型的纸质出版。虽然网络阅读是当前的主流,但仍然有相当一部分读者偏爱纸质图书。特别是在西方国家,在公交车上,在车站,依然能看到不少阅读纸质图书的人。因此,为了扩大译本的受众范围,纸质出版还是十分必要的。不过即使是纸质出版,我们仍然可以运用多媒体技术进行改良。和文字并置的图片,纸质图书同样可以实现,而数字出版中以超链接形式插入的信息,我们也可以借鉴我国第一部跨媒介可视图书《神奇科学》的做法。该书图文并茂,介绍了科学小实验的材料备制、试验步骤、操作技巧、科学原理,并在每个小实验后面附有二维码,不用登录任何网页,直接通过"扫一扫"便可观看某个实验的视频。② 这样将传统纸质图书做成与数字化产品相通相连的终端与平台,将视频内容导入图书中,既可以扩大纸质图书的信息容量,也可以增加纸质图书的趣味性。因此,在设计茶文

---

① 李宁. "大中华文库"国人英译本海外接受状况调查——以《孙子兵法》为例. 上海翻译,2015(2):77-82.

② 参见:国内第一部跨媒体可视化图书《神奇科学》出版. (2014-05-31)[2019-06-18].http://www.jyb.cn/book/dssx/201405/t20140531_583824.html.

化典籍英译本时,我们同样可以通过二维码技术,让读者在阅读纸质译本的同时,可以选择扫描二维码查看注释、图片、视频、动画等信息。这种做法在增加译本趣味性的同时,也可满足不同读者的需求。

在构建多媒介典籍电子译本的同时,也要注意避免电子媒介、视觉文化流行所带来的一些负面影响。例如,波兹曼(Neil Postman)深刻表达了对电子媒介的忧虑:印刷媒介成就了阅读、写作和思想的深度,而电子媒介的兴起则降低了这种深度,图像挤走了文字,视觉弱化了思维,"快阅读"搁浅了思考。电子媒介引发的娱乐化趋势将会大大降低人们的思维水平,公共话语的严肃性、明确性和价值都出现了危险的退步,最终走向"娱乐至死"的可怕归途。[①] 因此,要避免这样的情况,在对思想性、知识性比较强的中国茶文化典籍进行创新翻译时,要通过合适的文字翻译保证译本内容的深度,文字始终应该占据主导地位,图片、视频、动画等只能是辅助和补充。

此外,当今互联网时代是多方合作的时代,这种新型的翻译工作不可能由译者单独完成,需要靠翻译、茶文化专家、编辑等人员共同合作,需要各翻译主体充分发挥各自的主动性,方能产出高质量的新型译本,并使之获得有效推广和传播。

## 第六节　数字化时代茶文化典籍翻译主体合作模式

翻译从来就不是个人行为,译作的成功接受往往是多方合力的结果。[②] 而数字化时代的茶文化典籍翻译,如前所述,更切合信息传播方式和读者阅读习惯的是充分利用超链接的多层次内容布局,以及文字、图片、音频、视频、动画多种媒介整合的数字化译本,而要完成这样的译本,凭借译者一己之力是很难做到的,必须多方合作才能完成。

---

① 陈锦宣. 新媒体时代大众阅读的视听转向. 四川图书馆学报,2015(5):10-13.
② 吴赟,何敏.《三体》在美国的译介之旅:语境、主体与策略. 外国语,2019(1):94-102.

首先,多层次布局的译本需要对原文内容进行选择,也就是将原文内容按传播价值和重要性排序分层。而这种排序分层往往涉及两个方面的考虑:一个是从文化传播方来看,哪些是我们应该重点传达的内容;另一个则是从读者考量来看,哪些是读者感兴趣的内容。若要同时兼顾两方面,最好的做法便是中国译者和目标语母语译者合作完成。中国译者对传播一方传播目的的把握往往更好,而目标语母语译者和读者属于同一文化群体,更了解读者的需求,因此唯有双方共同协商,才能实现理想的内容选择和分层设计。此外,由于茶文化典籍是一种具有专业性的典籍,因此译者若非茶文化专家,则对于原文内容价值和重要性的评估排序,还需要茶文化专家的参与。

其次,借助非语言媒介辅助翻译,就必然涉及插图、音视频、动画的使用。译本哪些地方需要非语言媒介的辅助,需要什么样的插图、视频、动画,也要求中国译者和目标语母语译者共同协商决定。此外,译本中插图、视频、动画具体应该是什么样子的,往往也需要茶文化专家把关。例如,茶文化典籍中介绍的古代茶器、茶具,到底是什么样子的,茶文化领域的专家无疑是最清楚的。而茶文化典籍中涉及的制茶、饮茶、煮茶流程,若是需要视频辅助,也无疑需要茶文化领域的专业人士协助进行拍摄。若是需要手工绘制插图,则还需要插画家的参与,但插图如何绘制,突出物象哪方面的特征,则需要译者、茶文化专家和插画家共同协商。而在这个过程中,译者始终应该作为翻译活动的中心和这些相关人士保持密切沟通。就如同多蕾茜(Ira Torresi)提到的,负责语言翻译的人员若是不了解或不和负责视觉方面的人员合作,语言和视觉信息一旦结合,便会出现冲突。① 不管是插图绘制者也好,还是视频录制人员也好,其习惯遵循的是自身领域的规则,比如他们可能更关注作品的艺术性,关注其美学价值,而忽视在这样的情况下其作品的主要功能是辅助读者理解文本内容。

---

① Torresi, I. Advertising: A case for intersemiotic translation. *Meta*, 2008, 53 (1): 62-75.

若是在非语言媒介内容的设计过程中,译者完全置身事外,只等作品完成后直接拿来使用,则这些辅助资源未必能取得良好的效果,比如写意、抽象的插图,不懂艺术的读者是很难理解的,这样的插图不仅不能帮助读者理解文本内容,反而会干扰读者,给读者带来额外的负担。而在选择好译本所需的非语言辅助资源后,译者还需要根据非语言资源提供的信息再对语言翻译策略进行调整。

再次,非语言媒介和语言文本的整合,需要译者和编辑、视觉传媒人员、数字技术人员的合作。非语言媒介内容放在文本的哪个位置,超链接如何设置,译者未必清楚与之相关的出版规范。此外,数字化译本有其自身的便于阅读的格式体例,而这也需要制作数字化文本的专业人士的把关参与才能完成。对于出版的作品,编辑和视觉传媒人员也可能会以其自身的标准,比如排版的方便和美观,对语言文本和非语言媒介资源进行配置,比如将多幅插图集中放置在一个版面,使插图和其密切相连的语言文本被分割开来,影响其辅助读者理解文本信息的效果。因此,为避免这样的问题,在整个译本编辑阶段,译者也需要与编辑和视觉传媒、数字技术人员保持沟通交流,确保语言文本和非语言文本资源的有机统一。

此外,数字化译本出版后,译者还可以和读者进行合作,也就是通过读者的在线反馈,对译本进行修改。在纸媒时代,这种读者参与的译本修改是不太现实的;但在数字化时代,译本以电子版本形式在网上推出后,读者便可通过网络对译本进行反馈,译者可以根据读者反馈不断修改完善电子译本。因此,在这个意义上,数字化时代的翻译是一个永无止境的过程。

最后,出版的译本的推广也需要多方人员共同推动方可实现。例如,译者、译作出版方可以和各类网络社区平台建立联系,开辟论坛,推广译本,甚至还可以开展跨界合作。典籍翻译的目的是传播中国文化,而中国文化的传播有多种途径,除了翻译界,其他很多领域也都在进行中国文化对外传播活动。就茶文化传播而言,国际茶服设计展、茶席展览、茶艺表演、茶文化话剧、茶文化纪录片等都是有效的茶文化传播形式,而这些活动往往比"高大上"的深奥典籍更容易获得目标读者的接受。但如前所述,了解中国茶文化的深层内涵,还是需要阅读茶文化典籍。那么,既然都是推广中国茶文化,《茶经》的译本推广就可以尝试和其他茶文化推广领域进行跨界合作。例如,在茶艺表演或茶文化纪录片光盘中加入《茶经》电子译本,或者在茶文化宣传视频中直接插入《茶经》译本的超链接,甚至可以在各种茶文化视频宣传中将《茶经》译本通过合理设计作为背景呈现,就如同《茶经》最后一章所提到的"以绢素或四幅、或六幅分布写之,陈诸座隅,则茶之源、之具、之造、之器、之煮、之饮、之事、之出、之略,目击而存,于是《茶经》之始终备焉"。

总的说来,在新时代进行茶文化典籍翻译和传播,除了一般提到的中外译者合作,我们往往还需要走出翻译领域,和翻译领域之外的人士展开深度合作,而在这样的合作过程中,译者必须始终作为中心,保持和各方的密切沟通,才能产出理想的新型译本,并使之真正进入目标读者群体。

# 第七章 结 语

　　翻译是一项非常复杂的活动,典籍翻译尤其如此。典籍翻译的主要目的是传播中国文化,让目标读者接受中国文化。然而,译作水平之高低并不是外国读者接受中国文化的唯一标准。[①] 由于典籍本身的复杂性,没有人可以做到对原文的完美翻译。几百年来,从事中国典籍翻译的不乏学识渊博的汉学家,或是精通中西文化的中国优秀翻译大家,但没有谁的译作从质量上而言是没有问题的。从大量典籍翻译的评论文章来看,再好的译本,哪怕是被奉为经典的译本,或是受到国外读者广为接受的译本,若是按翻译本身的标准,都是有问题的,如对原文概念理解不准确、选词不恰当等问题。有些被奉为经典的译本甚至有一些明显的理解表达错误。但译本微观语言层面各种各样的不足和错误,并不影响这些译本在目标语文化中的传播,正如《茶经》卡朋特译本的一位评论者在对该译本进行评价时所提到的"笔者无法评价该译本的准确性"[②]。而亚马逊美国和英国网站上对《茶经》译本的读者评价,几乎没有哪个读者提到译本是否在准确传递原文意义方面有问题。因为对于大多数普通读者而言,他们不懂原文,几乎不会去在意译本是否准确传递出了原文意义。翻译界一直讨论的"忠实"标准其实只是翻译界评价译本的标准,却不是普通读

---

① 陈刚. 归化翻译与文化认同——《鹿鼎记》英译样本研究. 外语与外语教学,2006
　(12):43-47.
② Gardella, R. P. *The Classic of Tea* by Lu Yu by Francis Ross Carpenter.
　*Journal of the American Oriental Society*,1976,96(3):474.

者评价译本的标准,因此从传播学角度来看,翻译的成功与否不能仅以是否忠实传达原文意义来进行评判。

典籍翻译,不是译者的自娱自乐,归根到底是一项跨文化传播活动,也需要遵循传播规律,其最终的目的是获得良好的传播效果。而传播行为的效果,依赖于传播过程各环节的畅通和优化。① 相应地,整个典籍翻译传播过程中各个要素对译作在目标语社会的传播和接受产生的影响,往往比译本质量的影响更大。

整个传播活动涉及谁传播、传播什么、通过什么渠道、向谁传播、传播效果怎样,也就是传播主体、传播内容、传播媒介、传播对象及传播效果这五个紧密相关的链条。每个环节都会影响传播活动最终的效果。通过考察茶文化典籍《茶经》目前几个英译本的整个翻译传播过程,我们发现,与传播活动各个环节对应的翻译主体、翻译内容、翻译媒介、翻译受众都对译本的传播效果产生很大的影响。

(1)首先翻译主体,即《茶经》翻译的译者、出版推广者的"把关"行为对《茶经》英译本的传播产生很大影响。

《茶经》最早的英文全译本是美国人卡朋特所译。卡朋特是一个贸易商人,并非专门从事翻译的学者,其翻译目的就是促进中美两国人民之间的交流,让西方读者了解茶、了解中国茶文化。因此,卡朋特在翻译时特别注重对译本表达方式的把关,力求译本通俗易懂,同时保留原文的简洁风格。此外,还邀请希茨为译本创作插图,将译本信息更直观地呈现在读者眼前。译者对译本可读性的把关使得该译本获得了读者的普遍好评。

2009年出版的"大中华文库"版的《茶经》英译本是中国译者所译,译者姜欣、姜怡是翻译学教授,是典型的学者型译者。同时参与翻译工作的还有她们带领的一批研究生和几位英语本族人士,得到典籍翻译专家和茶文化专家的指导。严格说起来,这个译本是合作翻译的成果。本着传播中国茶文化的目的,译者在翻译中特别注重译文传达信息的准确性,加

---

① 唐佳梅. 传播学视阈下的翻译新闻及其对外传播效果. 新闻传播,2016(8):8-10.

之有典籍翻译和茶文化专家的指导和把关,这一译本非常忠实、准确地传达了原文的信息,不仅仅是表层物质层面的信息,原文中细腻的茶文化内涵也得以在译本中体现。该译本属于"大中华文库"的项目,文库委员会也对该译本质量、格式布局进行了把关,国家官方层面也在帮助推广。相较于卡朋特译本的个人行为,中国译者的这一《茶经》译本显得"高大上"很多,具有不少优势,但遗憾的是,该译本在国外并未造成显著影响,传播效果不如卡朋特译本。出现这种情况有多方面的原因,但该译本的翻译方式比较拘泥于对原文信息的准确传达,从而影响了译本的可读性应该是原因之一。此外,该译本在中国出版,中国出版方和"大中华文库"相关机构组织的宣传推广对西方读者而言是主动推广,推广总是会倾向于以己为中心,如"大中华文库"译本汉语古文、白话文和英文并列的排版方式就是方便懂中文的读者比较,或是汉语学习者学习,因此除了以英语或汉语学习为目的的读者,这样的译本在西方普通读者中接受度不高。

至于《国际茶亭》2015 年推出的网络版《茶经》译本 *The Tea Sutra*,翻译主体也是英语母语人士,注重译本的可读性,出版方《国际茶亭》杂志的编辑是茶文化专家,可以对译本的质量进行把关。该译本的翻译属于当前数字化时代最流行的以互联网为平台的民间组织翻译,该译本推出时间较短,但从其他民间翻译作品的传播效果来看,假以时日,该译本应该能在茶爱好者中获得良好的传播效果。

(2)除了翻译主体,译本中翻译内容的选择和表述程度也会影响译本的传播效果。要实现良好的传播效果,译本的内容对译文读者而言应该是必要而充分的。译本中非必要内容过多,会影响主题信息的突显,增加读者阅读负担;而必要信息翻译不充分,同样会增加读者阅读困难,妨碍信息的接受。

从《茶经》的三个译本来看,卡朋特译本和《国际茶亭》译本对原文信息有比较多的删减,删掉了不少和译本主题关联性不大的信息,同时偏本地化的表达,注释、插图的运用,充分传达了原文的主要信息,有助于译本获得良好的传播效果。而"大中华文库"译本的内容最为完备,几乎传达出了原文的所有内容,但其中有些内容对普通读者而言是意义不大的。此外,该译本由于受统一格式规范的限制,译者未能以尾注形式对原文核心内容进行充分的解释,而文内注释又影响了译本的流畅度,因此,在翻译内容的必要性和充分性方面不是很理想,这也会在一定程度上影响该译本在西方普通读者中的传播效果。

(3)和翻译内容密切相关的是信息传递媒介和传播符号的使用。翻译媒介渠道以及与之相关的翻译符号的使用,对译本传播效果的影响在当前年轻一代读者中表现得尤为明显。从《茶经》翻译来看,卡朋特译本和"大中华文库"译本都主要借助纸质媒介进行传播。这会在很大程度上影响译本的传播范围。卡朋特的纸质译本现在已很难买到,网上虽有少量售卖,但价格高昂,普通读者不一定乐意花高昂的价格购买中国典籍的译本,除非是出于研究的需要,或是对中国茶和茶文化有着非常浓厚的兴趣。"大中华文库"译本虽价格不高,但由于在中国出版销售,国外读者想要购买,也面临高昂的运费,即使译本质量很好,费用也会让普通读者望而却步。而《国际茶亭》译本是通过网络媒介传播的,并且提供免费下载,这样的传播模式在很大程度上能够快速扩展译本读者群体范围,产生较好的传播效果。

与传播媒介关系密切的是传播信息的符号。一直以来,翻译所关注的都是用译文语言再现原文的各种信息。"大中华文库"译本就是一丝不苟地用标准的英语传达原文内容。但卡朋特译本和《国际茶亭》译本除了使用语言符号传达原文信息,还使用了非语言符号,配了大量的插图,辅助传达原文信息。卡朋特译本由于年代及媒介技术的限制,配的是黑白插图,而《国际茶亭》译本由于是在网上发表,拥有更大的自由度,再加上如今多媒体技术的发展,因此所配的插图既有简单的黑白插图,也有色彩艳丽的彩色插图,给读者直观生动的视觉体验。这些插图有的是茶具、茶器,有的是饮茶活动的场景。这些信息对于没有中国生活背景的读者而言,单靠语言描述是无法在其头脑中产生直观印象的,就比如从没见过雪的人,不管把要用语言描述得多么详细,他也无法想象出雪的样子。在这样的情况下,搭配插图是帮助读者对语言所描述的事物、事件产生直观印象的非常有效的方式。而这也切合当今读图时代读者的阅读习惯。非语言符号的使用能大大增强译本的传播效果,特别是随着网络新媒体技术的发展,除图像以外,音频、动画、视频其实都可以作为文字翻译的辅助手段,增加译本的可读性,提升其传播效果。

(4)翻译受众是影响翻译效果的最关键因素。翻译不是译者的自我欣赏。译本只有得到读者的接受和理解才能产生价值,这也是翻译研究经历了从原作者中心、原作中心到以读者为中心的转变的原因。

以读者为中心,翻译才能真正实现其传播效果。以读者为中心,首先要有明确的读者定位,其次要考虑读者的接受心理和理解能力。由于《茶经》原文本的特点和价值,其译文读者也呈现多样性,既有研究茶和茶文化的自然科学和人文科学的专业读者,也有饮茶和不饮茶的普通读者。而目前《茶经》的三个译本翻译方式有着明显的差别,刚好能满足不同类型读者的需求。"大中华文库"译本完整准确,适合专业读者,对专业研究而言,哪怕文本一个细微之处也可能存在研究价值,"大中华文库"译本对原文内容几乎没有明显的删减,最大限度地保留了原文内容,虽然该译本可读性相对较弱,但专业读者本身对译本内容有强烈的兴趣,加之他们本身具有一定的相关知识储备,这样贴近原文的"异"的译本反而更能满足他们的需求。不过,不足的是中国译者英译本是从白话文翻译过来的,失去了陆羽原文简洁的风格,读者若是想研究《茶经》的文体风格,这样的译本不仅对他们没有帮助,反而会产生误导。不同于中国译者的译本,卡朋特译本和《国际茶亭》译本删除了和原文一些主题关系不大的信息,且语言简洁明了、通俗易懂,编排布局符合英语表达规范,且附有详细的注释,更能满足普通读者的接受心理,切合读者的理解能力。

《茶经》的三个英文译本在翻译主体、翻译内容、翻译媒介、翻译受众方面均体现出一定的差异,这些差异无关传统意义上的翻译质量,却会导致译本不同的传播效果。总体而言,卡朋特译本的传播效果最佳;《国际茶亭》译本和卡朋特译本在翻译方式上比较接近,而且由于其采用了网络发表,传播非常方便,且国际茶亭组织本就拥有日益增多的会员,假以时日,应该会实现较好的传播效果。而"大中华文库"译本,若是按照传统的忠实标准来看,应该是翻译质量最好的,但中国译者的身份,在中国出版,受出版格式规范的限制,翻译内容充分性和必要性不够,翻译媒介单一,对普通受众接受心理和理解能力观照不够,虽有政府帮助推广,但在西方普通读者中传播效果不是很理想。不过,该译本完备准确的翻译却很适合专业学者型读者。

总的说来,《茶经》三个译本各有所长,若能取长补短,再充分利用当前新媒介数字技术的发展,创新翻译和出版推广模式,充分发挥各翻译主体的作用,茶文化典籍翻译应该能取得更好的传播效果。而这也是典籍翻译研究的重要价值所在。从多个角度,结合宏观的翻译传播过程和微观的文本分析,进行多译本比较分析,挖掘影响译本传播效果的各种因素,可以为后续文化典籍翻译提供借鉴。时代的发展,媒介技术的发展,人们阅读习惯、知识结构、理解能力的改变,都为我们的茶文化典籍乃至其他文化典籍翻译带来了新的机遇和挑战。因此,典籍译者和翻译研究者更需要带着传播意识,顺应时代发展,更新理念,不断创新,如此才能让中国典籍、中国文化更好地通过翻译走向世界。

# 参考文献

Baker, M. Corpus-based translation studies: The challenges that lie ahead. In Somers, H. (ed.). *Terminology, LSP and Translation: Studies in Language Engineering in Honour of Juan C. Sager*. Amsterdam: John Benjamins Publishing Company, 1996: 175-186.

Blum-Kulka, S. Shift of cohesion and coherence in translation. In House, J. & Blum-Kulka, S. (eds.). *Interlingual and Intercultural Communication*. Tübingen: Gunter Narr Verlag, 1986: 17-35.

Borodo, M. Multimodality, translation and comics. *Perspectives: Studies in Translatology*, 2015, 23(1): 22-41.

Carney, R. N. & Levin, J. R. Pictorial illustrations still improve students' learning from text. *Educational Psychology Review*, 2002, 14(1): 5-26.

Carr, N. *The Shallows: What the Internet Is Doing to Our Brains*. New York: W. W. Norton & Company, 2010.

Chuang, Y. T. Studying subtitle translation from a multi-modal approach. *Babel*, 2006, 52(4): 372-383.

Fang, Z. Illustrations, text, and the child reader: What are pictures in children's storybooks for?. *Reading Horizons*, 1996 (37): 130-142.

Finch, A. & Song, W. Speaking louder than words with pictures across languages. *Ai Magazine*, 2013, 34(2): 31-47.

Gambier, Y. & van Doorslaer, L. *Border Crossings: Translation Studies and Other Disciplines*. Amsterdam: John Benjamins Publishing Company, 2016.

Gardella, R. P. *The Classic of Tea* by Lu Yu by Francis Ross Carpenter. *Journal of the American Oriental Society*, 1976, 96 (3): 474.

Genette, G. Introduction to the paratext. *New Literary History*, 1991, 22(2): 261-272.

Godfrey, L. G. Text and image: The Internet generation reads "The Short Happy Life of Francis Macomber". *The Hemingway Review*, 2012, 32(1): 39-56.

Gu, M. & Schulte, R. *Translating China for Western Readers: Reflective, Critical, and Practical Essays*. New York: The State University of New York Press, 2015.

Harthan, J. *The History of the Illustrated Book: The Western Tradition*. London: Thames and Hudson, 1981.

Hatim, B. & Mason, I. *The Translator as Communicator*. London: Routledge, 1997.

Hursti, K. An insider's view on transformation and transfer in international news communication: An English-Finnish perspective. *The Electronic Journal of the Department of English at the University of Helsinki*, 2001(1): 1-8.

Kaindl, K. Multimodality and translation. In Millán, C. & Bartrina, F. (eds.). *The Routledge Handbook of Translation Studies*. London: Routledge, 2013: 257-270.

Ketola, A. Towards a multimodally oriented theory of translation: A cognitive framework for the translation of illustrated technical *texts. Translation Studies*, 2016, 9(1): 67-81.

Kress, G. & van Leeuwen, T. *Reading Images: The Grammar of Visual Design*. London: Routledge, 2006.

Kress, G. *Literacy in the New Media Age*. London: Routledge, 2003.

Lee, T. K. Performing multimodality: Literary translation, intersemioticity and technology. *Perspectives: Studies in Translatology*, 2013, 21(2): 241-256.

Lewis, D. *Reading Contemporary Picturebooks: Picturing Text*. London: Routledge, 2001.

Lu , Y. *The Classic of Tea: Origins & Rituals*. Carpenter, F. R. (trans. ). New York: The Ecco Press, 1974.

Lu, Y. The tea sutra. Wu, D. (ed. ). *Global Tea Hut: Tea & Tao Magazine*, 2015 (44): 30-64.

Mateo, R. M. Contrastive multimodal analysis of two Spanish translations of a picture book. *Social and Behavioral Sciences*, 2015,212: 230-236.

Negroponte, N. *Being Digital*. London: Hodder & Stoughton, 1995.

Nida, E. A. *Toward a Science of Translating: With Special Reference to Principles and Procedures Involved in Bible Translating*. Leiden: E. J. Brill, 1964.

Oittinen, R. Where the wild things are: Translating picture books. *Meta*, 2003, 48(1): 128-141.

Risku, H. & Pircher, R. Visual aspects of intercultural technical communication: A cognitive scientific and semiotic point of view. *Meta*, 2008, 53(1): 154-166.

Schäffner, C. Rethinking transediting. *Meta*, 2012, 57(4): 866-883.

Schriver, K. A. *Dynamics in Document Design: Creating Text for Readers*. New York: John Wiley & Sons, 1997.

Stoian, C. E. Meaning in images: Complexity and variation across cultures. In Starc, S. , Jones, C. & Maiorani, A. (eds. ). *Meaning Making in Text, Multimodal and Multilingual Functional Perspectives*. Basingstroke: Palgrave Macmillan, 2015: 152-169.

Torresi, I. Advertising: A case for intersemiotic translation. *Meta*, 2008, 53(1): 62-75.

Tymoczko, M. *Translation in a Postcolonial Context: Early Irish Literature in English Translation*. Shanghai: Shanghai Foreign Language Education Press, 2004.

Vuorinen, E. News translation as gatekeeping. In Snell-Hornby, M. Jettmarova, Z. & Kaindl, K. (eds. ). *Translation as Intercultural Communication. Selected Papers from the EST Congress—Prague 1995*. Amsterdam: John Benjamins, 1995: 161-171.

Widdowson, H. G. *Text, Context and Pretext: Critical Issues in Discourse Analysis*. Oxford: Blackwell Publishing, 2004.

Williams, F. *The New Communications*. 3rd ed. Belmont: Wadsworth Publishing Company, 1992.

Wilss, W. *The Science of Translation: Problems and Methods*. Shanghai: Shanghai Foreign Language Education Press, 2001.

艾买提,李胜年,布艾杰尔. 地学类科技期刊插图的绘制特点. 中国科技期刊研究,2003(6):710-713.

白燕燕. 浅议新媒体发展态势及对社会影响. 中国出版,2013(6):32-34.

鲍晓英. "中学西传"之译介模式研究——以寒山诗在美国的成功译介为例. 外国语,2014(1):65-71.

蔡志全. "副翻译"——翻译研究的副文本之维. 燕山大学学报(哲学社会科学版),2015(4):84-90.

曹健敏. 基于轻阅读视角的老子文化新媒体传播研究. 新媒体研究,2015(5):23-24.

曹明伦. 当令易晓, 勿失厥义——谈隐性深度翻译的实用性. 中国翻译, 2014(3):112-114.

陈椽. 茶叶通史. 北京:农业出版社,1984.

陈刚. 归化翻译与文化认同——《鹿鼎记》英译样本研究. 外语与外语教学,2006(12):43-47.

陈锦宣. 新媒体时代大众阅读的视听转向. 四川图书馆学报,2015(5):10-13.

陈平. 中国文学"走出去"翻译出版的再思考——兼评《中国文学"走出去"译介模式研究》. 出版广角,2016(14):87-89.

陈倩.《茶经》的跨文化传播及其影响. 中国文化研究,2014(1):133-139.

陈秋心,李婷."后金砖时代"提升福建茶产业在国际重大活动中影响力的现实思考与策略研究. 福建茶叶,2018(1):2-5.

陈述军."大中华文库"汉英对照版《红楼梦》副文本指误. 红楼梦学刊,2015(1):313-329.

陈星宇. 读图时代下图像的传播动因研究. 扬州:扬州大学硕士学位论文,2011.

陈杨,罗晓光. 少儿图书用户画像模型构建及精准营销分析——以分众传播理论为视角. 中国出版,2019(11):50-53.

陈悦.《新仪象法要》的图说表达. 自然科学史研究,2016(3):253-272.

丛玉珠.《茶经》中修辞手段翻译研究. 大连:大连理工大学硕士学位论文,2014.

董莉,李庆安,林崇德. 心理学视野中的文化认同. 北京师范大学学报(社会科学版),2014(1):68-75.

董璐. 传播学核心理论与概念. 2版. 北京:北京大学出版社,2016.

董书婷. 论《茶经》中的禅宗思想及其英译再现. 赤峰学院学报,2013(4):44-46.

范敏. 基于语料库的《论语》五译本文化高频词翻译研究. 外语教学,2017(6):80-83.

范晓光. 新媒体时代受众心理把控与传播理念转型. 新闻爱好者,2017
　　(3):87-90.

葛校琴. 国际传播与翻译策略——以中医翻译为例. 上海翻译,2009(4):
　　26-29.

郭光丽,黄雁鸿.《茶经》"五行"的英文翻译. 学园,2014(35):10-11.

郭建斌,吴飞. 中外传播学名著导读. 杭州:浙江大学出版社,2005.

郭庆光. 传播学教程. 北京:中国人民大学出版社,1999.

郭秀娟. 翻译视角下民族文化"共鸣点"传播研究. 贵州民族研究,2017
　　(4):144-147.

何琼.《茶经》文化内涵翻译的"得"与"失"——以 Francis Ross Carpenter
　　英译本为例. 北京林业大学学报(社会科学版),2015(2):62-67.

胡鑫,龚小萍.《茶经》中的"天人合一"思想之英译研究——以姜欣、姜怡
　　译本为例. 焦作大学学报, 2016(3):31-33.

花亮. 传播学视阈下中国文学"走出去"译介模式研究. 南通大学学报(社
　　会科学版),2015(6):70-76.

花萌. 把中国文学更好地推向英语世界. 中华读书报,2017-11-22(11).

黄国文. 翻译研究的语言学探索——古诗词英译本的语言学分析. 上海:
　　上海外语教育出版社,2006.

黄敏.中美两国茶文化特点及比较.农业考古,2013(2):307-309.

黄朔. 媒介融合视域中微博多级传播模式探究. 东南传播,2010(6):
　　99-101.

黄先政. 文学活动中共鸣现象的成因及意义探析. 中华文化论坛,2015
　　(8):84-88.

惠子. 试论民俗传播中的受众心理. 东南传播,2011(1):101-104.

姜华. 从媒介发展史看图文书的发展. 中国出版,2007(6):16-20.

姜晓杰,姜怡.《茶经》里的中庸思想及其翻译策略探讨. 语言教育,2014
　　(3):61-66.

姜欣,姜怡,方淼,等. 基于树剪枝的典籍文本快速切分方法研究——以

《茶经》的翻译为例. 中文信息学报,2010(6):10-13,42.

姜欣,姜怡,林萌. 茶典籍译文中异域特色的保留与文化增殖. 北京航空航天大学学报(社会科学版),2008(3):59-62.

姜欣,姜怡,汪榕培. 以"外化"传译茶典籍之内隐互文主题. 辽宁师范大学学报(社会科学版),2010(3):87-90.

姜欣,刘晓雪,王冰. 茶典籍翻译障碍点的互文性解析. 农业考古,2009(5):291-296.

姜欣,吴琴. 论典籍《茶经》《续茶经》中色彩用语的翻译策略. 语文学刊(高等教育版),2008 (23):93-95.

姜欣,吴琴. 茶文化典籍中的通感现象及其翻译探析. 贵州民族大学学报(哲学社会科学版), 2010(6):152-155.

姜怡,姜欣. 从《茶经》章节的翻译谈典籍英译中的意形整合. 大连理工大学学报(社会科学版),2006(3):80-85.

姜怡,姜欣. 异质文体互文交叉与茶典籍译文风格调整. 大连理工大学学报(社会科学版),2012(1):133-136.

姜怡,姜欣,包纯睿,等.《茶经》与《续茶经》的模因母本效应与对外传播现状. 辽宁师范大学学报(社会科学版),2014(1):119-124.

蒋佳丽,龙明慧. 接受理论视角下《茶经》英译中茶文化的遗失和变形. 语文学刊(外语教育教学),2014(4):46-48,54.

蒋晓丽,张放. 中国文化国际传播影响力提升的 AMO 分析——以大众传播渠道为例. 新闻与传播研究,2009(5):1-6.

李百晓. 新媒体语境下体育文化的影像书写与跨文化传播研究. 电影评介,2016(2):85-88.

李钢. 林语堂《论语》编译的生态翻译学解读. 湖南社会科学,2013(6):263-265.

李娜.《茶经》中的茶文化内涵及其跨文化翻译策略研究. 福建茶叶,2016(4):397-398.

李宁."大中华文库"国人英译本海外接受状况调查——以《孙子兵法》为

例. 上海翻译,2015(2):77-82.

李正良. 传播学原理. 北京:中国传媒大学出版社,2007.

连淑能. 英译汉教程. 北京:高等教育出版社,2006:164.

林瑞萱. 陆羽茶经的茶道美学. 农业考古,2005(2):179-183.

林元彪. 走出"文本语境"——"碎片化阅读"时代典籍翻译的若干问题思考. 上海翻译,2015(1):20-26.

刘成科. 多模态语篇中的图文关系. 宁夏社会科学,2014(1):144-148.

刘重德. 关于"大中华文库"《论语》英译本的审读及其出版——兼答裘克安先生. 中国翻译,2001(3):62-63.

刘洪. 论图像在跨文化传播中的天然优势. 学术论坛,2006(5):160-165.

刘建明,张明根. 应用写作大百科. 北京:中央民族大学出版社,1994.

刘立胜.《墨子》复译与译者话语权建构策略比较研究. 浙江外国语学院学报,2017(1):75-81.

刘亚猛. "拿来"与"送去"——"东学西渐"有待克服的翻译鸿沟//胡庚申. 翻译与跨文化交流:整合与创新. 上海:上海外语教育出版社,2009:63-70.

刘亚猛,朱纯深. 国际译评与中国文学在域外的"活跃存在". 中国翻译,2015(1):5-12.

龙明慧. 功能语言学视角下的《茶经》英译研究. 山东外语教学,2015(2):98-106.

陆羽,陆廷灿. 茶经 续茶经. 姜欣,姜怡,译. 长沙:湖南人民出版社,2009.

陆振慧. 论注释在典籍英译中的作用——兼评理雅各《尚书》译本. 扬州大学学报(人文社会科学版),2013(6):55-61.

罗坚. 论加里·斯奈德与寒山的文化共鸣. 湖南城市学院学报,2010(1):90-93.

骆海辉.《三国演义》罗慕士译本副文本解读. 绵阳师范学院学报,2010(12):65-71.

吕俊. 翻译学——传播学的一个特殊领域. 外国语,1997(2):40-45.

吕俊,侯向群. 翻译学——一个建构主义的视角. 上海:上海外语教育出版社,2006.

吕世生. 元剧《赵氏孤儿》翻译与改写的文化调适. 中国翻译,2012(4):65-69.

马建桂. 碎片化阅读时代典籍翻译的跨文化传播. 中国报业,2016(16):81-82.

马晓俐. 多维视角下的英国茶文化研究. 杭州:浙江大学出版社,2010.

麦克卢汉. 理解媒介——论人的延伸. 何道宽,译. 增订评注本. 南京:译林出版社,2011.

裴等华. 中国文化因子外译过程及其影响因素探析——基于“文化认同机制假说”的讨论. 外语教学,2014(4):105-108.

彭小年. 新媒体对中国传统文化传播的促进性影响. 西部广播电视,2015(12):15,17.

覃江华,梅婷. 文学翻译出版中的编辑权力话语. 编辑之友,2015(4):75-79.

裘纪平. 茶经图说:典藏版. 杭州:浙江摄影出版社,2015.

任蓓蓓. 模因论视角下《茶经》英译中茶文化的遗失现象. 福建茶叶,2016(3):328-329.

任淑坤. “五四”时期外国文学翻译作品的传播模式——以鲁迅所译《苦闷的象征》为例. 山东外语教学,2017(3):85-91.

荣立宇.《人间词话》英译对比研究——基于副文本的考察. 东方翻译,2015(5):66-71.

上官雪娜. 图像跨文化传播力在出版“走出去”中的价值探索. 出版广角,2017(2):27-30.

邵培仁. 传播学. 3版. 北京:高等教育出版社,2015.

沈金星,卢涛,龙明慧.《茶经》中的生态文化及其在英译中的体现. 安徽文学,2014(1):7-10.

司显柱. 功能语言学与翻译研究——翻译质量评估模式构建. 北京:北京大学出版社,2007.

孙建成,李听亚. 传播学视角下的网页汉英翻译——兼评故宫博物院英语网页. 中国科技翻译,2009(3):28-31,4.

孙晓娥. 网络时代大学生心理发展与网络道德教育探究. 淮海工学院学报(人文社会科学版),2014(12):132-134.

谭晓丽,吕剑兰. 安乐哲中国哲学典籍英译的国际译评反思. 南通大学学报(社会科学版),2016(6):81-87.

唐佳梅. 传播学视阈下的翻译新闻及其对外传播效果. 新闻传播,2016(8):8-10.

屠国元,李静. 文化距离与读者接受:翻译学视角. 解放军外国语学院学报,2007(2):46-50.

汪艳. 论典籍文本译语文化空白的处理策略——以《茶经》的翻译为例. 大连:大连理工大学硕士学位论文,2014.

王东风. 文化认同机制假说与外来概念引进. 中国翻译,2002(4):8-12.

王芳. 从受众心理略论提高我国科普读物质量的策略. 中国出版,2015(17):41-43.

王改娣,杨立学. 英语诗歌之多模态话语分析研究. 山东外语教学,2013(2):26-31.

王建荣,司显柱. 把关人视域下文博译者功能研究. 中国科技翻译,2015(4):50-53.

王立静. 试论图文书的现状及前景. 中国出版,2006(2):28-30.

王旭烽. 十年一部《新茶经》. 光明日报,2015-11-17(11).

王旭烽,温晓菊. 论"一带一路"国际交流中的茶文化呈现意义——以浙江农林大学茶文化学院茶文化实践为例. 中国茶叶,2016(7):32-35.

王钰.《茶经》翻译中美学再现的可行性研究. 大连:大连理工大学硕士学位论文,2015.

魏姝. 国内符际翻译研究透视. 北京邮电大学学报(社会科学版),2013

（5）：93-100.

乌克斯. 茶叶全书. 侬佳，刘涛，姜海蒂，译. 北京：东方出版社，2011.

吴觉农. 茶经述评. 北京：中国农业出版社，2005.

吴寿松.《红楼梦》英译本整体设计琐谈. 中国外文局五十年——书刊对外宣传的理论与实践. 北京：新星出版社，1999：608-610.

吴瑛. 中国文化对外传播效果研究——对 5 国 16 所孔子学院的调查. 浙江社会科学，2012（4）：144-151.

吴赟. 译出之路与文本魅力——解读《解密》的英语传播//许钧，李国平. 中国文学译介与传播研究（卷二）. 杭州：浙江大学出版社，2018：18-31.

吴赟，何敏.《三体》在美国的译介之旅：语境、主体与策略. 外国语，2019（1）：94-102.

肖丽. 副文本之于翻译研究的意义. 上海翻译，2011（4）：17-21.

谢柯，廖雪汝."翻译传播学"的名与实. 上海翻译，2016（1）：14-18.

谢天振. 中国文学"走出去"：问题与实质. 中国比较文学，2014（1）：1-10.

熊锡源. 翻译出版中编辑的角色与话语权. 编辑学刊，2011（1）：82-85.

许多，许钧. 中华文化典籍的对外译介与传播——关于"大中华文库"的评价与思考. 外语教学理论与实践，2015（3）：13-17.

许欢，崔汭，张影，等.《茶之书》百年出版传播研究. 出版科学，2019（1）：113-120.

杨纯. 浅谈受众心理与传播效果. 新闻知识，2002（6）：27-28.

杨雪莲. 传播学视角下的外宣翻译. 上海：上海外国语大学博士学位论文，2010.

杨越明，藤依舒. 十国民众对中国文化的接触意愿与渠道研究——《外国人对中国文化认知与意愿》年度大型跨国调查系列报告之二. 对外传播，2017（5）：30-33.

易雪梅. 关于接受理论视角的《茶经》英译中的茶文化分析. 福建茶叶，2016（3）：387-388.

余悦. 让茶文化的恩惠洒满人间——中国茶文化典籍文献综论. 农业考古,1999(4):48-62.

袁媛,姜欣,姜怡.《茶经》的美学意蕴及英译再现. 湖北经济学院学报(人文社会科学版),2011(6):123-125.

张国良. 传播学原理. 2版. 上海:复旦大学出版社,2009.

张丽霞,朱法荣. 茶文化学英语. 西安:世界图书出版西安有限公司,2015.

张伶俐. 基于受众心理的高效传播策略. 编辑之友,2013(5):71-72,112.

张守海,任南南. 被遗忘的共鸣——试论文学创作中的共鸣现象. 文艺争鸣,2013(4):193-196.

张维娟. 中国茶文化的思想内涵及翻译策略研究——以《茶经》英译为例. 福建茶叶,2015(5):358-359.

张祥瑞. 以两部茶典籍为例试析超文本在典籍翻译中的应用. 大连:大连理工大学硕士学位论文,2009.

郑友奇,黄彧盈. 传播学视域中的文学翻译研究. 现代传播,2016(10):165-166.

仲计水. 为什么实施文化"走出去"战略//辛鸣. 十七届六中全会后党政干部关注的重大理论与现实问题解读. 北京:中共中央党校出版社,2011:206-213.

周俐. 儿童绘本中的图、文、音——基于系统功能多模态语篇研究及社会符号学理论的分析. 外国语文,2014(3):106-112.

周立利. 跨文化翻译中的读者心理研究. 中共郑州市委党校学报,2008(2):161-162.

周晓梅. 试论中国文学外译中的认同焦虑问题. 外语与外语教学,2017(3):12-19.

朱灵慧. 编辑的权力话语与文学翻译期刊出版. 中国出版,2012(11):52-54.

# 索　引

图书在版编目(CIP)数据

传播学视域下的茶文化典籍英译研究/龙明慧著.
—杭州:浙江大学出版社,2019.12
(中华翻译研究文库)
ISBN 978-7-308-19695-6

Ⅰ.①传… Ⅱ.①龙… Ⅲ.①茶文化-古籍-英语-
翻译-研究-中国 Ⅳ.①TS971.21 ②H315.9

中国版本图书馆 CIP 数据核字(2019)第 241289 号

中华译学馆 莫言题

传播学视域下的茶文化典籍英译研究
龙明慧 著

| | |
|---|---|
| 出 品 人 | 鲁东明 |
| 总 编 辑 | 袁亚春 |
| 丛书策划 | 张 琛 包灵灵 |
| 责任编辑 | 黄静芬 |
| 责任校对 | 周 群 董 唯 |
| 封面设计 | 程 晨 |
| 出版发行 | 浙江大学出版社 |
| | (杭州市天目山路 148 号 邮政编码 310007) |
| | (网址:http://www.zjupress.com) |
| 排 版 | 浙江时代出版服务有限公司 |
| 印 刷 | 浙江印刷集团有限公司 |
| 开 本 | 710mm×1000mm 1/16 |
| 印 张 | 17.75 |
| 字 数 | 253 千 |
| 版 印 次 | 2019 年 12 月第 1 版 2019 年 12 月第 1 次印刷 |
| 书 号 | ISBN 978-7-308-19695-6 |
| 定 价 | 60.00 元 |